UNA INTRODUCCIÓN ELEMENTAL A
Wolfram Language

SEGUNDA EDICIÓN

UNA INTRODUCCIÓN
ELEMENTAL A

Wolfram Language

STEPHEN WOLFRAM

Wolfram Media, Inc.
wolfram-media.com

ISBN 978-1-944183-03-5 (tapa blanda)
ISBN 978-1-944183-04-2 (libro electrónico)

Copyright © 2019, 2015 por Wolfram Media, Inc.
CC BY-NC-SA
Attribution-NonCommercial-ShareAlike
creativecommons.org/licenses/by-nc-sa/4.0/legalcode

> Datos de catalogo en publicación de la Biblioteca del Congreso
>
> Wolfram, Stephen, autor.
>
> Una Introducción Elemental a Wolfram Language / Stephen Wolfram.
>
> Segunda edición. | Champaign, IL, E.E.U.U: Wolfram Media, Inc., [2019] | Incluye índice.
>
> LCCN 2017005534 (impreso) | LCCN 2017006971 (ebook) | ISBN 9781944183035 (pbk. : alk. papel) | ISBN 9781944183042 (ebook)
>
> **LCSH: Wolfram language (Lenguaje de programación de computadora) | Mathematica (Archivo de computadora)**
>
> LCC QA76.73.W65 W65 2017 (impreso) | LCC QA76.73.W65 (ebook) | DDC 510/.285536--dc23
>
> LC registro disponible en http://lccn.loc.gov/2017005534

Marcas comerciales: Wolfram, Wolfram Language, Wolfram|Alpha, Wolfram Cloud, Wolfram Programming Lab, Mathematica, Wolfram Workbench, Wolfram Knowledgebase, Wolfram Notebook, Wolfram Community, Wolfram Data Drop, Wolfram Demonstrations Project, Wolfram Challenges y Tweet-a-Program.

Este libro fue escrito y producido usando Wolfram Desktop y Wolfram Language.

Papel libre de ácido.
Segunda edición. Primera impresión.

Tabla de contenido

Prefacio	vii
¿Qué es Wolfram Language?	xi
Aspectos prácticos en el uso de Wolfram Language	xiii
Otros recursos	xvii
Sobre la traducción al español	xix
1 | Inicio: aritmética elemental	1
2 | Se introducen las funciones	3
3 | Un primer vistazo a las listas	7
4 | Visualización de listas	11
5 | Operaciones con listas	15
6 | Construcción de tablas	19
7 | Colores y estilos	25
8 | Objetos gráficos elementales	31
9 | Manipulación interactiva	35
10 | Imágenes	41
11 | Cadenas de caracteres y texto	47
12 | Sonido	55
13 | Arreglos, o listas de listas	59
14 | Coordenadas y gráficos	65
15 | El alcance de Wolfram Language	75
16 | Datos del mundo real	79
17 | Unidades	89
18 | Geocomputación	95
19 | Fechas y horas	103
20 | Opciones	111
21 | Grafos y redes	119
22 | Aprendizaje automático	127
23 | Más sobre números	137
24 | Más formas de visualización	145
25 | Maneras de aplicar funciones	151
26 | Funciones puras anónimas	157
27 | Aplicación repetida de funciones	163
28 | Pruebas y condicionales	173
29 | Más sobre las funciones puras	181
30 | Reorganización de listas	187
31 | Partes de listas	197
32 | Patrones	203
33 | Expresiones y su estructura	209
34 | Asociaciones	217
35 | Comprensión del lenguaje natural	223
36 | Construcción de sitios web y aplicaciones	229
37 | Composición y visualización	239
38 | Asignación de nombres a cosas	245
39 | Valores inmediatos y diferidos	251
40 | Funciones definidas por el usuario	255
41 | Más información sobre los patrones	261
42 | Cadenas de caracteres y plantillas	267
43 | Cómo guardar cosas	273
44 | Importar y exportar	279
45 | Conjuntos de datos	289
46 | Cómo escribir código de buena calidad	303
47 | Depuración de código	311
Lo que no se vio en el libro	315
Epílogo: ser un programador	323
Respuestas a los ejercicios	325
Índice	333

Prefacio

Durante más de 30 años he venido explicando lo que hoy se conoce como Wolfram Language y, finalmente, decidí que era el momento de aplicar lo aprendido en ese proceso y escribir una introducción elemental que los lectores pudieran leer sin ayuda. El presente libro es el resultado de ese esfuerzo.

En el año 1988, cuando se hizo el primer lanzamiento de Mathematica, precursor de Wolfram Language, publiqué un libro que contenía un tutorial introductorio, así como la guía de referencia del sistema. Dicho libro alcanzó una gran popularidad y creo que contribuyó sustancialmente al pronto renombre de Mathematica. El libro, conocido luego como *The Mathematica Book,* logró cinco ediciones, a lo largo de las cuales fue creciendo en volumen hasta alcanzar cerca de 1500 páginas.

El libro *The Mathematica Book* se proponía cubrir de manera sistemática todos los aspectos de Mathematica. En 2007 se publicó una nueva edición que resultó de un tamaño tan grande que puso en claro que, de ahí en adelante, sería sencillamente imposible lograr su propósito en un solo libro. Por si fuera poco, la constante introducción de un gran número de nuevos ejemplos en la documentación en línea, habría hecho que una versión impresa alcanzara una extensión de más de 10 000 páginas.

En el año 2009, salió a la luz Wolfram|Alpha, cuya interfaz con lenguaje natural fue específicamente elaborada para permitir su utilización sin necesidad de mayor explicación ni documentación. Y de la amalgama de Mathematica y Wolfram|Alpha surgió Wolfram Language, que requirió nuevamente mayor explicación y documentación.

La documentación en línea para Wolfram Language, la cual en una versión impresa habría tenido más de 50 000 páginas, cumple con creces el objetivo de explicar detalladamente el uso de las múltiples capacidades del sistema. Sin embargo, especialmente para quienes se inician en el uso de Wolfram Language, se hace necesaria una presentación asequible de los principios del lenguaje, cuya coherencia y consistencia he procurado mantener, a través de los años, con gran esfuerzo.

Wolfram Language es singular entre los lenguajes de programación, con diferencias en muchos aspectos. Hace algún tiempo escribí un tutorial: Introducción rápida para programadores que, en unas 30 páginas, brinda a los programadores modernos los rudimentos básicos de Wolfram Language.

Sin embargo, ¿qué hacer con quienes no están familiarizados con la programación de computadoras? Wolfram Language brinda una oportunidad única, no solamente para introducir a cualquier persona a la programación, sino para llevarla rápidamente a la frontera de lo que, hoy por hoy, es posible hacer en computación.

Esto es consecuencia del esfuerzo realizado en los últimos treinta años para crear la tecnología de Wolfram Language. Me he propuesto desarrollar un lenguaje con el que cualquiera pueda especificar lo que quiera hacer, de la manera más sencilla posible y de forma tal que los detalles se atiendan automáticamente y de manera transparente para alcanzar el objetivo.

Wolfram|Alpha ofrece al usuario un proceso de preguntas y respuestas muy ágil, en el cual basta decir en lenguaje llano lo que se quiere hacer. Sin embargo, para ejecutar tareas complejas que requieran de una descripción más precisa está Wolfram Language.

¿Cómo puede aprenderse Wolfram Language? Una posibilidad es mediante la inmersión, es decir, ubicándose en un ambiente de uso intensivo de Wolfram Language; estudiar ahí aquellos programas que funcionan y aprender de ellos. En mi experiencia, lo anterior es una buena estrategia, siempre y cuando se cuente con alguien bien dispuesto, aunque sea de vez en cuando, a explicar los principios y ayudar a resolver las dudas que se presenten.

Pero, ¿y si uno quisiera aprender de manera autónoma Wolfram Language? En ese caso sería de gran utilidad contar con un compendio sistemático que construya poco a poco, de un concepto al siguiente, y que conteste todas las preguntas obvias a medida que se progrese. Eso es lo que intento lograr en este libro.

El aprendizaje de Wolfram Language tiene similitudes con el de un lenguaje humano: es una mezcolanza de vocabulario y principios que deben ir aprendiéndose a la vez. Wolfram Language es mucho más sistemático que los lenguajes humanos, pues no existen, por ejemplo, verbos irregulares que requieran memorizarse; pero, por otro lado, comparte el mismo tipo de progresión hacia la soltura que solo se logra con la práctica.

Después de meditar sobre cómo escribir este libro llegué a la conclusión de hacerlo, más o menos, como los textos en latín que usaba en mi niñez: a diferencia de las lenguas vivas, es imposible aprender latín por inmersión y no hay más remedio que ir avanzando paso a paso, como lo hago en este libro.

En cierto modo, aprender a programar es parecido a aprender matemáticas. En ambos casos hay un cierto grado de precisión: las cosas son correctas o no lo son. Ahora bien, en Wolfram Language la programación es mucho más concreta: se puede observar lo que sucede en cada paso y comprobar si se va por el camino correcto. No hay conceptos ocultos que requieran una explicación abstracta desde fuera y que no puedan verse explícitamente.

Hay más de dos milenios de experiencia en la enseñanza de las matemáticas, y con ello se ha ido mejorando progresivamente la secuencia de la presentación de aritmética, álgebra y demás. En cambio, la enseñanza de Wolfram Language es algo completamente nuevo, que hay que ir desarrollando desde un principio. Y en ese sentido, la forma convencional de enseñar los lenguajes de programación no es de gran ayuda porque casi todo se refiere a tipos de estructuras de bajo nivel que en Wolfram Language ya están automatizadas.

Imagino este libro como un experimento: se trata de buscar una ruta específica para aprender Wolfram Language. No intento cubrirlo todo, porque quizás ello requeriría de más de 50 000 páginas. Más bien quiero explicar los principios del lenguaje mediante un número limitado de ejemplos específicos.

He escogido ejemplos interesantes y de utilidad práctica con los que logro cubrir la mayor parte de los principios centrales del lenguaje. Quien se familiarice con esos principios estará preparado para usar la documentación específica que permitirá entender a fondo cualquier otro aspecto particular de las capacidades del lenguaje.

Sobra decir que Wolfram Language tiene muchas posibilidades de gran sofisticación. Algunas de ellas, como la identificación de objetos en imágenes, son sofisticadas internamente, pero se pueden describir con facilidad. En cambio, otras, como la computación de bases de Groebner, son difíciles de explicar y, desde luego, requieren conocimientos avanzados de matemáticas o de ciencias de la computación.

Mi intención es que este libro sea autosuficiente, sin asumir nada fuera de los conocimientos convencionales cotidianos. He evitado el uso explícito de matemáticas fuera de la aritmética básica, aunque los lectores versados en matemáticas más avanzadas advertirán muchas conexiones entre los conceptos matemáticos y los que se ven en este libro.

Ciertamente no es esta la única introducción elemental que podría idearse para enseñar Wolfram Language, y ojalá se escriban muchas otras. En esta, se sigue una ruta específica—y, en algunos casos, arbitraria—a través de las vastas capacidades del lenguaje, haciendo énfasis en algunas de sus características, sin tocar otras que pudieran tener iguales méritos.

Espero que el poderío y belleza del lenguaje que he cultivado y cuidado durante más de la mitad de mi vida se hagan evidentes, y que muchos estudiantes y personas con formaciones diversas usen este libro para iniciarse en Wolfram Language y adentrarse en el tipo de pensamiento computacional que es cada vez más característico de nuestra época.

Stephen Wolfram

¿Qué es Wolfram Language?

Wolfram Language es un *lenguaje de computación*. Es una forma de comunicarse con una computadora; en particular, para decirle lo que uno quiere que haga.

Hay una gran variedad de lenguajes de computación, tales como C++, Java, Python y JavaScript pero Wolfram Language es *sui géneris*, en tanto está *fundamentado en conocimientos*. Esto significa que, de entrada, ya sabe muchas cosas y que por ello no requiere de mayor información para llevar a cabo lo que se desea.

En este libro se verá la manera de usar Wolfram Language para realizar un buen número de tareas. Se aprenderá a pensar computacionalmente con respecto a lo que se quiere hacer, y cómo comunicárselo a la computadora.

¿Pero por qué no decírselo en lenguaje llano? Eso es justamente lo que se hace con Wolfram|Alpha y funciona muy bien cuando se trata de preguntas cortas. Sin embargo, para tareas más complejas resulta poco práctico describir el detalle en lenguaje llano. Es aquí donde entra Wolfram Language.

Wolfram Language está diseñado para hacer muy fácil la descripción del objetivo a lograr, con base en la enorme cantidad de conocimientos incorporados en el lenguaje. Lo más importante es que al usar Wolfram Language para buscar alguna respuesta, la computadora puede inmediatamente determinar lo que se quiere y, así, cumplir con el propósito deseado.

Personalmente, veo Wolfram Language como un instrumento optimizado cuyo objetivo es transformar ideas en realidades. Una vez que se tiene la idea de lo que se desea, esta se formula en términos computacionales y se expresa en Wolfram Language. A partir de ese momento el propio lenguaje queda a cargo de ejecutar el trabajo, tan automáticamente como sea posible.

Se pueden hacer cosas de tipo visual, textual, interactivo, entre otras muchas. Se puede analizar o escudriñar cualquier situación. Es posible crear aplicaciones, programas y sitios *web*. Puede tomarse cualquier variedad de ideas e implementarlas en la computadora, en la *web*, en un teléfono, en pequeños dispositivos digitales, y mucho más.

Inicié la construcción de lo que hoy es Wolfram Language hace ya más de treinta años. A lo largo de ese tiempo se ha usado intensamente, particularmente en la forma de Mathematica, en organizaciones de investigación y en universidades en todo el mundo y, con ello, se ha materializado una notable cantidad de inventos y descubrimientos.

Hoy por hoy, Wolfram Language puede verse como algo más: es una nueva clase de lenguaje general de computación que, de hecho, redefine lo que prácticamente puede hacerse con una computadora. Entre los primeros usuarios del actual Wolfram Language se cuentan muchos destacados innovadores y muchas organizaciones de desarrollo tecnológico. Además, buen número de sistemas grandes de importancia destacada, como Wolfram|Alpha, están escritos en Wolfram Language.

Los conocimientos y la automatización, que son la base de la gran capacidad de Wolfram Language, lo ponen al alcance de cualquiera. No se requiere saber a fondo cómo funcionan las computadoras, ni conceptos técnicos o matemáticos; eso se deja a cargo del mismo lenguaje. Lo único que se necesita es conocerlo para poder comunicarle a la computadora la tarea que se quiere llevar a cabo.

A medida que se avanza en la lectura del presente libro se irán conociendo los principios de Wolfram Language. Se aprenderá a usarlo para escribir programas y se descubrirá algo del pensamiento computacional en que se basa. Sobre todo, se adquirirá un buen número de destrezas y habilidades para transformar las ideas en realidades. Nadie sabe todavía lo que Wolfram Language puede llegar a hacer. Será fascinante presenciarlo. Lo que aprenda en este libro le permitirá, a usted lector, ser parte de ese futuro.

Aspectos prácticos en el uso de Wolfram Language

La mejor manera de aprender Wolfram Language es usándolo. La página de Wolfram Programming Lab está específicamente diseñada para facilitar el aprendizaje de este lenguaje, aunque pueden usarse otros ambientes interactivos para ese propósito.

En cualquiera de estos ambientes se escribe la entrada en Wolfram Language y el sistema efectúa inmediatamente la operación para producir la salida correspondiente. Esto puede hacerse en una computadora, en la *web* o en un dispositivo móvil. Típicamente, en un equipo de escritorio o en la *web,* se oprimen simultáneamente las teclas shift return para comunicar que se ha terminado de ingresar la entrada; en un dispositivo móvil se oprime el botón . Toda la secuencia de entradas y salidas, junto con cualquier texto que se quiera añadir, reside en un cuaderno Wolfram.

In[1]:= **2 + 2** SHIFT + ENTER ⟵ Entrada

Out[1]= **4** ⟵ Salida

En el cuaderno Wolfram se encuentran ayudas diversas para introducir la entrada en Wolfram Language.

Los cuadernos Wolfram, con sus secuencias interactivas de entradas y salidas, son el método ideal para aprender, explorar y escribir programas en Wolfram Language. Y debe añadirse que Wolfram Language también funciona sin interfaz interactiva en una buena variedad de configuraciones de ingeniería de software, aunque internamente se ejecutan los mismos procesos que en la configuración interactiva que se describe en este libro.

Preguntas y respuestas

¿Necesito saber programar para leer este libro?

De ninguna manera. El libro es una introducción autosuficiente a la programación.

¿Para qué grupos de edad es adecuado este libro?

La experiencia muestra que lo puede leer cualquiera a partir de los 11 años de edad. He tratado de escoger ejemplos pertinentes e interesantes para cualquier edad, incluyendo desde luego a personas adultas.

¿Qué nivel de conocimiento de matemáticas se requiere para leer este libro?

Nada más allá de la aritmética básica. Este libro habla de la programación en Wolfram Language; no es un libro de matemáticas.

¿Se requiere de un equipo mientras se lee este libro?

Puede leerse sin contar con uno, aunque sería mucho mejor poder experimentar de manera interactiva a lo largo de una sesión con Wolfram Language, por ejemplo, en el Wolfram Programming Lab.

¿Dónde puedo utilizar Wolfram Language?

De manera natural funciona en computadoras: Mac, Windows, Linux (incluyendo Raspberry Pi). También funciona en la nube a través de un navegador web, así como en dispositivos móviles.

¿Es necesario que el libro se lea de manera secuencial?

Es mucho mejor si se hace así, ya que el libro está elaborado de tal forma que los conceptos se van introduciendo de manera progresiva. Si se salta hacia adelante y hacia atrás en la lectura, probablemente se tendrá que regresar continuamente para consultar temas que habrán aparecido con anterioridad.

¿Por qué los temas que se ven en este libro son tan diferentes de los que aparecen en otros textos sobre programación?

Porque Wolfram Language es un lenguaje diferente y de más alto nivel, capaz de automatizar muchos de los detalles que son centrales en otros libros de programación.

¿Es Wolfram Language un lenguaje educativo?

Desde luego, se usa con fines educativos (Mathematica aparece por doquier en muchas universidades). Sin embargo, se usa ampliamente en el medio industrial y es muy adecuado para fines educativos debido a sus capacidades y a la facilidad para aprenderlo.

¿Puede ser útil aprender Wolfram Language para el aprendizaje de otros lenguajes?

Sin duda. Si se conoce Wolfram Language se pueden comprender conceptos de alto nivel, que se usan en otros lenguajes de manera más elemental.

Wolfram Language aparenta ser demasiado fácil; ¿es realmente un lenguaje de programación?

Indudablemente. Por otra parte, al automatizar mucho del detalle fastidioso que siempre se asocia con la programación, hace posible ir más lejos y tener una mayor comprensión.

¿Puede usarse este libro como texto para un curso?

¡Por supuesto que sí! Puede echarse un vistazo al sitio web del libro (wolfr.am/eiwl) para encontrar material complementario.

¿Pueden omitirse partes del libro al usarlo para un curso?

Como el libro está escrito de tal manera que se presenta el material en forma secuencial, podría requerirse de algunos remiendos en el contenido del curso si se omiten secciones intermedias.

¿Se presupone alguna versión específica de Wolfram Language para usar este libro?

Sí, cualquier versión a partir de la 11.1. Hay que hacer notar que algunos ejemplos muy sencillos (e.g. Table[x, 5]) no funcionan en versiones anteriores a la 10.3. En Wolfram Cloud siempre se tiene acceso a la versión más reciente, pero si se usa un equipo de escritorio será explícitamente necesario contar con la versión actualizada.

¿El código usado en el libro está en «grado de producción»?

Por lo general sí. Ocasionalmente se encontrará en alguna parte código un poco más complicado de lo necesario, pero esto se debe a que los conceptos necesarios para lograr algo más simple aún no se han tocado hasta ese momento en el libro.

Otros recursos

Este libro en línea
Texto completo, con ejemplos ejecutables y ejercicios calificados de manera automática
wolfr.am/eiwl

Página de inicio de Wolfram Language
Una vasta colección de recursos acerca de Wolfram Language
wolfram.com/language

Wolfram Documentation Center (Centro de documentación Wolfram)
Documentación sobre todas las funciones de Wolfram Language, con un extenso número de ejemplos
reference.wolfram.com/language

Wolfram Programming Lab (Laboratorio de programación Wolfram)
Acceso en línea y mediante equipos de escritorio a Wolfram Language, junto con exploraciones educativas
wolfram.com/programming-lab

Wolfram U
Extenso material en línea para el curso, incluyendo un curso gratuito basado en este libro
wolfram-u.com

Introducción acelerada para programadores
Tutorial abreviado sobre Wolfram Language, dirigido a personas con experiencia en programación
wolfram.com/language/fast-introduction-for-programmers

Desafíos Wolfram
Una colección dinámica en línea de retos sobre programación en Wolfram Language
challenges.wolfram.com

Tuitear un programa
Gran variedad de ejemplos de programas escritos en Wolfram Language con menos de 140 caracteres de extensión
wolfram.com/language/tweet-a-program

Wolfram Demonstrations Project (Proyecto de demostraciones Wolfram)
Más de 11 000 demostraciones interactivas escritas en Wolfram Language
demonstrations.wolfram.com

Wolfram Community (Comunidad Wolfram)
Una comunidad en línea para aprender y debatir acerca de la tecnología Wolfram
community.wolfram.com

Página de inicio Wolfram
La página de inicio de Wolfram Research, la organización detrás de Wolfram Language
wolfram.com

La página de Stephen Wolfram
La página personal del autor de este libro
stephenwolfram.com

Sobre la traducción al español

A lo largo de este libro se tratan temas donde aparecen muchos neologismos, términos que simplemente no existían hasta muy recientemente, ya que tampoco existían los conceptos a los que hacen referencia. Las palabras más o menos nuevas, casi todas ellas originadas en el inglés, se han introducido en los diversos países de habla hispana sin atenerse a reglas uniformes, y aun dentro de un mismo país suele encontrarse diferentes traducciones de una misma palabra. Así pues, hemos tratado aquí de utilizar las versiones más generales e inteligibles de los términos técnicos que aparecen en el texto, a riesgo de no satisfacer, en ciertos casos, a lectores de alguna región de habla hispana.

- Se ha optado por utilizar los términos *entrada* y *salida* para los correspondientes en inglés *input* y *output*.
- Usamos la versión masculina *gráfico* para el término en inglés *graph*, en vez de *gráfica*, usada principalmente en México (aunque al hablar de *graphs* como redes, se usa el término *grafo*). Se ha utilizado libremente el verbo *graficar* para significar *producir (o elaborar) un gráfico*.
- Se decidió usar el punto (en vez de la coma) como separador decimal para ser consistentes con su uso dentro de Wolfram Language.
- El símbolo "/" lo leemos como *diagonal* o *barra diagonal*, reservando el uso del término *barra* para el símbolo "|".
- Hemos traducido el verbo *to test* como *comprobar* (y el correspondiente nombre *test* como *comprobación*), y dejamos el término *probar* para *prove*.
- En aquellos casos donde se mencionan las unidades en inglés *billion* y *trillion*, que significan 10^9 y 10^{12}, respectivamente, se ha tratado de evitar la confusión con los términos en español *billón* y *trillón* (10^{12} y 10^{18}).
- Decidimos llamar *funciones nativas* a las llamadas en inglés *built-in functions*.
- El término *Head* se ha traducido como *encabezado* (de una expresión).
- Al símbolo "#" se ha preferido dejarle el nombre en inglés *hash* para evitar usar una denominación en español que sea demasiado local y suene extraña para lectores de algunas regiones.
- El término *Databin* se refiere a un concepto específico y se ha dejado tal cual en inglés, dado que no existe una traducción generalizada.

1 | Inicio: aritmética elemental

Como un primer ejemplo del funcionamiento de Wolfram Language tomemos la aritmética elemental.

Para sumar números:

In[1]:= **2+2**

Out[1]= 4

In[2]:= **1234+5678**

Out[2]= 6912

Para multiplicar números:

In[3]:= **1234*5678**

Out[3]= 7 006 652

Vocabulario

2 + 2	adición
5 − 2	sustracción
2 * 3	multiplicación (2 3 también funciona)
6 / 2	división
3 ^ 2	elevación a una potencia (por ejemplo, al cuadrado)

Ejercicios

1.1 Calcular 1+2+3.

1.2 Sumar los números 1, 2, 3, 4, 5.

1.3 Multiplicar los números 1, 2, 3, 4, 5.

1.4 Calcular 5 al cuadrado (esto es, 5×5 o 5 elevado a la potencia 2).

1.5 Calcular 3 elevado a la cuarta potencia.

1.6 Calcular 10 elevado a la potencia 12.

1.7 Calcular 3 elevado a la potencia 7×8.

1.8 Colocar los paréntesis necesarios para que 4 − 2 * 3 + 4 sea igual a 14.

1.9 Calcular veintinueve mil multiplicado por setenta y tres.

Preguntas y respuestas

En 2+2, etc., ¿cómo se le indica a Wolfram Language que ya se terminó de ingresar la entrada?

En una computadora, pulsar `shift return`. En un dispositivo móvil, oprimir el botón ✳. Véase Aspectos Prácticos en el uso de Wolfram Language para más detalles.

¿Por qué la multiplicación se indica con *?

Porque el asterisco * ("asterisco", que por lo general se teclea como `shift 8`) (en un teclado en español, Mayus + +) se parece al signo de multiplicar. En Wolfram Language basta con dejar un espacio entre los números que se han de multiplicar; automáticamente se insertará el signo de multiplicar ×.

¿Qué significa «elevado a la potencia» (^)?

6^3 significa 6×6×6 (esto es, 6 multiplicado 3 veces por sí mismo); 10^5 significa 10×10×10×10×10; etc.

¿Qué tamaño pueden llegar a tener los números en Wolfram Language?

Tan grandes como quepan en la memoria del equipo.

¿Cuál es el orden de las operaciones en Wolfram Language?

Es el mismo que en las matemáticas habituales: potencias, multiplicación, adición. Así 4*5^2+7 significa (4*(5^2))+7. Pueden usarse paréntesis al igual que en las matemáticas. (En matemáticas, se usa a veces [...] como si fuera (...), pero en Wolfram Language [...] significa algo diferente.)

Al hacer divisiones, ¿cómo puedo evitar que aparezcan fracciones en el resultado?

Si se ponen puntos decimales en los números, los resultados siempre aparecerán en forma decimal. También puede usarse N, como se describe en la Sección 23.

¿Qué son los espacios que separan los dígitos en los resultados como 7 006 652?

Se usan para facilitar la lectura; no son parte del número.

¿Cómo se escriben números grandes?

Simplemente se introducen los dígitos, sin poner comas, espacios u otros separadores.

¿Qué sucede si quiero calcular 1/0?

¡Inténtelo! Se obtendrá una representación simbólica de infinito, con la cual Wolfram Language no puede hacer otros cálculos.

Para explorar

Iniciación en Wolfram Programming Lab (wolfr.am/eiwl-es-1-more)

2 | Se introducen las funciones

Cuando se escribe 2 + 2, Wolfram Language lo entiende como Plus[2, 2]. Plus es una *función*. Hay más de 5 000 funciones nativas en Wolfram Language. Para fines aritméticos se utilizan solo unas cuantas de ellas.

Calcule 3+4 usando la función Plus:

In[1]:= **Plus[3, 4]**

Out[1]= 7

Calcule 1+2+3 usando Plus:

In[2]:= **Plus[1, 2, 3]**

Out[2]= 6

La función Times efectúa una multiplicación:

In[3]:= **Times[2, 3]**

Out[3]= 6

Se pueden insertar funciones dentro de otras funciones:

In[4]:= **Times[2, Plus[2, 3]]**

Out[4]= 10

Todas las funciones de Wolfram Language utilizan corchetes, y sus nombres siempre comienzan con mayúscula.

La función Max encuentra el máximo, esto es, el mayor de una colección de números.

El mayor de estos números es 7:

In[5]:= **Max[2, 7, 3]**

Out[5]= 7

La función RandomInteger escoge un número (entero) aleatorio entre 0 y cualquier otro valor que se desee.

Escoger un número entero al azar entre 0 y 100:

In[6]:= **RandomInteger[100]**

Out[6]= 71

Cada vez que se solicita, se escoge un nuevo número aleatorio:

In[7]:= **RandomInteger[100]**

Out[7]= 1

Vocabulario

Plus[2, 2]	2 + 2	adición
Subtract[5, 2]	5 − 2	sustracción
Times[2, 3]	2 ∗ 3	multiplicación (también puede escribirse como 2 3)
Divide[6, 2]	6 / 2	división
Power[3, 2]	3 ^ 2	eleva a una potencia
Max[3, 4]		máximo (el mayor)
Min[3, 4]		mínimo (el menor)
RandomInteger[10]		número entero aleatorio

Ejercicios

2.1 Calcule 7+6+5 usando la función **Plus**.

2.2 Calcule 2×(3+4) usando **Times** y **Plus**.

2.3 Utilice **Max** para encontrar el máximo entre 6×8 y 5×9.

2.4 Use **RandomInteger** para generar un número aleatorio entre 0 y 1000.

2.5 Use **Plus** y **RandomInteger** para generar un número entre 10 y 20.

Preguntas y respuestas

¿Es necesario escribir las iniciales mayúsculas en Plus, RandomInteger, etc.?
Si. En Wolfram Language, plus no es lo mismo que Plus. La P mayúscula en Plus indica que se refiere a la función nativa (digamos, "oficial") para la suma.

¿Deben utilizarse corchetes [...] al usar funciones?
Sí. Los corchetes [...] se usan en las funciones; los paréntesis (...) son para agrupar, como en 2*(3+4), no para las funciones.

¿Cómo se dice en voz alta Plus[2, 3]?
Por lo regular, "plus de 2 y 3"; a veces, "plus de 2 coma 3". "[" puede leerse como "se abre corchete" y, "]", "se cierra corchete".

¿Por qué usar Plus[2, 3] en vez de 2+3?
Para Plus, no es necesario, pero para la gran mayoría de las funciones, como Max o RandomInteger, no hay una forma especial como +. Por eso se hace necesario utilizar sus nombres.

¿Se puede mezclar Plus[...] y +?
Sí. Por ejemplo, Plus[4+5, 2+3] o, para el caso: Plus[4, 5]∗5, son perfectamente válidos.

¿Qué indica que alguna parte de la entrada aparezca en color rojo?
Quiere decir que se ingresó algo que Wolfram Language no puede interpretar. Hay que cerciorarse, primero, de que los corchetes de apertura y cierre estén emparejados. Véase la Sección 47 para más información.

Notas técnicas

- En Wolfram Language las *expresiones* (véase la **Sección 33**) están compuestas de árboles anidados de funciones.
- **Plus** puede usarse para sumar cualquier cantidad de números, pero **Subtract** solamente resta un número de otro (a fin de evitar ambigüedades tales como (2−3)−4 y 2−(3−4)).
- La noción de función es considerablemente más general en Wolfram Language que en las matemáticas tradicionales o en las ciencias de la computación. Por ejemplo, $f[algo]$ se considera una función, ya sea que su evaluación lleve a algo definido o bien que permanezca en forma simbólica.

Para explorar más

Funciones matemáticas en Wolfram Language (wolfr.am/eiwl-es-2-more)

3 | Un primer vistazo a las listas

Las *listas* son una forma básica de reunir una colección de cosas en Wolfram Language. {1, 2, 3} es una lista de números. Por sí mismas, las listas no hacen nada; son solo una forma de almacenar cosas. Así, si solo se ingresa una lista como entrada, la salida será lo mismo que se ingresó:

In[1]:= **{1, 2, 3, 4, a, b, c}**

Out[1]= {1, 2, 3, 4, a, b, c}

ListPlot es una función que produce la representación gráfica de una lista de números.

Construya un gráfico de la lista de números {1, 1, 2, 2, 3, 4, 4}:

In[2]:= **ListPlot[{1, 1, 2, 2, 3, 4, 4}]**

Presente el gráfico de la lista de números {10, 9, 8, 7, 3, 2, 1}:

In[3]:= **ListPlot[{10, 9, 8, 7, 3, 2, 1}]**

Range es una función que produce una lista de números.

Genere una lista de números del 1 hasta el 10:

In[4]:= **Range[10]**

Out[4]= {1, 2, 3, 4, 5, 6, 7, 8, 9, 10}

Genere una lista de números y luego preséntela gráficamente:

In[5]:= **ListPlot[Range[20]]**

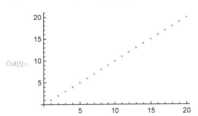

Reverse invierte el orden de los elementos de una lista.

Invierta el orden de los elementos de una lista:

In[6]:= **Reverse[{1, 2, 3, 4}]**

Out[6]= {4, 3, 2, 1}

Invierta el orden en el resultado de Range:

In[7]:= **Reverse[Range[10]]**

Out[7]= {10, 9, 8, 7, 6, 5, 4, 3, 2, 1}

Presente el gráfico de la lista con el orden invertido:

In[8]:= **ListPlot[Reverse[Range[10]]]**

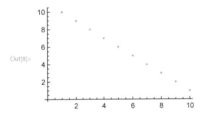

Join junta varias listas, dando como resultado una sola.

Junte listas:

In[9]:= **Join[{1, 2, 3}, {4, 5}, {6, 7}]**

Out[9]= {1, 2, 3, 4, 5, 6, 7}

In[10]:= **Join[{1, 2, 3}, {1, 2, 3, 4, 5}]**

Out[10]= {1, 2, 3, 1, 2, 3, 4, 5}

Junte listas producidas por Range:

In[11]:= **Join[Range[3], Range[5]]**

Out[11]= {1, 2, 3, 1, 2, 3, 4, 5}

Presente gráficamente tres listas empalmadas:

In[12]:= **ListPlot[Join[Range[20], Range[20], Range[30]]]**

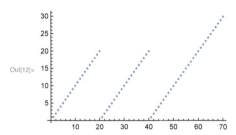

Ponga al revés la lista del medio:

In[13]:= **ListPlot[Join[Range[20], Reverse[Range[20]], Range[30]]]**

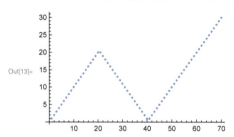

Vocabulario

{1, 2, 3, 4}	lista de elementos
ListPlot[{1, 2, 3, 4}]	presenta gráficamente una lista de números
Range[10]	una secuencia de números consecutivos
Reverse[{1, 2, 3}]	invierte el orden de una lista
Join[{4, 5, 6}, {2, 3, 2}]	junta varias listas

Ejercicios

3.1 Use Range para crear la lista {1, 2, 3, 4}.

3.2 Construya la lista de los números hasta el 100.

3.3 Use Range y Reverse para crear {4, 3, 2, 1}.

3.4 Construya la lista de los números del 1 al 50 en orden inverso.

3.5 Use Range, Reverse y Join para crear {1, 2, 3, 4, 4, 3, 2, 1}.

3.6 Dibuje una lista que contenga los números del 1 al 100, seguidos de los números 99 al 1.

3.7 Use Range y RandomInteger para crear una lista de longitud aleatoria hasta 10.

3.8 Encuentre una forma más simple para Reverse[Reverse[Range[10]]].

3.9 Encuentre una forma más simple para Join[{1, 2}, Join[{3, 4}, {5}]].

3.10 Encuentre una forma más simple para Join[Range[10], Join[Range[10], Range[5]]].

3.11 Encuentre una forma más simple para Reverse[Join[Range[20], Reverse[Range[20]]]].

Preguntas y respuestas

¿Cómo se lee en voz alta {1, 2, 3}?

Por lo regular, "lista 1 2 3". "{" y "}" se llaman "llaves" o "paréntesis rizados". "{" se dice "abrir llave" y "}" se dice "cerrar llave".

¿Es una lista una función?

Sí. {1, 2, 3} es List[1, 2, 3]. Pero a diferencia de Plus, por ejemplo, la función List no realiza ninguna operación y en la salida aparece sin cambio.

¿Qué se presenta gráficamente con ListPlot?

Los valores de elementos sucesivos. El valor x de cada punto da su posición en la lista; el valor y da el valor de ese elemento.

¿Qué tamaño puede llegar a tener una lista?

El que se quiera, con la única restricción de la memoria de la computadora.

Notas técnicas

- Range[m, n] genera los números del m al n. Range[m, n, s] genera los números del m al n en incrementos de s.

- Muchos lenguajes de computación tienen componentes lógicos como las listas (a menudo llamadas "arreglos"), aunque por lo general solo permiten listas de cosas explícitas, tales como números; no se puede tener una lista como {a, b, c} si no se ha dicho lo que son a, b y c. Sin embargo, en Wolfram Language sí se puede, debido a que Wolfram Language es *simbólico*.

- {a, b, c} es una lista de elementos con un orden definido; {b, c, a} es una lista diferente.

- Al igual que en las matemáticas, se pueden establecer teoremas sobre funciones de Wolfram Language. Por ejemplo, Reverse[Reverse[x]] es igual a x.

Para explorar más

Guía para listas en Wolfram Language (wolfr.am/eiwl-es-3-more)

4 | Visualización de listas

ListPlot es una manera de mostrar, o *visualizar*, una lista de números. Hay muchas otras maneras, según las características que se quieran destacar en dicha lista.

ListLinePlot presenta el gráfico de una lista, uniendo los valores:

In[1]:= **ListLinePlot[{1, 3, 5, 4, 1, 2, 1, 4}]**

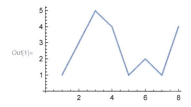

Cuando los valores saltan de un lado a otro, puede ser difícil ver lo que sucede si no se unen con segmentos:

In[2]:= **ListPlot[{1, 3, 5, 4, 1, 2, 1, 4}]**

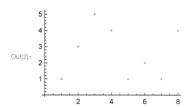

También puede ser útil mostrar un diagrama de barras:

In[3]:= **BarChart[{1, 3, 5, 4, 1, 2, 1, 4}]**

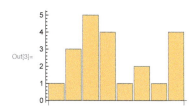

Si la lista no es demasiado grande, puede usarse un diagrama circular:

In[4]:= **PieChart[{1, 3, 5, 4}]**

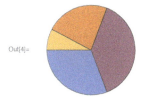

Si solo interesa saber qué números aparecen, pueden presentarse gráficamente sobre una recta numérica:

In[5]:= **NumberLinePlot[{1, 7, 11, 25}]**

Out[5]= ![number line plot from 0 to 25 with points at 1, 7, 11, 25]

En ocasiones no se requiere un diagrama, sino solo presentar los elementos de una lista en forma de columna:

In[6]:= **Column[{100, 350, 502, 400}]**

Out[6]=
100
350
502
400

Las listas pueden contener cosas cualesquiera, incluyendo diagramas. Así, se pueden combinar varios diagramas poniéndolos en una lista.

Hacer una lista de dos diagramas circulares:

In[7]:= **{PieChart[Range[3]], PieChart[Range[5]]}**

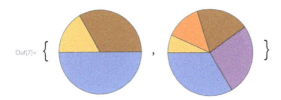

Muestre juntos tres diagramas de barras:

In[8]:= **{BarChart[{1, 1, 4, 2}], BarChart[{5, 1, 1, 0}], BarChart[{1, 3, 2, 4}]}**

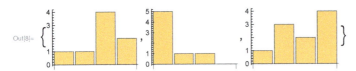

Vocabulario

ListLinePlot[{1, 2, 5}]	valores unidos por segmentos de recta
BarChart[{1, 2, 5}]	diagrama de barras (los valores dan la altura de las barras)
PieChart[{1, 2, 5}]	diagrama circular (los valores dan el tamaño de los sectores)
NumberLinePlot[{1, 2, 5}]	números colocados sobre una recta
Column[{1, 2, 5}]	elementos exhibidos en una columna

Ejercicios

4.1 Construya un diagrama de barras con {1, 1, 2, 3, 5}.

4.2 Produzca un diagrama circular con los números del 1 al 10.

4.3 Forme un diagrama de barras de los números consecutivos del 20 al 1.

4.4 Muestre en una columna los números del 1 al 5.

4.5 Presente los cuadrados {1, 4, 9, 16, 25} sobre una recta numérica.

4.6 Forme un gráfico circular con 10 sectores idénticos, cada uno de tamaño 1.

4.7 Presente una columna de los gráficos circulares con 1, 2 y 3 sectores idénticos.

Preguntas y respuestas

¿Cómo funcionan los diagramas circulares en Wolfram Language?

Como en cualquier diagrama circular, los tamaños relativos de los sectores están determinados por los tamaños relativos de los números en la lista. En Wolfram Language, el sector correspondiente al primer número comienza en la posición de las 9:00 en un reloj y los sectores subsecuentes se acomodan en el sentido de las manecillas. Los colores de los sectores se eligen en una secuencia definida.

¿Cómo se determina la escala vertical en las representaciones gráficas?

Esto se hace de manera que se incluyan automáticamente todos los puntos, excepto valores atípicos distantes. Más adelante (Sección 20), se hablará de la opción **PlotRange**, que permite especificar exactamente de dónde a dónde se presentará el gráfico.

Nota técnica

- Especialmente a quienes estén familiarizados con otros lenguajes de computación, les podrá sonar extraño, por ejemplo, que aparezca una lista de gráficos como resultado de un proceso de cómputo. Esto es posible debido al hecho crucial de que Wolfram Language es *simbólico*. Y, por cierto, también podrán aparecer gráficos como parte de alguna entrada.

Para explorar más

Visualización de datos en Wolfram Language (wolfr.am/eiwl-es-4-more)

Producción de gráficos y visualización de información en Wolfram Language (wolfr.am/eiwl-es-4-more2)

5 | Operaciones con listas

En Wolfram Language hay miles de funciones que trabajan con listas.

Puede hacerse aritmética con listas:

In[1]:= **{1, 2, 3}+10**

Out[1]= {11, 12, 13}

In[2]:= **{1, 1, 2}∗{1, 2, 3}**

Out[2]= {1, 2, 6}

Calcule los 10 primeros cuadrados:

In[3]:= **Range[10]^2**

Out[3]= {1, 4, 9, 16, 25, 36, 49, 64, 81, 100}

Grafique los 20 primeros cuadrados:

In[4]:= **ListPlot[Range[20]^2]**

Out[4]=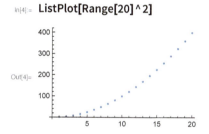

Sort ordena una lista:

In[5]:= **Sort[{4, 2, 1, 3, 6}]**

Out[5]= {1, 2, 3, 4, 6}

Length encuentra la longitud de una lista:

In[6]:= **Length[{5, 3, 4, 5, 3, 4, 5}]**

Out[6]= 7

Total calcula la suma de los elementos de una lista:

In[7]:= **Total[{1, 1, 2, 2}]**

Out[7]= 6

Encuentre el total de los números del 1 al 10:

In[8]:= **Total[Range[10]]**

Out[8]= 55

Count cuenta el número de veces que alguna cosa aparece en una lista.

Cuente el número de veces que a aparece en la lista:

In[9]:= **Count[{a, b, a, a, c, b, a}, a]**

Out[9]= 4

Frecuentemente es de utilidad obtener elementos individuales de una lista. First encuentra el primer elemento; Last encuentra el último. Part encuentra el elemento que está en una posición especificada.

Obtenga el primer elemento de una lista:

In[10]:= **First[{7, 6, 5}]**

Out[10]= 7

Obtenga el último elemento:

In[11]:= **Last[{7, 6, 5}]**

Out[11]= 5

Obtenga el elemento número 2:

In[12]:= **Part[{7, 6, 5}, 2]**

Out[12]= 6

Obtener el primer elemento de una lista previamente ordenada es lo mismo que obtener el elemento más pequeño:

In[13]:= **First[Sort[{6, 7, 1, 2, 4, 5}]]**

Out[13]= 1

In[14]:= **Min[{6, 7, 1, 2, 4, 5}]**

Out[14]= 1

Si se tiene un número, como el 5671, puede obtenerse la lista de sus dígitos mediante IntegerDigits[5671].

Descomponya un número para obtener la lista de sus dígitos:

In[15]:= **IntegerDigits[1988]**

Out[15]= {1, 9, 8, 8}

Encuentre el último dígito:

In[16]:= **Last[IntegerDigits[1988]]**

Out[16]= 8

Take permite tomar un número especificado de elementos a partir del principio de una lista.

Tome los 3 primeros elementos de una lista:

In[17]:= **Take[{101, 203, 401, 602, 332, 412}, 3]**

Out[17]= {101, 203, 401}

Tome los 10 primeros dígitos de 2 a la potencia 100:

In[18]:= **Take[IntegerDigits[2^100], 10]**

Out[18]= {1, 2, 6, 7, 6, 5, 0, 6, 0, 0}

Drop desecha elementos a partir del inicio de una lista.

In[19]:= **Drop[{101, 203, 401, 602, 332, 412}, 3]**

Out[19]= {602, 332, 412}

Vocabulario

{2, 3, 4} + {5, 6, 2}	aritmética con listas
Sort[{5, 7, 1}]	ordena una lista
Length[{3, 3}]	longitud de una lista (número de elementos)
Total[{1, 1, 2}]	total de los elementos de una lista
Count[{3, 2, 3}, 3]	cuenta cuántas veces aparece un elemento
First[{2, 3}]	primer elemento de una lista
Last[{6, 7, 8}]	último elemento de una lista
Part[{3, 1, 4}, 2]	un elemento particular de una lista, que también se escribe como {3, 1, 4}[[2]]
Take[{6, 4, 3, 1}, 2]	toma elementos del principio de la lista
Drop[{6, 4, 3, 1}, 2]	desecha elementos del principio de una lista
IntegerDigits[1234]	lista de los dígitos de un número

Ejercicios

5.1   Cree una lista de los 10 primeros cuadrados en orden inverso.

5.2   Calcule el total de los 10 primeros cuadrados.

5.3   Muestre gráficamente los 10 primeros cuadrados, comenzando por el 1.

5.4   Use Sort, Join y Range para crear {1, 1, 2, 2, 3, 3, 4, 4}.

5.5 Use **Range** y + para formar la lista de los números del 10 al 20, inclusive.

5.6 Forme una lista combinada de los 5 primeros cuadrados y cubos (números elevados a la potencia 3), puestos en orden.

5.7 Encuentre el número de dígitos en 2^128.

5.8 Encuentre el primer dígito de 2^32.

5.9 Encuentre los 10 primeros dígitos en 2^100.

5.10 Encuentre el mayor de los dígitos en 2^20.

5.11 Encuentre cuántos ceros hay en los dígitos de 2^1000.

5.12 Use **Part**, **Sort** e **IntegerDigits** para encontrar el segundo menor de los dígitos en 2^20.

5.13 Represente gráficamente los puntos unidos de la secuencia de dígitos que aparecen en 2^128.

5.14 Use **Take** y **Drop** para obtener la secuencia 11 al 20 en **Range**[100].

Preguntas y respuestas

¿Pueden sumarse listas de diferente longitud?

No. {1, 2} + {1, 2, 3} no funciona. {1, 2, 0} + {1, 2, 3} está bien si, en efecto, eso es lo que se quiere.

¿Puede haber una lista que no contenga nada?

Sí. {} es una lista de longitud cero, sin elementos. Generalmente se le llama *lista nula* o *lista vacía*.

Notas técnicas

- IntegerDigits[5671] da los dígitos en base 10. IntegerDigits[5671, 2] da los dígitos en base 2. Puede usarse cualquier base. FromDigits[{5, 6, 7, 1}] reconstruye un número a partir de la lista de sus dígitos.

- Rest[*lista*] da todos los elementos de *lista* excepto el primero. Most[*lista*] da todos los elementos excepto el último.

Para explorar más

Guía para manipulación de listas en Wolfram Language (wolfr.am/eiwl-es-5-more)

6 | Construcción de tablas

Se han visto ya algunas maneras de formar listas en Wolfram Language. Se puede simplemente escribirlas manualmente. Se puede utilizar Range. Se pueden usar funciones tales como IntegerDigits. Pero una manera muy común y flexible para formarlas es mediante el uso de la función Table.

En su forma más simple, Table construye una lista con el mismo elemento repetido un número especificado de veces.

Forme una lista que tenga el 5 repetido 10 veces:

In[1]:= **Table[5, 10]**

Out[1]= {5, 5, 5, 5, 5, 5, 5, 5, 5, 5}

Esto construye una lista con x repetido 10 veces:

In[2]:= **Table[x, 10]**

Out[2]= {x, x, x, x, x, x, x, x, x, x}

También se pueden repetir listas:

In[3]:= **Table[{1, 2}, 10]**

Out[3]= {{1, 2}, {1, 2}, {1, 2}, {1, 2}, {1, 2}, {1, 2}, {1, 2}, {1, 2}, {1, 2}, {1, 2}}

Y, de hecho, cualquier otra cosa; a continuación aparece una lista de 3 gráficos circulares idénticas:

In[4]:= **Table[PieChart[{1, 1, 1}], 3]**

Out[4]=

Pero, ¿y si se deseara formar una tabla cuyos elementos no sean idénticos? Esto se logra introduciendo una *variable*, para usarla haciendo una iteración sobre ella.

Itere sobre n para formar una lista donde n tome valores hasta el 5:

In[5]:= **Table[a[n], {n, 5}]**

Out[5]= {a[1], a[2], a[3], a[4], a[5]}

Esto funciona de la siguiente manera. Para formar el primer elemento de la lista, se toma n igual a 1, así que a[n] es a[1]. Para el segundo elemento, se toma n igual a 2, así que a[n] es a[2], etc. A n se le llama variable porque cambia de valor a medida que se van construyendo los diferentes elementos de la lista.

Construya una tabla que produzca el valor de n + 1 cuando n toma valores del 1 al 10:

In[6]:= **Table[n + 1, {n, 10}]**

Out[6]= {2, 3, 4, 5, 6, 7, 8, 9, 10, 11}

Forme una tabla de los 10 primeros cuadrados:

In[7]:= **Table[n ^ 2, {n, 10}]**

Out[7]= {1, 4, 9, 16, 25, 36, 49, 64, 81, 100}

Con Table se pueden formar tablas de cosas cualesquiera.

He aquí una tabla de listas sucesivamente más grandes, producidas con Range:

In[8]:= **Table[Range[n], {n, 5}]**

Out[8]= {{1}, {1, 2}, {1, 2, 3}, {1, 2, 3, 4}, {1, 2, 3, 4, 5}}

Aquí se muestra, en una columna, cada una de las listas producidas anteriormente:

In[9]:= **Table[Column[Range[n]], {n, 8}]**

Out[9]= $\left\{1, \begin{array}{c}1\\2\end{array}, \begin{array}{c}1\\2\\3\end{array}, \begin{array}{c}1\\2\\3\\4\end{array}, \begin{array}{c}1\\2\\3\\4\\5\end{array}, \begin{array}{c}1\\2\\3\\4\\5\\6\end{array}, \begin{array}{c}1\\2\\3\\4\\5\\6\\7\end{array}, \begin{array}{c}1\\2\\3\\4\\5\\6\\7\\8\end{array}\right\}$

Ahora se muestra una tabla de gráficos de listas sucesivamente más grandes:

In[10]:= **Table[ListPlot[Range[10 * n]], {n, 3}]**

Aquí aparecen gráficos circulares con un número de sectores cada vez mayor:

In[11]:= **Table[PieChart[Table[1, n]], {n, 5}]**

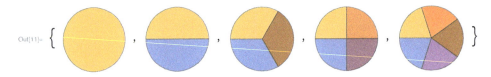

Hasta ahora se ha venido usando n como nombre de la variable utilizada, que es algo muy habitual. Pero puede utilizarse para eso cualquier letra minúscula que se desee, o cualquier combinación de letras. Lo importante es que siempre se use el mismo nombre dondequiera que aparezca la variable en cuestión.

expt es un nombre perfectamente adecuado para una variable:

In[12]:= **Table[2^expt, {expt, 10}]**

Out[12]= {2, 4, 8, 16, 32, 64, 128, 256, 512, 1024}

Abajo se usa x como nombre de la variable y aparece en varios lugares:

In[13]:= **Table[{x, x+1, x^2}, {x, 5}]**

Out[13]= {{1, 2, 1}, {2, 3, 4}, {3, 4, 9}, {4, 5, 16}, {5, 6, 25}}

En Table[f[n], {n, 5}], n toma los valores 1, 2, 3, 4, 5. En cambio, Table[f[n], {n, 3, 5}] indica que hay que comenzar en 3: 3, 4, 5.

Esto genera una tabla donde n varía del 1 al 10:

In[14]:= **Table[f[n], {n, 10}]**

Out[14]= {f[1], f[2], f[3], f[4], f[5], f[6], f[7], f[8], f[9], f[10]}

Esto produce una tabla donde n varía del 4 al 10:

In[15]:= **Table[f[n], {n, 4, 10}]**

Out[15]= {f[4], f[5], f[6], f[7], f[8], f[9], f[10]}

Aquí se indica que la n recorra los valores del 4 al 10, de 2 en 2:

In[16]:= **Table[f[n], {n, 4, 10, 2}]**

Out[16]= {f[4], f[6], f[8], f[10]}

Wolfram Language hace hincapié en la consistencia así que, por ejemplo, Range actúa igual que Table en lo que se refiere a valores iniciales e incrementos.

Genere la secuencia de números del 4 al 10:

In[17]:= **Range[4, 10]**

Out[17]= {4, 5, 6, 7, 8, 9, 10}

Genere la secuencia de números del 4 al 10, de 2 en 2:

In[18]:= **Range[4, 10, 2]**

Out[18]= {4, 6, 8, 10}

Vaya del 0 al 1 en incrementos de 0.1:

In[19]:= **Range[0, 1, 0.1]**

Out[19]= {0., 0.1, 0.2, 0.3, 0.4, 0.5, 0.6, 0.7, 0.8, 0.9, 1.}

Suele haber varias maneras de hacer la misma cosa en Wolfram Language. Así, por ejemplo, se muestra cómo Table y Range pueden producir gráficos idénticos.

Genere una lista y represéntela gráficamente:

In[20]:= **ListPlot[Table[x - x^2, {x, 0, 1, .02}]]**

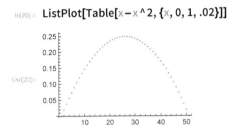

Se obtiene el mismo resultado haciendo algo de aritmética con la secuencia de valores:

In[21]:= **ListPlot[Range[0, 1, .02] - Range[0, 1, .02]^2]**

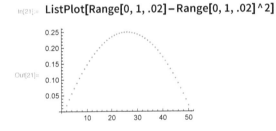

Table siempre calcula por separado cada elemento de la lista que genera, y esto puede observarse al utilizar RandomInteger dentro de Table.

Esto genera 20 enteros aleatorios independientes entre 0 y 10:

In[22]:= **Table[RandomInteger[10], 20]**

Out[22]= {3, 1, 4, 3, 6, 7, 6, 10, 9, 2, 1, 4, 5, 8, 3, 8, 3, 8, 3, 0}

De hecho, esta lista podría generarse directamente con RandomInteger.

Otra forma de generar 20 enteros aleatorios entre 0 y 10:

In[23]:= **RandomInteger[10, 20]**

Out[23]= {3, 0, 3, 1, 9, 6, 0, 8, 5, 2, 7, 8, 0, 10, 4, 4, 9, 5, 7, 1}

Vocabulario

Table[x, 5]	lista de 5 copias de x
Table[f[n], {n, 10}]	lista de valores de f[n] donde n varía hasta el 10
Table[f[n], {n, 2, 10}]	lista de valores donde n varía desde el 2 hasta el 10
Table[f[n], {n, 2, 10, 4}]	lista de valores donde n varía del 2 hasta el 10, de 4 en 4
Range[5, 10]	lista de los números del 5 al 10
Range[10, 20, 2]	lista de los números del 10 al 20, de 2 en 2
RandomInteger[10, 20]	lista de 20 enteros aleatorios entre 0 y 10

Ejercicios

6.1   Forme una lista con el número 1000 repetido 5 veces.

6.2   Cree una lista de los valores de n^3 donde n va del 10 al 20.

6.3   Construya un gráfico con los 20 primeros cuadrados sobre la recta numérica.

6.4   Construya una lista de los números pares (2, 4, 6, ...) hasta el 20.

6.5   Use Table para obtener el mismo resultado que Range[10].

6.6   Construya un diagrama de barras de los 10 primeros cuadrados.

6.7   Forme una tabla de listas de los dígitos de los 10 primeros cuadrados.

6.8   Construya el gráfico, con los puntos unidos, de la longitud de la secuencia de los dígitos de cada uno de los 100 primeros cuadrados.

6.9   Forme una tabla del primer dígito de cada uno de los 20 primeros cuadrados.

6.10 Haga el gráfico de los primeros dígitos de los 100 primeros cuadrados.

Preguntas y respuestas

¿Qué significa la lista {...} (lista) en Table[n^2, {n, 5}]?
Una lista siempre es una forma de reunir cosas. En este caso lo que se reúne es la variable n con su secuencia de valores hasta el 5. En Wolfram Language, esta forma de usar una lista se llama *especificación del iterador*.

¿Por qué es necesaria la lista {...} in Table[n^2, {n, 5}]?
Porque de esa manera se puede generalizar fácilmente a los arreglos multidimensionales, como en Table[x^2−y^2, {x, 5}, {y, 5}].

¿Qué restricciones hay para los nombres de variables?
Pueden ser cualquier secuencia de letras y números, pero no pueden comenzar con un número. Además, para evitar confusiones con las funciones nativas de Wolfram Language, no deben comenzar con mayúscula.

¿Por qué hay que poner nombre a una variable, si los nombres no importan?

¡Buena pregunta! En la Sección 26 se verá cómo evitar el uso del nombre de las variables. Esto es más elegante, aunque un poco más abstracto de lo que hasta ahora se viene haciendo con Table.

¿Puede Range trabajar con números negativos?

Desde luego. Range[−2, 2] produce {−2, −1, 0, 1, 2}. Range[2, −2] produce {}, por Range[2, −2, −1] produce {2, 1, 0, −1, −2}.

Notas técnicas

- En el caso de que se especifiquen incrementos que no se ajusten bien al tramo que se haya determinado, Range y Table llegarán hasta donde los lleven los incrementos y, potencialmente, se detendrán antes del límite superior. (Así Range[1, 6, 2] produce {1, 3, 5}, deteniéndose en 5, y no en 6.)

- Usar una forma tal como Table[x, 20] requiere tener activa, cuando menos, la Versión 10.2 de Wolfram Language. En versiones anteriores esto tendría que especificarse comoTable[x, {20}].

Para explorar más

La función Table en Wolfram Language (wolfr.am/eiwl-es-6-more)

7 | Colores y estilos

Wolfram Language no solamente trata con cuestiones de tipo numérico. Maneja, por ejemplo, otros elementos tales como colores. Permite referirse a los colores comunes por sus nombres.

Red representa el color rojo:

In[1]:= **Red**

Out[1]= ■

Forme una lista de colores:

In[2]:= **{Red, Green, Blue, Purple, Orange, Black}**

Out[2]= {■,■,■,■,■,■}

Se pueden llevar a cabo operaciones con colores. ColorNegate produce "el negativo" de un color, es decir, el color complementario. Blend realiza la mezcla de una lista de colores.

El negativo del color amarillo da el color azul:

In[3]:= **ColorNegate[Yellow]**

Out[3]= ■

Aquí se muestra el resultado de mezclar el amarillo, el rosa y el verde:

In[4]:= **Blend[{Yellow, Pink, Green}]**

Out[4]= ■

Un color puede especificarse indicando cuánto contiene de rojo, verde y azul. Eso se hace con la función RGBColor, dando el nivel de cada color, entre 0 y 1.

El máximo de rojo, sin verde ni azul:

In[5]:= **RGBColor[1, 0, 0]**

Out[5]= ■

Cuando rojo y verde toman su nivel máximo, se obtiene amarillo:

In[6]:= **RGBColor[1, 1, 0]**

Out[6]= ■

Aquí se presenta una tabla de colores con el rojo a su máximo y diferentes niveles de verde:

In[7]:= **Table[RGBColor[1, g, 0], {g, 0, 1, 0.05}]**

Out[7]= {■,■}

Muchas veces se desea especificar los colores en términos de *tonalidad*, mejor que directamente en términos de rojo, verde y azul. Esto se logra mediante la función Hue.

Una tonalidad de 0.5 corresponde al color turquesa:

In[8]:= **Hue[0.5]**

Out[8]=

Una tabla de colores con tonalidades del 0 al 1:

In[9]:= **Table[Hue[x], {x, 0, 1, 0.05}]**

Out[9]= {■, ■}

Muchas veces se quiere elegir un color al azar y esto se puede hacer con RandomColor. Al indicar RandomInteger[10], se está solicitando generar un entero aleatorio del 0 al 10, aunque en aquel caso no es necesario especificar un valor, así que basta con escribir RandomColor[], sin escribir explícitamente un argumento.

Genere un color al azar:

In[10]:= **RandomColor[]**

Out[10]=

Forme una tabla de 30 colores al azar:

In[11]:= **Table[RandomColor[], 30]**

Out[11]= {■, ■}

Si se mezclan muchos colores al azar se obtiene, por lo general, algo turbio:

In[12]:= **Blend[Table[RandomColor[], 20]]**

Out[12]=

Los colores pueden usarse en cualquier situación. Así, por ejemplo, se puede dar un estilo con colores a una salida.

Aquí se muestra el número 1000 en color rojo:

In[13]:= **Style[1000, Red]**

Out[13]= 1000

Aquí se ven 30 enteros aleatorios, en colores escogidos al azar:

In[14]:= **Table[Style[RandomInteger[1000], RandomColor[]], 30]**

Out[14]= {423, 303, 10, 432, 139, 188, 34, 981, 154, 340, 533, 52, 313, 555, 930, 332, 582, 67, 285, 564, 943, 987, 179, 391, 661, 606, 52, 577, 721, 507}

Otra manera de dar un estilo es utilizar diferentes tamaños. Puede especificarse un tamaño de fuente con Style.

Muestre una x con estilo de tamaño de 30 puntos:

In[15]:= **Style[x, 30]**

Out[15]= X

Esto da un estilo al número 100 en una secuencia de diferentes tamaños:

In[16]:= **Table[Style[100, n], {n, 30}]**

Out[16]= {., ., ., 100, 100, 100, 100, 100, 100, 100, 100, 100, 100, 100, 100, 100, 100, 100, 100, 100, 100, 100, 100, 100, 100, 100, 100, 100, 100}

Puede combinarse el estilo de color con el de tamaño; aquí aparece la x en 25 colores y tamaños aleatorios:

In[17]:= **Table[Style[x, RandomColor[ ], RandomInteger[30]], 25]**

Out[17]= {X, X, ., x, X, x, X, ., ., x, x, X, ., x, ., X, ., x, x, x, X, x, X, X, ., }

Vocabulario

Red, Green, Blue, Yellow, Orange, Pink, Purple, …	colores
RGBColor[0.4, 0.7, 0.3]	color rojo, verde, azul
Hue[0.8]	color especificado mediante tonalidad
RandomColor[ ]	color escogido al azar
ColorNegate[Red]	negativo de un color (complemento)
Blend[{Red, Blue}]	mezcla una lista de colores
Style[x, Red]	estilo con un color
Style[x, 20]	estilo con un tamaño
Style[x, 20, Red]	estilo con un tamaño y un color

Ejercicios

7.1 Forme una lista de rojo, amarillo y verde.

7.2 Produzca una columna de rojo, amarillo y verde ("un semáforo").

7.3 Calcule el negativo del color naranja.

7.4 Construya una lista con tonalidades que varíen del 0 al 1 en incrementos de 0.02.

7.5 Forme una lista de colores con rojo y azul en sus niveles máximos, y el verde con valores de 0 a 1 en incrementos de 0.05.

7.6 Mezcle los colores rosa y amarillo.

7.7 Forme una lista de los colores obtenidos al mezclar el amarillo con las tonalidades del 0 al 1 en incrementos de 0.05.

7.8 Construya una lista de números del 0 al 1 en incrementos de 0.1, cada uno con una tonalidad igual a su valor.

7.9 Muestre un retal en color morado de tamaño 100.

7.10 Forme una lista de retales rojos de tamaños del 10 al 100 en incrementos de 10.

7.11 Muestre el número 999 en rojo y de tamaño 100.

7.12 Construya una lista de los 10 primeros cuadrados, con cada uno de tamaño igual a su valor.

7.13 Utilice **Part** y **RandomInteger** para formar una lista de longitud 100, donde cada elemento aparezca con un color **Red**, **Yellow** o **Green** escogido al azar.

7.14 Utilice **Part** para construir una lista de los primeros 50 dígitos en 2^1000, de manera que cada dígito se presente con un tamaño igual a 3 veces su valor.

Preguntas y respuestas

¿Qué colores pueden llamarse por nombre en Wolfram Language?

Red, Green, Blue, Black, White, Gray, Yellow, Brown, Orange, Pink, Purple, LightRed, etc. (que corresponden, respectivamente, en español a rojo, verde, azul, negro, blanco, gris, amarillo, café o marrón, naranja, rosa, morado, rojo claro, etc.) En la Sección 16 se verá cómo usar en el teclado ctrl = para ingresar cualquier color en el idioma inglés.

¿A qué se debe que los colores se especifiquen mediante valores de rojo, verde y azul?

En esencia, a que así es como los seres humanos perciben los colores: hay tres tipos de células en los ojos que, respectivamente, son más o menos sensibles a los componentes rojo, verde y azul de la luz. (Otros organismos funcionan de manera diferente).

¿Qué es lo que sucede al tomar el negativo de un color?

Se generan *colores complementarios*, definidos por el cálculo de 1–*valor* (1 menos el valor) para cada uno de los componentes RGB. Si se toma el negativo de "mostrar los primarios (luz emitida)" rojo, verde, azul, se obtiene "mostrar los primarios (luz reflejada)" turquesa, magenta, amarillo.

¿Qué es tonalidad?

Es una manera de especificar lo que usualmente se conoce como *colores puros*, independientemente de su tinte, matiz, saturación o brillo. Los colores de diferentes tonalidades se suelen acomodar alrededor de una *rueda de colores*. Los valores RGB de una tonalidad particular están determinados por una fórmula matemática.

¿Hay otras formas de especificar colores además de RGB?

Sí. Una muy común (implementada por **Hue**) que consiste en usar la combinación de matiz, saturación y brillantez. Hay otros ejemplos, como **LABColor** y **XYZColor**. **GrayLevel** representa matices de gris, donde GrayLevel[0] es negro y GrayLevel[1] es blanco.

Notas técnicas

- Se llama *swatches* (en español, *retales*) a los cuadritos de color que se usan para mostrar un color.

- Se pueden especificar los colores HTML por su nombre usando, por ejemplo, RGBColor["maroon"], así como los colores *hex* usando, por ejemplo, RGBColor["#00ff00"].

- ChromaticityPlot y ChromaticityPlot3D grafican listas de colores en el espacio de color.

- En Wolfram Language se pueden fijar muchos otros atributos de estilo, como **Bold** (negrita), *Italic* (cursiva) y FontFamily (fuente de tipografía).

Para explorar más

El color en Wolfram Language (wolfr.am/eiwl-es-7-more)

8 | Objetos gráficos elementales

En Wolfram Language, Circle[] representa un círculo. Para mostrar el círculo en un gráfico se usa la función Graphics. Posteriormente se verá cómo especificar la posición y el tamaño de un círculo. Por ahora se describirá el manejo básico de un círculo, sin dar mayor detalle.

Mostrar el gráfico de un círculo:

In[1]:= **Graphics[Circle[ ]]**

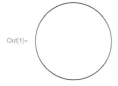

Disk representa un disco rellenado:

In[2]:= **Graphics[Disk[ ]]**

RegularPolygon es un polígono regular con cualquier número de lados que se desee.

Aquí se muestra un pentágono (un polígono regular con 5 lados):

In[3]:= **Graphics[RegularPolygon[5]]**

Construya una tabla de los gráficos de los polígonos regulares que tienen entre 5 y 10 lados:

In[4]:= **Table[Graphics[RegularPolygon[n]], {n, 5, 10}]**

Style funciona dentro de Graphics, así que puede utilizarse para colorear.

Aquí aparece un pentágono de color naranja:

In[5]:= **Graphics[Style[RegularPolygon[5], Orange]]**

Wolfram Language trabaja en 3D igual que en 2D, con objetos como Sphere, Cylinder y Cone. Un gráfico 3D se puede hacer rotar de manera interactiva para tener diferentes ángulos de visión.

Mostrar una esfera en 3D:

In[6]:= **Graphics3D[Sphere[ ]]**

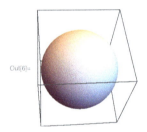

Una lista de un cono y un cilindro:

In[7]:= **{Graphics3D[Cone[ ]], Graphics3D[Cylinder[ ]]}**

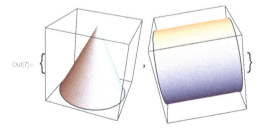

Una esfera amarilla:

In[8]:= **Graphics3D[Style[Sphere[ ], Yellow]]**

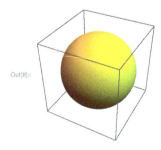

Vocabulario

Circle[ ]	especifica un círculo
Disk[ ]	especifica un disco rellenado
RegularPolygon[*n*]	especifica un polígono regular con *n* lados
Graphics[*objeto*]	muestra un objeto gráficamente
Sphere[ ], Cylinder[ ], Cone[ ], …	especifica formas geométricas en 3D
Graphics3D[*objeto*]	muestra un objeto gráficamente en 3D

Ejercicios

8.1 Use **RegularPolygon** para dibujar un triángulo.

8.2 Dibuje el gráfico de un círculo rojo.

8.3 Muestre un octágono rojo.

8.4 Forme una lista cuyos elementos sean discos en tonalidades que varíen de 0 a 1 en incrementos de 0.1.

8.5 Muestre una columna con un triángulo rojo y otro verde.

8.6 Presente una lista con los polígonos regulares que tengan de 5 a 10 lados, con cada polígono en color rosa.

8.7 Muestre el gráfico de un cilindro morado.

8.8 Forme una lista de polígonos con 8, 7, 6, … , 3 lados, coloreados aleatoriamente con **RandomColor**, y muéstrelo sobrepuestos con el triángulo arriba (sugerencia: aplicar **Graphics** a la lista).

Preguntas y respuestas

¿Cómo se forma un gráfico que contenga varios objetos?
En la Sección 14 se explicará cómo, ya que para ello hay que haberse familiarizado con *coordenadas*.

¿Por qué se usa Circle[ ], en lugar de simplemente Circle?
Por razones de consistencia. Como se verá en la Sección 14, Circle[ ] es una versión abreviada de Circle[{0, 0}, 1], que significa un círculo de radio 1, cuyo centro es el punto de coordenadas {0, 0}.

¿Por qué la esfera amarilla no tiene puro amarillo?
Porque Wolfram Language la muestra como si fuera un objeto real, con iluminación, en 3D. Si fuera solo amarillo no se vería la profundidad en 3D y aparecería como un disco en 2D.

Nota técnica

- Otra forma de especificar estilos en gráficos es dar una lista de *directivas*, por ejemplo, {Yellow, Disk[], Black, Circle[]}.

Para explorar más

Guía para graphics en Wolfram Language (wolfr.am/eiwl-es-8-more)

9 | Manipulación interactiva

Hasta ahora hemos usado Wolfram Language en forma de pregunta-respuesta: se escribe la entrada y el lenguaje contesta con la salida. Pero el lenguaje permite, además, construir interfaces para que el usuario pueda manipular variables de manera continua. La función Manipulate trabaja de modo parecido a Table, salvo que, en lugar de producirse una lista de resultados, aparece un control deslizante con el que se puede elegir interactivamente el valor deseado.

Con el control deslizante se pueden escoger valores de n entre 1 y 5 (en incrementos de 1):

In[1]:= **Manipulate[Table[Orange, n], {n, 1, 5, 1}]**

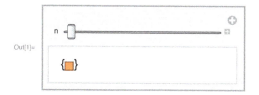

Aquí aparece la secuencia completa de los resultados posibles:

In[2]:= **Table[Table[Orange, n], {n, 1, 5, 1}]**

Out[2]= {{■}, {■, ■}, {■, ■, ■}, {■, ■, ■, ■}, {■, ■, ■, ■, ■}}

Abajo se muestra una interfaz semejante a la anterior para presentar una columna con las potencias de un número:

In[3]:= **Manipulate[Column[{n, n^2, n^3}], {n, 1, 10, 1}]**

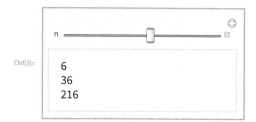

Out[3]=
6
36
216

Pero aquí se muestra la lista de todos los resultados posibles para este caso:

In[4]:= **Table[Column[{n, n^2, n^3}], {n, 1, 10, 1}]**

Out[4]= $\left\{\begin{matrix} 1 & 2 & 3 & 4 & 5 & 6 & 7 & 8 & 9 & 10 \\ 1, & 4, & 9, & 16, & 25, & 36, & 49, & 64, & 81, & 100 \\ 1 & 8 & 27 & 64 & 125 & 216 & 343 & 512 & 729 & 1000 \end{matrix}\right\}$

A diferencia de Table, Manipulate no se limita a un conjunto fijo de valores posibles. Simplemente con omitir la especificación del incremento en Manipulate, se dará por sentado que se usarán todos los valores posibles de la gama, sin limitarse a números enteros.

Si no se especifica el incremento, Manipulate adopta cualquier valor:

In[5]:= **Manipulate[Column[{n, n^2, n^3}], {n, 1, 10}]**

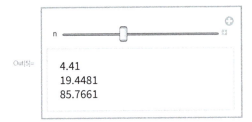

Muchas veces se desea producir gráficas donde se puedan hacer ajustes de manera interactiva.

Un diagrama de barras que cambie al moverse el deslizador:

In[6]:= **Manipulate[BarChart[{1, a, 4, 2∗a, 4, 3∗a, 1}], {a, 0, 5}]**

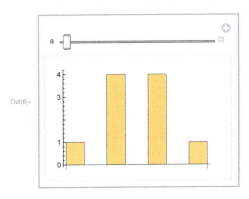

Un diagrama circular de la misma lista anterior:

In[7]:= **Manipulate[PieChart[{1, a, 4, 2∗a, 4, 3∗a, 1}], {a, 0, 5}]**

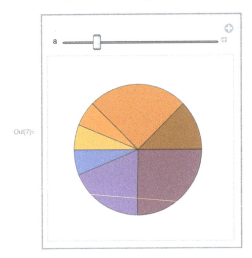

Manipulate permite usar varios controles a la vez. Basta con dar la información para cada uno, de manera consecutiva.

Para construir una interfaz que permita variar el número de lados y la tonalidad de un polígono:

In[8]:= **Manipulate[Graphics[Style[RegularPolygon[n], Hue[h]]], {n, 5, 20, 1}, {h, 0, 1}]**

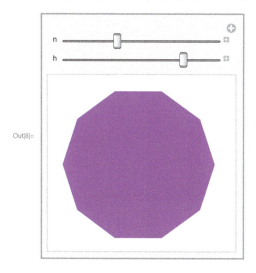

Hay muchas formas de especificar los controles para Manipulate. Si se le da una lista de valores posibles, se obtiene un *selector* o *menú*.

Construir una interfaz que permita elegir entre tres colores:

In[9]:= **Manipulate[Graphics[Style[RegularPolygon[5], color]], {color, {Red, Yellow, Blue}}]**

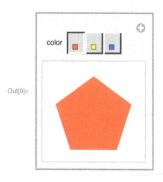

Si hay más posibilidades de elección, como por ejemplo el tamaño, Manipulate propone un menú desplegable:

In[10]:= **Manipulate[Style[**value**,** color**,** size**], {**value**, 1, 20, 1},**
 {color**, {Black, Red, Purple}}, {**size**, Range[12, 96, 12]}]**

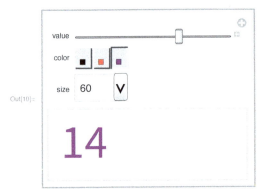

Out[10]=

Vocabulario

Manipulate[$algo$**, {n, 0, 10, 1}]**   manipula *algo* donde n varía de 1 en 1

Manipulate[$algo$**, {x, 0, 10}]**   manipula *algo* donde x varía de manera continua

---

Ejercicios

9.1 Construya un **Manipulate** que muestre **Range[n]** para los valores de n entre 0 y 100.

9.2 Produzca un **Manipulate** para graficar los enteros hasta n, donde n puede ir de 5 a 50.

9.3 Formule un **Manipulate** que muestre una columna de entre 1 y 10 copias de x.

9.4 Cree un **Manipulate** que muestre un disco cuya tonalidad varíe entre 0 y 1.

9.5 Escriba un **Manipulate** que muestre un disco de color especificado por sus componentes rojo, verde y azul, donde cada uno de estos varíe entre 0 y 1.

9.6 Formule un **Manipulate** que muestre secuencias de los dígitos de enteros de 4 dígitos (entre 1000 y 9999).

9.7 Escriba un **Manipulate** para crear una lista de entre 5 y 50 tonalidades igualmente espaciadas.

9.8 Cree un **Manipulate** para mostrar una lista de un número variable de hexágonos (entre 1 y 10), con tonalidades variables.

9.9 Escriba un **Manipulate** que muestre un polígono regular con entre 5 y 20 lados, de colores rojo, amarillo o azul.

9.10 Cree un **Manipulate** que muestre un diagrama circular con un número (entre 1 y 10) de segmentos iguales.

9.11 Escriba un **Manipulate** que produzca un diagrama de barras de los tres dígitos que tiene cada entero entre 100 y 999.

9.12 Proporcione un **Manipulate** que muestre n colores aleatorios, donde n puede variar entre 1 y 50.

9.13 Escriba un **Manipulate** para mostrar una columna de potencias enteras, con bases del 1 al 25 y exponentes del 1 al 10.

9.14 Cree un **Manipulate** para mostrar los valores de x^n en una recta numérica, donde x sea un entero entre 1 y 10, y donde n varíe entre 0 y 5.

9.15 Escriba un **Manipulate** que muestre una esfera tal que su color varíe entre el verde y el rojo.

Preguntas y respuestas

¿Funciona igual Manipulate en la web, en dispositivos móviles y en computadoras?

Pues sí, aunque tal vez sea significativamente más lento en la web y en algunos dispositivos móviles, ya que, cada vez que se mueve un deslizador, el sistema debe comunicarse con un servidor a través de internet para determinar lo que haya que hacerse. En computadoras y algunos dispositivos móviles todo sucede ahí mismo, dentro del mismo equipo o dispositivo, así que es muy rápido.

¿Puede hacerse una aplicación autónoma a partir de un Manipulate?

Sí. Para hacer una aplicación web, por ejemplo, simplemente hay que utilizar CloudDeploy. Este tema se tocará en la Sección 36.

¿Pueden usarse números aleatorios en un Manipulate?

Sí, pero, a menos que se utilice una "semilla" usando SeedRandom, los números aleatorios serán diferentes cada vez que se mueva algún deslizador.

Notas técnicas

- Manipulate funciona prácticamente con todo tipo de controles estándar para interfaz de usuario (casillas para marcar, menús, campos para entrada, selectores de color, etc.).

- En Manipulate los deslizadores ofrecen a veces un botón ⊞ que da acceso a controles adicionales, incluyendo animación, avance en incrementos discretos, y la presentación del valor numérico.

- Muchos controles se presentan de manera diferente en dispositivos con ratón y panel táctil, y algunos funcionan únicamente con uno de los dos.

- Si se está trabajando originalmente en la computadora propia, los dispositivos tales como gamepads deberían funcionar sin problema con Manipulate. Se puede especificar qué controles deben ligarse con cuál de ellos. ControllerInformation[ ] proporciona la información acerca de todos los controladores.

Para explorar más

El Proyecto de demostraciones Wolfram (wolfr.am/eiwl-es-9-more) contiene más de 11 000 demostraciones interactivas creadas con Manipulate (wolfr.am/eiwl-es-9-more2)

10 | Imágenes

Muchas de las funciones de Wolfram Language están orientadas al trabajo con *imágenes*. Es muy sencillo introducir una imagen en Wolfram Language, por ejemplo, copiándola o arrastrándola con el cursor desde la web o desde una colección de fotografías. O bien, puede simplemente capturarse una imagen desde la cámara del equipo que se esté usando mediante la función CurrentImage.

Obtener la imagen actual en la cámara del equipo (aquí, el autor trabajando en este libro):

In[1]:= **CurrentImage[ ]**

Pueden aplicarse funciones a imágenes, tal como se hace con números, listas u otras cosas. La función ColorNegate, que se vio antes en conexión con los colores, también trabaja con imágenes y produce una "imagen negativa".

Producir el negativo de los colores en una imagen (aquí la imagen del autor se ve muy extraña):

In[2]:= **ColorNegate[**  **]**

Hacer borrosa la imagen:

In[3]:= **Blur[**  **]**

El número indica el nivel de difuminación de la imagen resultante:

In[4]:= **Blur[** , 10**]**

Out[4]=

Puede hacerse una tabla con los resultados de diferentes niveles de difuminación:

In[5]:= **Table[Blur[** , n**], {**n, 0, 15, 5**}]**

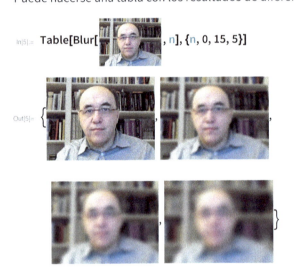

Out[5]=

ImageCollage reúne varias imágenes:

In[6]:= **ImageCollage[Table[Blur[** , n**], {**n, 0, 15, 5**}]]**

Out[6]=

Se pueden hacer muchos tipos de análisis con una imagen. Así, por ejemplo, DominantColors produce una lista con los colores más significativos en una imagen.

In[7]:= **DominantColors[**  **]**

Out[7]= {■,■,■,■}

Binarize produce una imagen en blanco y negro:

In[8]:= **Binarize[**  **]**

Out[8]=

Como cabría esperar, los colores dominantes son, en este caso, el blanco y el negro:

In[9]:= **DominantColors[Binarize[**  **]]**

Out[9]= {□,■}

Se puede hacer otro tipo de análisis con *detección de bordes*: para eso, se busca en qué partes de la imagen hay cambios bruscos de color. El resultado es como si fuera un bosquejo de la imagen original.

Identifique los bordes en la imagen original:

In[10]:= **EdgeDetect[**  **]**

Out[10]=

"Sume" la imagen original al resultado de la detección de bordes:

In[11]:= **ImageAdd[**  **]**

Out[11]=

A menudo conviene hacer el procesamiento de imágenes de manera interactiva mediante el uso de interfaces producidas con Manipulate. Así, por ejemplo, Binarize permite fijar un umbral para la conversión a blanco y negro y, en tal caso, la experimentación interactiva puede ser lo más indicado para encontrar el umbral correcto.

Hacer una interfaz para ajustar el umbral en la binarización de una imagen:

In[12]:= **Manipulate[Binarize[**  **, t], {t, 0, 1}]**

Out[12]=

Vocabulario

CurrentImage[ ]	captura la imagen actual en la computadora, etc.
ColorNegate[▢ **]**	obtiene el negativo de los colores de una imagen
Binarize[▢ **]**	pone una imagen en blanco y negro
Blur[▢ **, 5]**	difumina o hace borrosa una imagen
EdgeDetect[▢ **]**	detecta los bordes dentro de una imagen
DominantColors[▢ **]**	obtiene una lista de los colores dominantes en una imagen
ImageCollage[{ ▢ **,** ▢ **,** ▢ **}]**	reúne varias imágenes en un *collage*
ImageAdd[▢ **,** ▢ **]**	suma los valores de color de dos imágenes

Ejercicios

10.1 Obtenga el negativo de color del resultado de encontrar los bordes en una imagen. (Use **CurrentImage[ ]** o cualquier otra imagen.)

10.2 Use **Manipulate** para hacer una interfaz que cambie, en una imagen, la difuminación entre 0 y 20.

10.3 Cree una tabla con el resultado de detectar bordes en una imagen, con niveles variables de difuminación, entre 1 y 10.

10.4 Haga un *collage* de imágenes, reuniendo una imagen y los resultados de hacerla borrosa, de detectar sus bordes y de binarizarla.

10.5 Sume una imagen a la versión binarizada de la misma.

10.6 Cree un **Manipulate** para mostrar los bordes de una imagen con niveles variables de difuminación, entre 0 y 20.

10.7 Las operaciones con imágenes funcionan con **Graphics** y **Graphics3D**. Así pues, si se quiere detectar los bordes en la gráfica de una esfera se puede hacer.

10.8 Haga un **Manipulate** para construir una interfaz que cambie el nivel de difuminación, entre el 0 y el 20, de un pentágono morado.

10.9 Cree un *collage* con las imágenes de 9 discos, cada uno con un color aleatorio.

10.10 Use **ImageCollage** para formar una imagen combinada de esferas, con tonalidades del 0 al 1, en incrementos de 0.2.

10.11 Forme la tabla de un disco con niveles variables de difuminación, del 0 al 30, en incrementos de 5.

10.12 Use **ImageAdd** para sumar una imagen a la imagen de un disco.

10.13 Use **ImageAdd** para sumar una imagen a la imagen de un octágono rojo.

10.14 Sume una imagen a la versión de esa misma imagen en negativo de color y con detección de bordes.

Preguntas y respuestas

¿Qué hacer si la computadora no cuenta con cámara o si esta no se puede usar?

En vez de CurrentImage[], consiga una imagen de prueba, por ejemplo, ExampleData[{"TestImage", "Mandrill"}].

¿Qué significa el número en la función Blur?

Es la gama de píxeles que conllevan la difuminación.

¿Cómo decide Binarize entre blanco y negro?

Si no se le fija un umbral, lo elegirá de acuerdo al análisis de la distribución de los colores en la imagen.

Notas técnicas

- El hecho de que puedan usarse imágenes directamente en un código de Wolfram Language es de enorme importancia y otra de las consecuencias de que Wolfram Language sea un lenguaje de programación simbólico.
- Por ejemplo, si se deseara tener una colección de imágenes de cocodrilos, podría recurrirse al uso de WikipediaData["crocodiles", "ImageList"].
- Suponiendo que se tenga una versión apropiada de Wolfram Language, WebImageSearch["colorful birds", "Thumbnails"] obtendrá las imágenes deseadas mediante una búsqueda en la web (véase la Sección 44).
- CurrentImage funciona en los navegadores más modernos y en dispositivos móviles de igual manera que en computadoras.
- Muchas de las operaciones aritméticas funcionan directamente, pixel-a-pixel, en imágenes (por ejemplo, Sqrt[▫] o ▫ −EdgeDetect[▫]), así que no es necesario usar explícitamente ImageAdd, ImageMultiply, etc.

Para explorar más

Guía para procesamiento de imágenes en Wolfram Language (wolfr.am/eiwl-es-10-more)

11 | Cadenas de caracteres y texto

Wolfram Language también permite efectuar procesos de cómputo con texto. El texto se introduce como una *cadena de caracteres*, demarcada por comillas (").

Introducir una cadena de caracteres:

In[1]:= **"This is a string."**

Out[1]= This is a string.

Al igual que cuando se ingresa un número, al introducir una cadena tal cual, no se genera ningún cambio, salvo que las comillas no son visibles cuando se muestra el resultado. Hay muchas funciones que trabajan con cadenas, como StringLength, que produce la longitud de una cadena.

StringLength cuenta el número de caracteres en una cadena:

In[2]:= **StringLength["hello"]**

Out[2]= 5

StringReverse invierte el orden de los caracteres que componen una cadena:

In[3]:= **StringReverse["hello"]**

Out[3]= olleh

ToUpperCase pone en mayúsculas todos los caracteres de una cadena:

In[4]:= **ToUpperCase["I'm coding in the Wolfram Language!"]**

Out[4]= I'M CODING IN THE WOLFRAM LANGUAGE!

StringTake toma un número dado de los caracteres de una cadena, a partir del primero:

In[5]:= **StringTake["this is about strings", 10]**

Out[5]= this is ab

Si se toman 10 caracteres se obtiene una cadena de longitud 10:

In[6]:= **StringLength[StringTake["this is about strings", 10]]**

Out[6]= 10

StringJoin junta cadenas (no hay que olvidar los espacios si se desea separar palabras):

In[7]:= **StringJoin["Hello", " ", "there!", " How are you?"]**

Out[7]= Hello there! How are you?

Se pueden formar listas de cadenas y luego aplicarle alguna función al resultado.

Una lista de cadenas:

In[8]:= **{"apple", "banana", "strawberry"}**

Out[8]= {apple, banana, strawberry}

Obtenga los dos primeros caracteres de cada cadena:

In[9]:= **StringTake[{"apple", "banana", "strawberry"}, 2]**

Out[9]= {ap, ba, st}

StringJoin junta las cadenas de una lista dada:

In[10]:= **StringJoin[{"apple", "banana", "strawberry"}]**

Out[10]= applebananastrawberry

Es útil poder convertir cadenas en listas de los caracteres que las forman. Cada uno de los caracteres resultantes es, en sí mismo, una cadena de longitud 1.

Characters descompone una cadena en una lista de sus caracteres:

In[11]:= **Characters["a string is made of characters"]**

Out[11]= {a, , s, t, r, i, n, g, , i, s, , m, a, d, e, , o, f, , c, h, a, r, a, c, t, e, r, s}

Una vez que se ha descompuesto una cadena en una lista de caracteres, pueden usarse con ella todas las operaciones usuales de listas.

Ordene los caracteres de una cadena:

In[12]:= **Sort[Characters["a string of characters"]]**

Out[12]= { , , , a, a, a, c, c, e, f, g, h, i, n, o, r, r, r, s, s, t, t}

Los elementos invisibles al principio de la lista son espaciadores. En caso de que se desee ver las cadenas en la forma como se habrían digitado, incluyendo "...", hay que usar InputForm.

InputForm muestra las cadenas en la forma como se digitarían, incluyendo las comillas:

In[13]:= **InputForm[Sort[Characters["a string of characters"]]]**

Out[13]= {" ", " ", " ", "a", "a", "a", "c", "c", "e", "f", "g", "h", "i", "n", "o", "r", "r", "r", "s", "s", "t", "t"}

Las funciones como StringJoin y Characters operan sobre cadenas de todo tipo, sin importar que tengan algún significado. Otras funciones, tales como TextWords, trabajan específicamente con texto que tenga algún sentido, es decir, que esté escrito en inglés, por ejemplo.

TextWords produce la lista de las palabras en una cadena de texto dado:

In[14]:= **TextWords["This is a sentence. Sentences are made of words."]**

Out[14]= {This, is, a, sentence, Sentences, are, made, of, words}

Lo siguiente dará la longitud de cada palabra:

In[15]:= **StringLength[TextWords["This is a sentence. Sentences are made of words."]]**

Out[15]= {4, 2, 1, 8, 9, 3, 4, 2, 5}

TextSentences descompone una cadena de texto en una lista de frases:

In[16]:= **TextSentences["This is a sentence. Sentences are made of words."]**

Out[16]= {This is a sentence., Sentences are made of words.}

Existen muchas formas de obtener texto en Wolfram Language. Por ejemplo, la función WikipediaData obtiene el texto actual de algún artículo de Wikipedia.

Obtenga los 100 primeros caracteres del artículo de Wikipedia sobre computadoras o *computers* en inglés:

In[17]:= **StringTake[WikipediaData["computers"], 100]**

Out[17]= A computer is a general−purpose device
    that can be programmed to carry out a set of arithmetic or lo

Una buena forma de hacerse una idea de lo que contiene un texto es formando una nube de palabras. Esto se logra con la función WordCloud.

Crear una nube de palabras con el artículo de Wikipedia sobre computadoras o *computers* en inglés:

In[18]:= **WordCloud[WikipediaData["computers"]]**

Out[18]=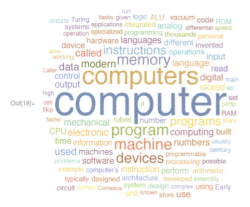

Como sería de esperar, *computer* y *computers* son las palabras más comunes en ese artículo.

Wolfram Language contiene mucha información intrínseca sobre palabras del inglés y de otras lenguas. WordList obtiene listas de palabras.

Obtenga las 20 primeras palabras de una lista de palabras comunes del inglés:

In[19]:= **Take[WordList[ ], 20]**

Out[19]= {a, aah, aardvark, aback, abacus, abaft, abalone,
    abandon, abandoned, abandonment, abase, abasement, abash,
    abashed, abashment, abate, abatement, abattoir, abbe, abbess}

Cree una nube de palabras a partir de las letras iniciales de todas las palabras:

In[20]:= **WordCloud[StringTake[WordList[ ], 1]]**

Out[20]=

Las cadenas no necesariamente tienen que contener texto. En una yuxtaposición de un sistema antiguo con moderno se puede generar, por ejemplo, los números romanos como cadenas.

Genere la cadena del número romano para 1988:

In[21]:= **RomanNumeral[1988]**

Out[21]= MCMLXXXVIII

Cree una tabla de los números romanos para los enteros del 1 al 20:

In[22]:= **Table[RomanNumeral[n], {n, 20}]**

Out[22]= {I, II, III, IV, V, VI, VII, VIII, IX, X, XI, XII, XIII, XIV, XV, XVI, XVII, XVIII, XIX, XX}

Como para todo lo demás, pueden hacerse cálculos con estas cadenas. Por ejemplo, pueden graficarse las longitudes de los números romanos consecutivos.

Presentae gráficamente las longitudes de los símbolos para los números romanos de los enteros del 1 al 100:

In[23]:= **ListLinePlot[Table[StringLength[RomanNumeral[n]], {n, 100}]]**

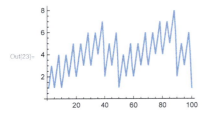

IntegerName da el nombre en inglés de un entero.

Genere una cadena con el nombre en inglés del entero 56:

In[24]:= **IntegerName[56]**

Out[24]= fifty-six

A continuación se tiene una presentación gráfica de las longitudes de los nombres de los números en inglés:

In[25]:= **ListLinePlot[Table[StringLength[IntegerName[n]], {n, 100}]]**

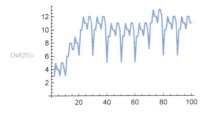

Hay muchas formas de convertir letras en números (y viceversa).

Alphabet produce el alfabeto del inglés:

In[26]:= **Alphabet[ ]**

Out[26]= {a, b, c, d, e, f, g, h, i, j, k, l, m, n, o, p, q, r, s, t, u, v, w, x, y, z}

LetterNumber dice en qué posición del alfabeto inglés aparece una letra dada:

In[27]:= **LetterNumber[{"a", "b", "x", "y", "z"}]**

Out[27]= {1, 2, 24, 25, 26}

FromLetterNumber hace lo contrario de lo anterior:

In[28]:= **FromLetterNumber[{10, 11, 12, 13, 14, 15}]**

Out[28]= {j, k, l, m, n, o}

Alphabet también conoce alfabetos de otras lenguas, aparte del inglés:

In[29]:= **Alphabet["Russian"]**

Out[29]= {а, б, в, г, д, е, ё, ж, з, и, й, к, л, м, н, о, п, р, с, т, у, ф, х, ц, ч, ш, щ, ъ, ы, ь, э, ю, я}

Transliterate convierte (aproximadamente) a las letras equivalentes en inglés:

In[30]:= **Transliterate[Alphabet["Russian"]]**

Out[30]= {a, b, v, g, d, e, e, z, z, i, j, k, l, m, n, o, p, r, s, t, u, f, h, c, c, s, s, ″, y, ′, e, u, a}

Con esto se translitera la palabra "wolfram" al alfabeto ruso:

In[31]:= **Transliterate["wolfram", "Russian"]**

Out[31]= уолфрам

Si se quiere, se puede convertir texto en imágenes, las cuales pueden manipularse mediante procesamiento de imágenes. La función Rasterize produce un *raster*, o *bitmap*, de alguna cosa.

Genere la imagen de una porción de texto:

In[32]:= **Rasterize[Style["ABC", 100]]**

Out[32]=

Efectue procesamiento de imágenes con el resultado:

In[33]:= **EdgeDetect[Rasterize[Style["ABC", 100]]]**

Out[33]=

Vocabulario

"*string*"	una cadena de caracteres
StringLength["*string*"]	longitud de una cadena
StringReverse["*string*"]	invierte una cadena
StringTake["*string*", 4]	toma caracteres a partir del principio de una cadena
StringJoin["*string*", "*string*"]	junta cadenas
StringJoin[{"*string*", "*string*"}]	junta una lista de cadenas
ToUpperCase["*string*"]	convierte caracteres a mayúsculas
Characters["*string*"]	convierte una cadena en una lista de caracteres
TextWords["*string*"]	lista de las palabras en una cadena
TextSentences["*string*"]	lista de las frases
WikipediaData["*tema*"]	artículo de Wikipedia sobre un tema
WordCloud["*text*"]	nube de palabras a partir de las frecuencias de palabras
WordList[ ]	lista de palabras comunes del inglés
Alphabet[ ]	lista de las letras del alfabeto inglés
LetterNumber["*c*"]	en qué posición del alfabeto inglés aparece una letra
FromLetterNumber[*n*]	la letra que aparece en una posición dada del alfabeto inglés
Transliterate["*text*"]	translitera texto de cualquier lengua al inglés
Transliterate["*text*", "*alphabet*"]	translitera texto a otros alfabetos
RomanNumeral[*n*]	convierte un número en la cadena de su equivalente romano
IntegerName[*n*]	convierte un número a la cadena de su nombre en inglés
InputForm["*string*"]	muestra una cadena con comillas
Rasterize["*string*"]	hace una imagen en bitmap

Ejercicios

11.1 Junte dos copias de la cadena "Hello".

11.2 Forme una sola cadena con el alfabeto inglés con los caracteres en mayúscula.

11.3 Genere una cadena con el alfabeto inglés en orden inverso.

11.4 Junte 100 copias de la cadena "AGCT".

11.5 Use StringTake, StringJoin y Alphabet para obtener "abcdef".

11.6 Forme una columna con números crecientes consecutivos de las letras de la cadena "this is about strings".

11.7 Haga un diagrama de barras con las longitudes de las palabras en "A long time ago, in a galaxy far, far away".

11.8 Encuentre la longitud de la cadena formada con los caracteres en el artículo de Wikipedia "computer".

11.9 Cuente cuántas palabras hay en el artículo de Wikipedia "computer".

11.10 Encuentre la primera frase en el artículo de Wikipedia "strings".

11.11 Forme una cadena con los caracteres iniciales en todas la frases que hay en el artículo de Wikipedia sobre computadoras.

11.12 Encuentre la mayor longitud de palabra entre todas las palabras del inglés encontradas en WordList[].

11.13 Cuente el número de palabras en WordList[] que comienzan con "q".

11.14 Presente la gráfica, con los puntos unidos, de las longitudes de las 1000 primeras palabras de WordList[].

11.15 Use StringJoin y Characters para formar la nube de palabras en todas las palabras obtenidas de WordList[].

11.16 Use StringReverse para hacer la nube de palabras de las letras finales en cada palabra obtenida de WordList[].

11.17 Encuentre el número romano correspondiente al año 1959.

11.18 Encuentre la mayor longitud de cadena entre los números romanos para los años del 1 al 2020.

11.19 Cree una nube de palabras con los caracteres iniciales de cada uno de los números romanos del 1 al 100.

11.20 Use Length para encontrar la longitud del alfabeto ruso.

11.21 Genere las mayúsculas del alfabeto griego.

11.22 Cree un diagrama de barras de los números de letra en la palabra "wolfram".

11.23 Use FromLetterNumber para hacer una cadena de 1000 letras al azar.

11.24 Produzca una lista de 100 cadenas de 5 letras al azar.

11.25 Translitere "wolfram" al alfabeto griego.

11.26 Obtenga el alfabeto árabe y transliterarlo al inglés.

11.27 Ponga la letra "A" en blanco sobre negro, en tamaño de fuente 200.

11.28 Use Manipulate para hacer un selector interactivo de caracteres en tamaño 100 del alfabeto, controlado por un deslizador.

11.29 Use Manipulate para hacer un selector interactivo de bosquejos de caracteres alfabéticos rasterizados, de tamaño 100, controlado por un menú.

11.30 Use Manipulate para crear un "simulador de visión" que haga borrosa una letra "A" de tamaño 200, donde el nivel de difuminación varíe entre 0 y 50.

Preguntas y respuestas

¿Qué diferencia hay entre "x" y x?

"x" es una cadena; x es un símbolo de Wolfram Language, tal como Plus o Max, que puede definirse para llevar a cabo operaciones de cómputo. Más adelante se tocará este tema con toda amplitud.

¿Cómo se ingresan caracteres que no aparezcan en el teclado?

Puede usarse cualquier método que ofrezca el equipo que se use, o directamente con Wolfram Language usando constructos como \[Alpha].

¿Cómo se ponen las comillas (") dentro de una cadena?

Se usa \" (y si acaso se quiere poner literalmente \" en la cadena, póngase así: \\\"). (Habrá que usar muchas diagonales invertidas si se quiere escribir \\\": \\\\\\\".)

¿Cómo se determinan los colores en las nubes de palabras?

Por defecto, se hace aleatoriamente con una determinada paleta de color. Puede también fijarlo el usuario, si así lo desea.

¿A qué se debe que la nube de palabras muestre "s" como la letra más común?

Porque es la letra inicial más frecuente en las palabras comunes del inglés. Pero si se busca entre todas las letras, la más frecuente es la "e".

¿Qué pasa con aquellas letras que no pertenecen al inglés? ¿Cómo se numeran?

LetterNumber["α", "Greek"] da la numeración en el alfabeto griego. Todos los caracteres tienen asignado un *código de carácter*, que se puede obtener usando ToCharacterCode.

¿Qué alfabetos conoce Wolfram Language?

En principio, todos los que están en uso en la actualidad. Puede probarse con "Greek" o "Arabic", o con el nombre de alguna otra lengua. Tómese en cuenta que cuando se usan caracteres acentuados en una lengua, a veces es complicado decidir si algo pertenece al alfabeto o si es simplemente un derivado.

¿Se pueden traducir palabras en vez de simplemente transliterar sus letras?

Sí. Use WordTranslation. Vea la Sección 35.

¿Se puede obtener listas de palabras comunes en lenguas diferentes del inglés?

Sí. Use WordList[Language → "Spanish"], etc.

Notas técnicas

- RandomWord[10] responde con 10 palabras al azar. ¿Cuántas de ellas conoce el lector?
- StringTake["*string*", −2] toma 2 caracteres contando desde el final de la cadena.
- Cualquier carácter, ya sea "a", "α" o "狼", está representado por un código para carácter, que se encuentra con ToCharacterCode. Puede explorarse el "espacio Unicode" con FromCharacterCode.
- Si se obtiene un resultado diferente del esperado al usar WikipediaData, se debe a que Wikipedia ha sufrido alguna modificación.
- WordCloud elimina automáticamente palabras "no interesantes" del texto, tales como "el", "y", etc.
- Si no se puede dar con el nombre de algún alfabeto o lenguaje, use ctrl = (como se describe en la Sección 16) para digitarlo en lenguaje natural.

Para explorar más

Guía para manipulación de cadenas de caracteres en Wolfram Language (wolfr.am/eiwl-es-11-more)

12 | Sonido

En Wolfram Language, al sonido se le da un tratamiento muy parecido al de las gráficas, salvo que, en vez de manejar cosas tales como círculos, se manejan notas musicales. Se pulsa el botón de reproducción 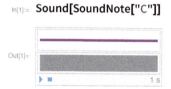 para, en efecto, reproducir sonidos. A menos que se especifique otra cosa, Wolfram Language hace que las notas suenen como si estuvieran tocadas en un piano.

Genere una nota do central (C central):

In[1]:= **Sound[SoundNote["C"]]**

Out[1]=

Puede especificarse una secuencia de notas escribiéndolas en una lista.

Toque tres notas consecutivas:

In[2]:= **Sound[{SoundNote["C"], SoundNote["C"], SoundNote["G"]}]**

Out[2]=

En vez de dar los nombres de las notas puede darse un número para especificar su tono. Do central corresponde al 0. Por cada semitono por encima del do central, el número aumenta en 1. El sol central se encuentra a 7 semitonos arriba del do central, así que está especificado por el número 7. (Una octava consta de 12 semitonos.)

Especifique las notas con números:

In[3]:= **Sound[{SoundNote[0], SoundNote[0], SoundNote[7]}]**

Out[3]=

Use Table para generar una secuencia de 5 notas:

In[4]:= **Sound[Table[SoundNote[n], {n, 5}]]**

Out[4]=

Si no se dice otra cosa, cada nota dura 1 segundo. Úsese SoundNote[*tono*, *duración*] para obtener una duración diferente.

Reproduzca cada nota por 0.1 segundos:

In[5]:= **Sound[Table[SoundNote[n, 0.1], {n, 5}]]**

Además del piano, SoundNote puede producir el sonido en una amplia gama de instrumentos. El nombre de cada instrumento es una cadena de caracteres.

Reproduzca notas de un violín simulado:

In[6]:= **Sound[Table[SoundNote[n, 0.1, "Violin"], {n, 5}]]**

Es muy sencillo tocar "música aleatoria", es decir, que sea diferente cada vez que se genera.

Toque una secuencia de 20 notas con tonos aleatorios:

In[7]:= **Sound[Table[SoundNote[RandomInteger[12], 0.1, "Violin"], 20]]**

Vocabulario

Sound[{...}]	crea un sonido a base de notas
SoundNote["C"]	una nota por su nombre en inglés
SoundNote[5]	una nota con tono numerado
SoundNote[5, 0.1]	una nota de duración especificada
SoundNote[5, 0.1, "Guitar"]	un nota tocada en un instrumento dado

Ejercicios

12.1 Genere la sucesión de las notas con tonos 0, 4 y 7.

12.2 Reproduzca durante 2 segundos el sonido de la en un violonchelo.

12.3 Genere un "riff" de notas de tonos entre el 0 y el 48, en incrementos de 1, cada una con duración de 0.05 segundos.

12.4 Genere una secuencia de notas bajando desde el tono 12 hasta el 0 en incrementos de 1.

12.5 Genere una secuencia de notas a partir del do central, subiendo sucesivamente de octava en octava.

12.6 Genere una secuencia de 10 notas en una trompeta con tonos aleatorios del 0 al 12, cada uno de duración 0.2 segundos.

12.7 Genere una secuencia de 10 notas con tonos aleatorios hasta el 12 y duraciones aleatorias hasta de 10 décimas de segundo.

12.8 Genere notas de 0.1 segundo de duración y de tonos dados por los dígitos de 2^{31}.

12.9 Cree un sonido con las letras de CABBAGE, cada una con duración de 0.3 segundos y con el sonido de una guitarra.

12.10 Genere notas con duración de 0.1 segundos con tonos dados por los números de letra de los caracteres en "wolfram".

Preguntas y respuestas

¿Cómo saber qué instrumentos musicales están disponibles?
Vea la lista que aparece en "Detalles y opciones", en la página de referencia de SoundNote, o simplemente comience a escribir para ver las opciones de autocompletado que se ofrecen. Puede usarse también la numeración de los instrumentos, del 1 al 128. Ahí se encuentran todos los instrumentos MIDI estándar, incluyendo las percusiones.

¿Cómo se tocan las notas por debajo del do central?
Simplemente se usan números negativos, como en SoundNote[−10].

¿Cómo se les llama a las notas sostenidas y bemoles?
E♯ (mi sostenido), Ab (la bemol), etc. También están numeradas (e.g. E# es 5). El # y el b pueden escribirse como caracteres ordinarios de teclado (aunque también están disponibles los caracteres especiales ♯ y ♭).

¿Cómo se construye un acorde?
Se ponen los nombres de las notas en una lista, como en SoundNote[{"C", "G"}].

¿Cómo se introduce un silencio?
Para un silencio de 0.2 segundos, se usa SoundNote[None, 0.2].

¿Cómo hacer para que se emita un sonido inmediatamente, sin tener que oprimir el botón de reproducción?
Use EmitSound, como en EmitSound[Sound[SoundNote["C"]]], etc.

¿Por qué se requieren las comillas al nombrar una nota como "C"?
Porque el nombre de la nota es una cadena en Wolfram Language. Si se escribiera solamente C, se interpretaría como una función llamada C, que no es lo que se desea.

¿Puede grabarse audio y manipularlo?
Sí. Use AudioCapture y, luego, funciones como AudioPlot, Spectrogram, AudioPitchShift, etc.

Notas técnicas

- **SoundNote** corresponde a sonido MIDI. Wolfram Language también soporta el "sonido muestreado", usando, por ejemplo, funciones como **ListPlay**, así como una construcción de **Audio** que representa todos los aspectos de una señal de audio.
- Para obtener salida hablada, use **Speak**. Para hacer un beep, use **Beep**.

Para explorar más

Guía para generación de sonido en Wolfram Language (wolfr.am/eiwl-es-12-more)

13 | Arreglos, o listas de listas

Se ha visto anteriormente cómo utilizar Table para formar listas. Se verá ahora cómo se usa Table para crear arreglos de valores en un número mayor de dimensiones.

Hacer una lista de 4 copias de x:

In[1]:= **Table[x, 4]**

Out[1]= {x, x, x, x}

Haga una lista de 4 copias de una lista que contenga 5 copias de x:

In[2]:= **Table[x, 4, 5]**

Out[2]= {{x, x, x, x, x}, {x, x, x, x, x}, {x, x, x, x, x}, {x, x, x, x, x}}

Use Grid para presentar el resultado en una cuadrícula:

In[3]:= **Grid[Table[x, 4, 5]]**

Out[3]=
```
x  x  x  x  x
x  x  x  x  x
x  x  x  x  x
x  x  x  x  x
```

Puede usarse Table con dos variables para formar un arreglo en 2 dimensiones. La primera variable corresponde a la fila y, la segunda, a la columna.

Forme un arreglo de colores, con los rojos de arriba a abajo y los azules de izquierda a derecha:

In[4]:= **Grid[Table[RGBColor[r, 0, b], {r, 0, 1, .2}, {b, 0, 1, .2}]]**

Muestre un arreglo donde cada elemento corresponda con el número de la fila en que se encuentra:

In[5]:= **Grid[Table[i, {i, 4}, {j, 5}]]**

Out[5]=
```
1  1  1  1  1
2  2  2  2  2
3  3  3  3  3
4  4  4  4  4
```

Muestre un arreglo donde cada elemento corresponda con el número de la columna en que se encuentra:

In[6]:= **Grid[Table[j, {i, 4}, {j, 5}]]**

Out[6]=
```
1 2 3 4 5
1 2 3 4 5
1 2 3 4 5
1 2 3 4 5
```

Genere un arreglo donde cada elemento sea la suma de los números de la fila y la columna en que se encuentre:

In[7]:= **Grid[Table[i+j, {i, 5}, {j, 5}]]**

Out[7]=
```
2 3 4 5 6
3 4 5 6 7
4 5 6 7 8
5 6 7 8 9
6 7 8 9 10
```

Genere una tabla de multiplicar:

In[8]:= **Grid[Table[i*j, {i, 5}, {j, 5}]]**

Out[8]=
```
1  2  3  4  5
2  4  6  8  10
3  6  9  12 15
4  8  12 16 20
5  10 15 20 25
```

ArrayPlot permite visualizar los valores en un arreglo. Mientras mayores sean los valores del arreglo, aparecerán con tonalidad más oscura.

Visualizar una tabla de multiplicar:

In[9]:= **ArrayPlot[Table[i*j, {i, 5}, {j, 5}]]**

Out[9]=
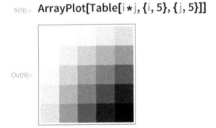

Genere y grafique un arreglo de valores aleatorios:

In[10]:= **ArrayPlot[Table[RandomInteger[10], 30, 30]]**

Out[10]=

ArrayPlot permite acomodar colores como si fueran valores:

In[11]:= **ArrayPlot[Table[RandomColor[ ], 30, 30]]**

Out[11]=

En última instancia, las imágenes son arreglos de píxeles. En una imagen de color, un píxel contiene los valores del rojo, el verde y el azul. Cada píxel de una imagen en blanco y negro contiene los valores 0 (negro) o 1 (blanco). Pueden obtenerse los valores de cada píxel usando ImageData.

Encuentre los valores de los píxeles en la imagen de una "W":

In[12]:= **ImageData[Binarize[Rasterize["W"]]]**

Out[12]= {{1, 1, 1, 1, 1, 1, 1, 1, 1, 1, 1, 1}, {1, 1, 1, 1, 1, 1, 1, 1, 1, 1, 1, 1},
{1, 1, 1, 1, 1, 1, 1, 1, 1, 1, 1, 1}, {1, 1, 1, 1, 1, 1, 1, 1, 1, 1, 1, 1}, {1, 1, 1, 1, 1, 1, 1, 1, 1, 1, 1, 1},
{0, 0, 1, 1, 1, 0, 0, 1, 1, 1, 0, 0}, {1, 0, 1, 1, 1, 0, 0, 1, 1, 1, 0, 1}, {1, 0, 1, 1, 1, 0, 0, 1, 1, 1, 0, 1},
{1, 0, 1, 1, 0, 0, 0, 0, 1, 1, 0, 1}, {1, 0, 0, 1, 0, 1, 1, 0, 1, 0, 0, 1}, {1, 0, 0, 1, 0, 1, 1, 0, 1, 0, 1, 1},
{1, 1, 0, 1, 0, 1, 1, 0, 1, 0, 1, 1}, {1, 1, 0, 0, 0, 1, 1, 0, 0, 0, 1, 1}, {1, 1, 0, 0, 1, 1, 1, 1, 0, 0, 1, 1},
{1, 1, 0, 0, 1, 1, 1, 1, 0, 0, 1, 1}, {1, 1, 1, 1, 1, 1, 1, 1, 1, 1, 1, 1}, {1, 1, 1, 1, 1, 1, 1, 1, 1, 1, 1, 1},
{1, 1, 1, 1, 1, 1, 1, 1, 1, 1, 1, 1}, {1, 1, 1, 1, 1, 1, 1, 1, 1, 1, 1, 1}}

Este arreglo se visualiza usando ArrayPlot con los valores que contiene:

In[13]:= **ArrayPlot[ImageData[Binarize[Rasterize["W"]]]]**

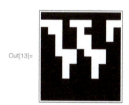

Out[13]=

La imagen de arriba es de muy baja resolución porque, en este caso, así la generó Rasterize. Y, además, es blanco sobre negro en vez de negro sobre blanco, porque en una imagen el 0 equivale a negro y el 1 a blanco (como en color RGBColor), mientras que, por defecto, en ArrayPlot, mientras mayores sean los valores son también más oscuros.

Pueden hacerse operaciones aritméticas con arreglos, de la misma manera que con listas. Así pues, es sencillo intercambiar el 0 con el 1: simplemente cada valor se resta de 1, así que todos los 0 se cambian a 1 − 0 = 1, y todos los 1 se cambian a 1 − 1 = 0.

En este arreglo, se encuentran los valores de los píxeles y, luego, se utiliza una operación aritmética para intercambiar el 0 con el 1:

In[14]:= **1 − ImageData[Binarize[Rasterize["W"]]]**

Out[14]= {{0, 0, 0, 0, 0, 0, 0, 0, 0, 0, 0}, {1, 1, 1, 0, 1, 1, 1, 0, 0, 1, 1}, {0, 1, 1, 0, 0, 1, 0, 0, 0, 1, 0}, {0, 0, 1, 0, 0, 1, 1, 0, 0, 1, 0}, {0, 0, 1, 0, 0, 1, 1, 0, 0, 0, 0}, {0, 0, 1, 1, 1, 0, 1, 1, 1, 0, 0}, {0, 0, 0, 1, 1, 0, 0, 1, 1, 0, 0}, {0, 0, 0, 1, 0, 0, 0, 1, 0, 0, 0}, {0, 0, 0, 1, 0, 0, 0, 1, 0, 0, 0}, {0, 0, 0, 0, 0, 0, 0, 0, 0, 0, 0}, {0, 0, 0, 0, 0, 0, 0, 0, 0, 0, 0}, {0, 0, 0, 0, 0, 0, 0, 0, 0, 0, 0}}

El resultado es negro sobre blanco:

In[15]:= **ArrayPlot[1 − ImageData[Binarize[Rasterize["W"]]]]**

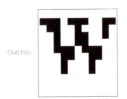

Out[15]=

Vocabulario

Table[*x*, 4, 5]	hace un arreglo de valores en 2D
Grid[*array*]	dispone los valores de un arreglo en una cuadrícula
ArrayPlot[*array*]	visualiza los valores contenidos en un arreglo
ImageData[*image*]	obtiene el arreglo que contenga los valores de los píxeles de una imagen

Ejercicios

13.1 Construya la tabla de multiplicar del 12.

13.2 Construya la tabla de multiplicar del 5 para números romanos.

13.3 Presente una cuadrícula de colores aleatorios de 10×10 .

13.4 Presente una cuadrícula de números enteros al azar, entre 0 y 10, con colores aleatorios entre 0 y 10.

13.5 Forme una cuadrícula con todas las cadenas posibles de pares de letras del alfabeto inglés ("aa", "ab", etc.).

13.6 Visualice {1, 4, 3, 5, 2} con un diagrama circular, con una recta numérica, con una gráfica de puntos unidos y con una gráfica de barras, colocando todas estas en una cuadrícula 2×2.

13.7 Presente gráficamente el arreglo de las tonalidades con valores x∗y, donde tanto x como y varíen entre 0 y 1, en incrementos de 0.05.

13.8 Presente gráficamente el arreglo de tonalidades x/y, donde tanto x como y varíen del 1 al 50 en incrementos de 1.

13.9 Presente gráficamente el arreglo de las longitudes de las cadenas de los caracteres en una tabla de multiplicación de números romanos hasta el 100.

Preguntas y respuestas

¿Pueden depender uno de otro los límites de las variables en una tabla?

Sí; los últimos pueden depender de los primeros. Table[x, {i, 4}, {j, i}] forma un arreglo triangular "irregular".

¿Pueden formarse tablas que sean listas de listas de listas?

Sí; pueden hacerse tablas de cualquier dimensión. Image3D es una manera de visualizar arreglos de dimensión 3.

En imágenes, ¿por qué el 0 corresponde al negro, y el 1 al blanco?

0 quiere decir intensidad cero de luz, es decir, negro. 1 quiere decir intensidad máxima, es decir, blanco.

¿Cómo se obtiene la imagen original a partir de la salida de ImageData?

Simplemente se le aplica la función Image.

Notas técnicas

- En Wolfram Language los arreglos son simplemente listas donde cada uno de sus elementos es una lista. Wolfram Language admite estructuras mucho más generales, donde se mezclan listas y otras cosas diversas.

- En Wolfram Language las listas corresponden a los *vectores* en matemáticas; las listas compuestas de listas de igual tamaño corresponden a las *matrices*.

- Cuando la mayoría de los elementos en un arreglo sean 0 (u otro valor fijo), se puede utilizar SparseArray para construir un arreglo dando solamente las posiciones y valores de los valores no nulos.

14 | Coordenadas y gráficos

ListPlot y ListLinePlot se han venido usando para obtener los gráficos de listas de valores dados en forma consecutiva. Si se consideran listas compuestas de *parejas de coordenadas,* en vez de valores individuales, aquellas funciones podrán usarse para obtener los gráficos de puntos que estén en posiciones arbitrarias.

Presentar gráficamente una lista de valores donde cada uno de ellos aparece después del anterior:

In[1]:= **ListPlot[{4, 3, 2, 1, 1, 1, 1, 2, 3, 4}]**

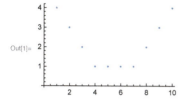

Presentar gráficamente una secuencia de puntos arbitrarios, especificados por sus coordenadas {x, y}:

In[2]:= **ListLinePlot[{{1, 1}, {1, 5}, {6, 4}, {6, 2}, {2, 3}, {5, 5}}]**

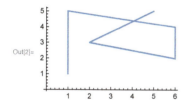

Aquí la posición de cada punto está especificada por sus coordenadas $\{x, y\}$. De acuerdo con el uso convencional en matemáticas, el valor x indica hasta qué distancia se encuentra el punto en la dirección horizontal, mientras que el valor y indica hasta qué distancia está en la dirección vertical.

Genere una secuencia de coordenadas {x, y} aleatorias:

In[3]:= **Table[RandomInteger[20], 10, 2]**

Out[3]= {{19, 8}, {11, 20}, {14, 15}, {5, 8}, {6, 4}, {16, 14}, {1, 17}, {10, 7}, {5, 6}, {17, 2}}

Otra forma de obtener coordenadas aleatorias es:

In[4]:= **RandomInteger[20, {10, 2}]**

Out[4]= {{2, 2}, {20, 18}, {16, 2}, {13, 13}, {6, 15}, {11, 18}, {10, 20}, {17, 20}, {8, 14}, {2, 10}}

Presente gráficamente 100 puntos con coordenadas aleatorias:

In[5]:= **ListPlot[Table[RandomInteger[1000], 100, 2]]**

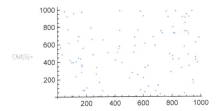

Las coordenadas pueden usarse para construir gráficos. Anteriormente se vio cómo graficar un círculo. Para hacer gráficos de más de un círculo hay que indicar dónde queda cada uno, lo que se consigue dando las coordenadas de sus centros.

Sitúe varios círculos, dando las coordenadas de sus centros:

In[6]:= **Graphics[{Circle[{1, 1}], Circle[{1, 2}], Circle[{3, 1}]}]**

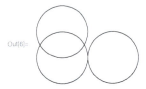

Es más fácil distinguir cada uno de los círculos cuando se aplican estilos de color:

In[7]:= **Graphics[{Style[Circle[{1, 1}], Red], Style[Circle[{1, 2}], Green], Style[Circle[{3, 1}], Blue]}]**

Presente gráficamente 100 círculos colocados al azar, donde las coordenadas de los centros estén entre 0 y 50:

In[8]:= **Graphics[Table[Circle[RandomInteger[50, 2]], 100]]**

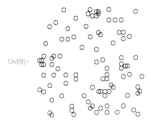

Un arreglo de círculos en 2D, acomodados de manera que apenas se toquen uno con otro:

In[9]:= **Graphics[Table[Circle[{x, y}], {x, 0, 10, 2}, {y, 0, 10, 2}]]**

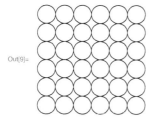

Out[9]=

Circle[{x, y}] quiere decir un círculo con centro en la posición {x, y}, y si no se dice otra cosa, ese círculo tiene radio 1. Pero puede hacerse un círculo de radio cualquiera usando Circle[{x, y}, r].

Use radios diferentes para círculos diferentes:

In[10]:= **Graphics[{Circle[{1, 1}, 0.5], Circle[{1, 2}, 1.2], Circle[{3, 1}, 0.8]}]**

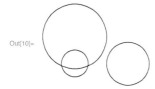

Out[10]=

Cree 10 círculos concéntricos:

In[11]:= **Graphics[Table[Circle[{0, 0}, r], {r, 10}]]**

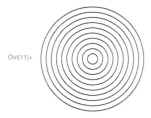

Out[11]=

Dibuje círculos cada vez más grandes cuyos centros se vayan corriendo progresivamente hacia la derecha:

In[12]:= **Graphics[Table[Circle[{x, 0}, x], {x, 10}]]**

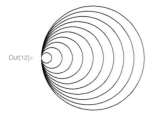

Out[12]=

Escoja al azar tanto las posiciones como los radios:

In[13]:= **Graphics[Table[Circle[RandomInteger[50, 2], RandomInteger[10]], 100]]**

RegularPolygon funciona de manera muy parecida a Circle y Disk, salvo que, además de dar la posición del centro y el tamaño, hay que indicar de cuántos lados es el polígono.

Presente gráficamente un pentágono regular de tamaño 1 y un heptágono regular de tamaño 0.5:

In[14]:= **Graphics[{RegularPolygon[{1, 1}, 1, 5], RegularPolygon[{3, 1}, 0.5, 7]}]**

Pueden mezclarse diferentes clases de objetos gráficos:

In[15]:= **Graphics[{RegularPolygon[{1, 1}, 1, 5],**
       Circle[{1, 1}, 1], RegularPolygon[{3, 1}, .5, 7], Disk[{2, 2}, .5]}]

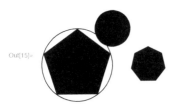

Para producir gráficos arbitrarios es necesario utilizar las *primitivas gráficas* básicas Point, Line y Polygon. Point[{*x*, *y*}] representa un punto en la posición de coordenadas {*x*, *y*}. Para obtener varios puntos se puede dar una lista de Point[{*x*, *y*}]s, o bien una lista de coordenadas de posición dentro de un único Point.

Presentación gráfica de tres puntos en posiciones especificadas:

In[16]:= **Graphics[{Point[{0, 0}], Point[{2, 0}], Point[{1, 1.5}]}]**

Out[16]=

· ·

La forma alternativa es reunir todas las coordenadas de posición en una sola lista:

In[17]:= **Graphics[Point[{{0, 0}, {2, 0}, {1, 1.5}}]]**

Out[17]=

Dibuje una línea que una las posiciones:

In[18]:= **Graphics[Line[{{0, 0}, {2, 0}, {1, 1.5}}]]**

Out[18]=

Haga un polígono cuyas esquinas estén en las posiciones que se indiquen:

In[19]:= **Graphics[Polygon[{{0, 0}, {2, 0}, {1, 1.5}}]]**

Out[19]=

RegularPolygon construye un polígono en que todos los lados y los ángulos son iguales. Polygon hace un polígono cualquiera, aun si se quiere que se doble sobre sí mismo, por extraño que parezca.

Un polígono de 20 esquinas en posiciones aleatorias entre 0 y 100; este polígono se dobla sobre sí mismo:

In[20]:= **Graphics[Polygon[Table[RandomInteger[100], 20, 2]]]**

Out[20]=

Lo que se ha hecho hasta ahora puede generalizarse a 3D. En vez de dos coordenadas {*x*, *y*} ahora se usan tres: {*x*, *y*, *z*}. En Wolfram Language, la *x* aumenta hacia la derecha a través de la pantalla, la *y* se "mete dentro" de la pantalla, y la *z* aumenta de abajo hacia arriba.

Dos esferas apiladas, una encima de la otra:

In[21]:= **Graphics3D[{Sphere[{0, 0, 0}], Sphere[{0, 0, 2}]}]**

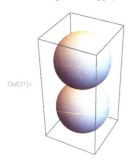

Un arreglo en 3D de esferas (un radio común de 1/2 hace que apenas se toquen):

In[22]:= **Graphics3D[Table[Sphere[{x, y, z}, 1/2], {x, 5}, {y, 5}, {z, 5}]]**

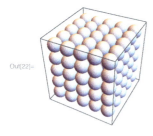

Un arreglo de puntos en 3D:

In[23]:= **Graphics3D[Table[Point[{x, y, z}], {x, 10}, {y, 10}, {z, 10}]]**

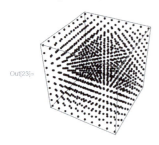

50 esferas con posiciones aleatorias en 3D, donde cada coordenada varía entre 0 y 50:

In[24]:= **Graphics3D[Table[Sphere[RandomInteger[10, 3]], 50]]**

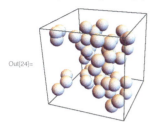

Los objetos en 3D aparecen como sólidos, a menos que se indique otra cosa, de tal manera que no puede verse a través de ellos. Pero así como puede especificarse el color de algo, también puede especificarse su *opacidad*. Opacidad 1 significa completamente opaco, de modo que no puede verse nada a través del objeto; opacidad 0 quiere decir completamente transparente.

Especifique una opacidad de 0.5 para todas las esferas:

In[25]:= **Graphics3D[Table[Style[Sphere[RandomInteger[10, 3]], Opacity[0.5]], 50]]**

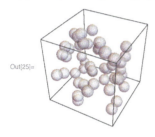

El uso de Manipulate permite la manipulación de objetos gráficos en 2D o en 3D.

Manipule la posición y la opacidad de la segunda esfera:

In[26]:= **Manipulate[**
 Graphics3D[{Sphere[{0, 0, 0}], Style[Sphere[{x, 0, 0}], Opacity[o]]}], {x, 1, 3}, {o, 0.5, 1}]

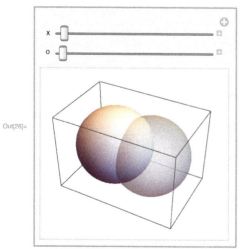

Vocabulario

Point[{x, y}]	un punto con coordenadas {x, y}
Line[{{1, 1}, {2, 4}, {1, 2}}]	una recta que conecta las coordenadas especificadas
Circle[{x, y}]	un círculo con centro en {x, y}
Circle[{x, y}, r]	un círculo con centro en {x, y} y de radio r
RegularPolygon[{x, y}, s, n]	un polígono regular con centro {x, y} y n lados, cada uno de longitud s
Polygon[{{1, 1}, {2, 4}, {1, 2}}]	un polígono con las esquinas especificadas
Sphere[{x, y, z}]	una esfera con centro en {x, y, z}
Sphere[{x, y, z}, r]	una esfera con centro en {x, y, z} y de radio r
Opacity[*level*]	especifica un nivel de opacidad (0: transparente; 1: sólido)

Ejercicios

14.1 Presente gráficamente 5 círculos concéntricos centrados en {0, 0} con radios 1, 2, ... , 5.

14.2 Cree 10 círculos concéntricos con colores aleatorios.

14.3 Presente gráficamente una cuadrícula de 10×10 círculos de radio 1 en los puntos de coordenadas enteras {x, y}.

14.4 Forme una cuadrícula de 10×10 puntos cuyas coordenadas sean enteras en las posiciones del 1 al 10.

14.5 Escriba un **Manipulate** con entre 1 y 20 círculos concéntricos.

14.6 Coloque 50 esferas, de colores aleatorios, en coordenadas enteras aleatorias entre 0 y 10.

14.7 Haga un arreglo de 10×10×10 esferas con componentes RGB entre 0 y 1. Las esferas deben estar centradas en coordenadas enteras de manera que apenas se toquen una con otra.

14.8 Formule un **Manipulate** que contenga círculos de radio x, centrados en {t∗x, 0}, donde t varíe entre −2 y +2, y tal que x varíe entre 1 y 10.

14.9 Forme un arreglo de 5×5 hexágonos regulares con lados de 1/2 y centrados en puntos enteros.

14.10 Trace una línea en 3D que pase por 50 puntos con coordenadas enteras elegidas al azar entre 0 y 50.

Preguntas y respuestas

¿Qué es lo que determina la amplitud de las coordenadas que se muestran?

Por defecto, se selecciona automáticamente, pero se puede fijar explícitamente usando la opción PlotRange, como se explica en la Sección 20.

¿Cómo pueden colocarse ejes en los gráficos?

Usando la opción Axes → True (ver la Sección 20).

¿Cómo puede cambiarse la apariencia de los bordes de un polígono o disco?

Usando EdgeForm dentro de Style.

¿Cuáles otras construcciones hay?

Hay bastantes. Algunos ejemplos son Text (para colocar texto dentro de un gráfico), Arrow (para colocar puntas de flecha en líneas, etc.), Inset (para poner gráficos dentro de otros gráficos) y FilledCurve.

¿Cómo se quita la caja alrededor de las gráficas 3D?

Usando la opción Boxed → False (ver la Sección 20).

Notas técnicas

- Los círculos aleatorios dibujados en esta sección tienen coordenadas enteras, pero se puede usar RandomReal para colocarlos en coordenadas arbitrarias.
- En vez de usar Style, puede darse una lista de directivas para gráficos, tal como por ejemplo {Red, Disk[]}. Una directiva particular afecta a todos los objetos gráficos que aparezcan después dentro de dicha lista.
- En gráficos 2D, los objetos se dibujan en el orden en que se escriben, así que los últimos que aparezcan pueden ocultar a los primeros.
- Pueden aplicarse transformaciones geométricas a los objetos gráficos utilizando funciones como Translate, Scale y Rotate.
- Los polígonos que se doblen sobre sí mismos (como para formar un corbatín) se muestran usando una regla de par-impar.
- Los gráficos 3D pueden incluir Cuboid, Tetrahedron y poliedros especificados en PolyhedronData, así como formas definidas mediante mallas arbitrarias de puntos en el espacio 3D.

Paea explorar más

Guía para graphics en Wolfram Language (wolfr.am/eiwl-es-14-more)

15 | El alcance de Wolfram Language

En las 14 secciones precedentes hemos dado una ojeada a mucho de lo que se puede hacer con Wolfram Language. Y esto es solo el principio: se examinaron sin mucho detalle alrededor de 85 funciones nativas, pero el lenguaje contiene en total más de 5 000 de ellas.

Para comenzar a explorarlas lo mejor es valerse del Centro de documentación.

Página principal del Centro de documentación de Wolfram Language:

Como ejemplo, puede escogerse el tema Geometry.

Se abre la pestaña Geometry:

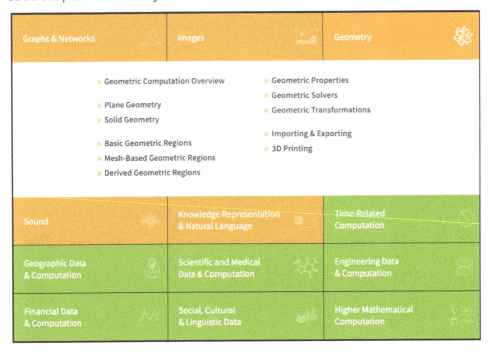

El Centro de documentación tiene *páginas de guía*, que dan una visión general de las funciones relacionadas con algún tema particular.

Página de la guía de Plane Geometry:

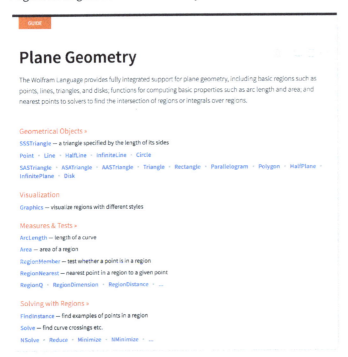

Y ahí se puede encontrar y abrir la *página de función* correspondiente a alguna función específica como, por ejemplo, Parallelogram.

Página de la función Parallelogram:

Aparece ahí un resumen, en la parte superior, y después una variedad de ejemplos sobre cómo puede usarse la función Parallelogram; así como una sección donde se pueden consultar más detalles.

Ejecute el primer ejemplo de la página de la función Parallelogram:

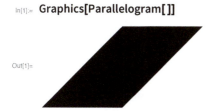

Al comenzar a escribir el nombre de una función aparece un menú de autocompletar. Se hace clic en ⓘ para ver la página de función de alguna función en particular.

Para elegir una función se selecciona esta del menú de autocompletar:

Una vez que esté completo el nombre, aparecerá lo siguiente:

Parallelogram

Pulsar para ver:

Parallelogram

Parallelogram$[p, \{v_1, v_2\}]$
representa un paralelogramo con origen p y direcciones v_1 y v_2.

Todas las funciones de Wolfram Language siguen los mismos principios, por ejemplo, la función Parallelogram trabaja de manera muy parecida a la función RegularPolygon, que ya se examinó anteriormente.

Preguntas y respuestas

¿Cómo se accede al Centro de documentación?
Depende de dónde se esté trabajando con Wolfram Language. En caso de estar en la web o utilizando algún dispositivo móvil, se da clic en el ícono 📖. En una máquina de escritorio, use el menú de Ayuda.

¿Cómo se puede probar algún ejemplo que aparezca en la documentación?
Casi siempre se puede hacer directamente en la propia documentación. Alternativamente, se puede copiar al cuaderno de trabajo y ejecutarlo ahí.

¿Cuánto tiempo toma el aprendizaje de Wolfram Language completo?
Al igual que en el aprendizaje de una lengua humana, toma algún tiempo adquirir soltura y conocer los principios del lenguaje. Y, como tal, se puede ir aprendiendo nuevo vocabulario indefinidamente.

Para usarlo en la práctica, ¿cuánto se requiere saber de Wolfram Language?
Hay que conocer los principios, tal y como, por ejemplo, se cubren en este libro. Al igual que con las lenguas humanas, se requiere un vocabulario de trabajo relativamente pequeño, sobre todo porque casi siempre se puede expresar de muchas maneras una misma cosa. Y, ya en casos particulares, es muy sencillo ampliar el vocabulario revisando la documentación.

Si no se tiene familiaridad con el inglés, ¿cómo se puede usar el código en Wolfram Language?
Puede ser útil activar las traducciones de código o *code captions,* las cuales dan definiciones breves de cada uno de los nombres de las funciones que aparecen y que están disponibles para muchos idiomas.

Nota técnica

- Dentro del propio Wolfram Language existen datos computables sobre la estructura de Wolfram Language, a los que se puede acceder usando WolframLanguageData.

Para explorar más

Página de inicio de Wolfram Language (wolfr.am/eiwl-es-15-more)

Centro de documentación de Wolfram Language (wolfr.am/eiwl-es-15-more2)

16 | Datos del mundo real

Una característica central de Wolfram Language es que contiene una cantidad inmensa de datos del mundo real. Por ejemplo, datos sobre países, animales, películas y multitud de otras cosas. Todo ello proviene de la base de conocimientos Wolfram, Wolfram Knowledgebase, que se actualiza constantemente y que es también lo que alimenta a Wolfram|Alpha y todos los servicios ahí disponibles.

¿Cómo puede accederse a la información acerca de un país en Wolfram Language? La manera más sencilla de hacerlo es usando el inglés llano, ingresando la petición después de oprimir `ctrl` `=` (oprimir simultáneamente la tecla de Control y la de =), o bien, en el caso de estar usando un dispositivo táctil, después de oprimir el botón .

Ingrese la frase en inglés "united states":

` united states `

En cuanto se oprima `return`, Wolfram Language tratará de interpretar lo que se escribió. Si es el caso, se mostrará un recuadro amarillo que representa una *entidad de Wolfram Language*. Así, en este ejemplo, se trata de la entidad correspondiente a los Estados Unidos (United States).

` United States (country) ✓ `

Se oprime la casilla con la marca ✓ para confirmar la petición:

` United States (country) `

Y ahora ya se pueden hacer preguntas acerca de una diversidad de *propiedades* de esta entidad; entonces, poniendo por caso, la bandera estadounidense.

Encontrar la propiedad "bandera" de los Estados Unidos (United States):

In[1]:= ` United States (country) `["Flag"]

Con el resultado así obtenido se puede continuar efectuando algún proceso que, en este caso, podría ser un procesamiento de imágenes.

Obtenga el negativo de color de la bandera estadounidense:

Si solo se quisiera obtener la bandera estadounidense, podría hacerse directamente en inglés.

EntityValue es una forma más flexible de obtener el valor de alguna propiedad.

Use EntityValue para obtener la bandera de los Estados Unidos (United States):

EntityValue también acepta listas de entidades.

Obtenga las banderas de una lista de países:

Wolfram Language incorpora mucha información sobre países, así como de muchos otros temas.

Encuentre cuántas estaciones de radio hay en una lista de países:

In[6]:= EntityValue[{ US , brazil , china }, "RadioStations"]

Out[6]= {13 769, 1822, 673}

Haga una gráfica circular con el resultado:

In[7]:= **PieChart[EntityValue[{** US **,** brazil **,** china **}, "RadioStations"]]**

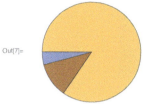

Encuentre los países colindantes con Suiza (Switzerland):

In[8]:= switzerland ["BorderingCountries"]

Out[8]= { Austria , France , Germany , Italy , Liechtenstein }

Pedir sus banderas:

In[9]:= **EntityValue[** Switzerland (country) **["BorderingCountries"], "Flag"]**

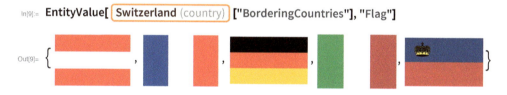

A veces se desea acceder a una clase de entidades tales como planetas, por ejemplo.

Pregunte sobre planetas y obtenga la clase de entidades correspondiente a planetas:

In[10]:= planets

Out[10]= planets

Se indican las clases de entidades con ⋮⋮⋮. Se obtiene la lista de todas las entidades de una clase usando EntityList.

Vea la lista de los planetas:

In[11]:= **EntityList[** planets **]**

Out[11]= { Mercury , Venus , Earth , Mars , Jupiter , Saturn , Uranus , Neptune }

Vea imágenes de todos los planetas:

In[12]:= **EntityValue[** planets **, "Image"]**

EntityValue puede manejar directamente clases de entidades, o sea que no se requiere usar EntityList.

Muestre el radio de cada planeta en forma de gráfica de barras:

In[13]:= **BarChart[EntityValue[** planets **, "Radius"]]**

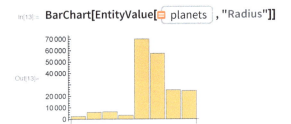

Resulta muy conveniente el uso del inglés llano cuando quiere describirse algo. El problema es que puede dar lugar a ambigüedades: al decir "mercury", ¿se está hablando del planeta Mercurio (Mercury), o del elemento químico mercurio (mercury), o de algo más también llamado "mercury" en inglés? Si se usa ctrl = , siempre se generará una respuesta inicial, y si se oprime el icono ⋯ se obtendrá otra diferente. Si se acepta alguna de ellas, hay que indicarlo presionando la casilla marcada ✓.

Para ver cómo se representan internamente las entidades en Wolfram Language, puede usarse InputForm.

Muestre la forma interna de la entidad que representa Estados Unidos (USA):

In[14]:= **InputForm[** USA **]**

Out[14]= Entity["Country", "UnitedStates"]

Muestre la forma interna para la ciudad de Nueva York (abreviada como *nyc*):

In[15]:= **InputForm[** nyc **]**

Out[15]= Entity["City", {"NewYork", "NewYork", "UnitedStates"}]

Dentro de Wolfram Language hay millones de entidades, cada una de ellas con una forma interna definida. En principio, puede ingresar a cualquiera de ellas usando su forma interna aunque, a menos que se vaya a usar la misma entidad una y otra vez, es mucho más práctico usar sencillamente ctrl = y escribir su nombre en inglés llano.

Hay miles de diferentes tipos de entidades en Wolfram Language que cubren una gran variedad de áreas del conocimiento. Para saber más al respecto, hay que explorar la documentación de Wolfram Language, o las páginas de ejemplos en Wolfram|Alpha. Cada tipo de entidad tiene una lista de propiedades, y no es raro encontrar casos que tengan centenares de ellas. Una forma de acceder a esa lista es usando EntityProperties.

Las propiedades posibles para parques de diversiones:

In[16]:= **EntityProperties["AmusementPark"]**

Out[16]= { administrative division , type , area , city , closing date , country , image , latitude , longitude , name , number of rides , opening date , owner , coordinates , slogan , rides , status }

Sin embargo, en la práctica, una buena forma de proceder es preguntar en inglés llano sobre una propiedad determinada de alguna entidad, revisar la interpretación que se encontró y, a partir de ahí, volver a utilizar dicha propiedad.

Pregunte la altura de la torre Eiffel (Eiffel Tower):

height of the eiffel tower

In[17]:= eiffel tower ["Height"]

Out[17]= 1062.99 ft

Ahora se reutiliza la propiedad "Height" (altura), aplicada a la Gran Pirámide:

In[18]:= `pyramid of giza` ["Height"]

Out[18]= 456.037 ft

Diferentes tipos de entidades tienen propiedades diferentes. Una que es común a muchos tipos de entidad es "Image".

Obtenga imágenes de diversas entidades:

In[19]:= `koala` ["Image"]

In[20]:= `eiffel tower` ["Image"]

In[21]:= `starry night` ["Image"]

In[22]:= `stephen wolfram` ["Image"]

Otros tipos de objetos tienen otras propiedades diferentes.

Gráfica de una molécula de cafeína:

In[23]:=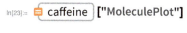

Out[23]=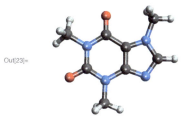

Gráfica rotativa en 3D de una calavera:

In[24]:=

Out[24]=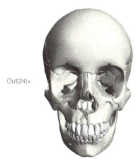

Una red que se dobla para formar el logo en 3D de nuestra compañía:

In[25]:=

Out[25]=

Vocabulario

ctrl =	entrada en inglés llano
EntityList[*class*]	entidades en una clase
EntityValue[*entities*, *property*]	valor de una de las propiedades de alguna entidad
EntityProperties[*type*]	lista de las propiedades de un tipo de entidad
InputForm[*entity*]	representación interna en Wolfram Language de una entidad

Ejercicios

16.1 Encuentre la bandera de Suiza (Switzerland).

16.2 Obtenga una imagen de un elefante.

16.3 Use la propiedad "**Mass**" (masa) para generar una lista de las masas de los planetas.

16.4 Cree una gráfica de barras de las masas de los planetas.

16.5 Haga un *collage* con las imágenes de los planetas.

16.6 Detecte los bordes de la bandera de China.

16.7 Encuentre la altura del edificio Empire State (Empire State Building).

16.8 Calcule la altura del edificio Empire State dividida por la altura de la Gran Pirámide (Great Pyramid).

16.9 Calcule la elevación del monte Everest (Mount Everest) dividida por la altura del edificio Empire State.

16.10 Encuentre los colores dominantes en la pintura *The Starry Night*.

16.11 Encuentre los colores dominantes en un *collage* con las imágenes de las banderas de todos los países de Europa.

16.12 Haga una gráfica circular de los PIB de los países de Europa (countries in Europe).

16.13 Sume la imagen de un koala con la imagen de la bandera de Australia.

Preguntas y respuestas

¿De dónde obtiene Wolfram Language sus datos del mundo real?

Todo proviene de **Wolfram Knowledgebase** (la base de conocimientos central de Wolfram Language). Este repositorio se ha venido construyendo a lo largo de muchos años, revisando y curando cuidadosamente los datos provenientes de miles de fuentes originales.

¿Se actualizan regularmente los datos en Wolfram Language?

Sí. Se hace un gran esfuerzo por mantenerlos actualizados. De hecho, hay nueva información incorporándose a cada segundo sobre precios de mercado, clima, terremotos, posiciones de aeronaves y muchas otras cosas.

¿Qué grado de precisión tienen los datos en Wolfram Language?

Se trabaja minuciosamente para que sean tan precisos como sea posible, y se chequean extensamente. Pero, a fin de cuentas, esto depende también de lo que reportan los gobiernos y otros organismos autónomos.

¿Qué relación tiene la información con la de Wolfram|Alpha?

Wolfram|Alpha utiliza la misma base de conocimientos que Wolfram Language.

¿Cómo hay que referirse a alguna entidad en particular?

En la forma que se desee. Wolfram Language está construido de tal modo que pueda comprender todas las maneras usuales de referirse a entidades ("New York City", "NYC", "the big apple", etc., funcionan correctamente.)

¿Cómo se pueden encontrar todas las propiedades y valores de una entidad dada?

Use *entity*["Dataset"] o *entity*["PropertyAssociation"].

¿Qué significa una respuesta Missing[...] al preguntar por algún EntityValue?

Sencillamente que no se conoce la respuesta para el valor solicitado o, al menos, que no se encuentra en Wolfram Knowledgebase. Use DeleteMissing para desechar los elementos Missing[...] de una lista.

¿Puede un usuario generar sus propias entidades y añadirles sus propios datos?

Sí, utilizando EntityStore.

Notas técnicas

- Wolfram Knowledgebase está guardada en la nube, así que, aun si se usa alguna versión de escritorio de Wolfram Language, habrá que estar conectado a la red si se quieren obtener datos del mundo real.

- Wolfram Knowledgebase contiene muchos billones de datos y valores específicos, almacenados en un marco simbólico de Wolfram Language, con fundamento en una diversidad de tecnologías de bases de datos.

- Wolfram Knowledgebase se ha construido y revisado sistemáticamente a partir de un gran número de fuentes de información primarias. No proviene de búsquedas en la web.

- Por lo general, los datos del mundo real involucran *unidades*, que serán el tema de la siguiente sección.

- En vez de usar lenguaje natural, se puede acceder a Wolfram Knowledgebase mediante funciones específicas tales como CountryData y MovieData. En ocasiones, esto puede ser más rápido.

- Si se quiere conocer la fuente original de alguna información específica, puede buscarse en la documentación (ej. para CountryData, etc.), o bien buscarse la información en Wolfram|Alpha y seguir los vínculos a las fuentes.

- En ocasiones, se quiere tratar con un caso especial de alguna entidad, como de un país en un año determinado, o cierta cantidad de una sustancia. Se puede lograr esto usando EntityInstance.

- RandomEntity encuentra entidades al azar de un tipo dado.

- Existe cierta simetría entre entidades y propiedades. *entity*[*property*] da el mismo resultado que *property*[*entity*]. Para obtener los valores de varias propiedades, úsese *entity*[{p_1, p_2, ...}]; para obtener valores para varias entidades, úsese *property*[{e_1, e_2, ...}]. (Obsérvese que para *property*[*entity*] se necesita el objeto de propiedad completo, tal como se obtiene con ctrl =, y no simplemente el nombre de la propiedad escrito como una cadena de caracteres).

Para explorar más

Áreas principales cubiertas por Wolfram Knowledgebase (wolfr.am/eiwl-es-16-more)

Información geográfica y computación (wolfr.am/eiwl-es-16-more2)

Información científica y médica y computación (wolfr.am/eiwl-es-16-more3)

Información sobre ingeniería y computación (wolfr.am/eiwl-es-16-more4)

Información social, cultural y lingüística (wolfr.am/eiwl-es-16-more5)

17 | Unidades

Al comenzar a trabajar con cantidades del mundo real, inevitablemente se topará uno con *unidades*. En Wolfram Language pueden ingresarse cantidades con sus unidades usando ctrl = .

Ingrese un lapso de tiempo en unidades de horas:

> 2.6 hours

> 2.6 h ✓

Oprima la casilla marcada con ✓ para aceptar esta interpretación:

> 2.6 h

Use InputForm para ver cómo se representa internamente lo anterior en Wolfram Language.

Muestre la forma interna de una cantidad:

In[1]:= **InputForm[** 2.6 hours **]**

Out[1]= **Quantity[2.6, "Hours"]**

Se pueden ingresar cantidades directamente de esa manera, o bien usando ctrl = , ya sea para todo o solo para las unidades.

Wolfram Language conoce todos los 10 000 (aproximadamente) tipos de unidades más comunes. UnitConvert se usa para hacer conversiones de una unidad a otra.

Para convertir de horas a minutos:

In[2]:= **UnitConvert[** 2.6 h **, "Minutes"]**

Out[2]= **156. min**

Pueden hacerse operaciones aritméticas con cantidades, aunque estén dadas en unidades diferentes.

Sume una longitud dada en pies con otra en centímetros:

In[3]:= 7.5 ft + 14 cm

Out[3]= **242.6 cm**

Divida una longitud entre otra:

In[4]:= 7.5 ft / 14 cm

Out[4]= **16.3286**

También pueden hacerse cálculos con dinero.

Use dólares en un cálculo:

In[5]:= 7.5 * [$3] + 2.51 * [$8]

Out[5]= $42.58

Multiplique un precio por libra, por un peso en kilogramos:

In[6]:= [$15/lb] * [5.6 kg]

Out[6]= $185.19

Se puede convertir de una divisa a otra. Wolfram Language siempre está al día en cuanto al tipo de cambio.

In[7]:= **CurrencyConvert**[[100 euros] , [US dollars]]

Out[7]= $112.10

Las unidades aparecen por todas partes. Otro ejemplo son los ángulos, que aparecen con tanta frecuencia y que Wolfram Language tiene una forma especial para manejarlos. Se puede ingresar un ángulo, por ejemplo de 30 grados, de diversas maneras: ya sea como 30 Degree, o como 30 °, donde ° se escribe como esc deg esc.

Muestre una cadena de caracteres con un giro de 30 grados:

In[8]:= **Rotate["hello", 30 °]**

Out[8]= hello

Si no se hace explícito Degree o °, Wolfram Language asume que se está hablando de *radianes*, que varían entre 0 y 2π (aproximadamente 6.28) alrededor de un círculo, y no de grados, que van desde 0 hasta 360.

$\pi/2$ radianes es equivalente a 90°:

In[9]:= **Rotate["hello", Pi/2]**

Out[9]= hello

Haga una lista de rotaciones o giros en grados, de 0 a 360:

In[10]:= **Table[Rotate[n, n Degree], {n, 0, 360, 30}]**

Out[10]= {0, 30, 60, 90, 120, 150, 180, 210, 240, 270, 300, 330, 360}

Los ángulos se prestan para hacer muchas cosas. Por ejemplo, AnglePath da la trayectoria que se recorrería si se va girando sucesivamente en una secuencia de ángulos.

Comience horizontalmente y, luego, gire tres veces sucesivas, cada una en 80°:

In[11]:= `Graphics[Line[AnglePath[{0 °, 80 °, 80 °, 80 °}]]]`

Out[11]=

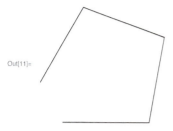

Si se sigue girando 80°, a la larga se llegará al punto donde se comenzó:

In[12]:= `Graphics[Line[AnglePath[Table[80 °, 20]]]]`

Out[12]=

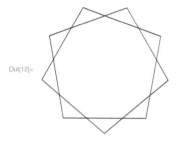

Si el ángulo se va aumentando sucesivamente, el resultado muestra un patrón interesante:

In[13]:= `Graphics[Line[AnglePath[Table[n * 5 °, {n, 200}]]]]`

Out[13]=

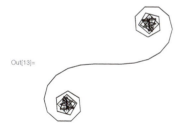

Vocabulario

`UnitConvert[`*cantidad*, *unidad*`]`	convierte entre unidades
`CurrencyConvert[`*monto*, *unidad*`]`	convierte entre divisas
`30 Degree`	ángulo en grados
`30 °`	ángulo en grados, ingresado con `esc` deg `esc`
`Rotate[`*expr*, *angle*`]`	gira en la pantalla
`AnglePath[{`*angle*$_1$, *angle*$_2$, …`}]`	trayectoria producida por una secuencia de giros

Ejercicios

17.1 Convierta 4.5 lbs a kilogramos.

17.2 Convierta 60.25 mph a kilómetros por hora.

17.3 Encuentre la altura de la torre Eiffel en millas.

17.4 Encuentre la elevación del monte Everest dividida por la altura de la torre Eiffel.

17.5 Encuentre la masa de la Tierra dividida por la masa de la luna.

17.6 Convierta 2500 yenes japoneses a dólares US.

17.7 Encuentre el total de 35 onzas, más 1/4 ton (ton = 907 kg), más 45 lbs, más 9 stone (stone = 14 lbs), en kilogramos.

17.8 Obtenga una lista con las distancias a cada planeta, usando la propiedad "DistanceFromEarth", y convierta cada resultado a minutos luz.

17.9 Gire 180° la cadena de caracteres "hello".

17.10 Forme una tabla con la letra "A" en tamaño 100, girada sucesivamente en incrementos de 30°, desde 0° hasta 360°.

17.11 Escriba un Manipulate para girar la imagen de un gato en un ángulo entre 0° y 180°.

17.12 Genere la gráfica de una trayectoria obtenida a partir de giros de 0°, 1°, 2°, … , 180°.

17.13 Presente gráficamente la trayectoria obtenida a partir de giros en un ángulo constante 100 veces, controlando el ángulo entre 0° y 360° con un Manipulate.

17.14 Presente gráficamente una trayectoria obtenida por giros sucesivos en ángulos dados por los dígitos de 2^10000 multiplicados por 30°.

Preguntas y respuestas

¿Qué abreviaturas de unidad puede entender Wolfram Language?

Casi cualquiera, ya sea miles/hr o mph o mi/h, etc. (Si hay dudas, lo mejor será intentarlo directamente).

¿Wolfram Language elige las unidades según el país donde se encuentra uno?

Sí. Por ejemplo, si uno está en los Estados Unidos, tenderá a usar pulgadas, mientras que serán centímetros si uno está en Europa continental.

¿Hay que estar conectado a la red para usar unidades?

Solo para interpretar entradas tales como 5 kg. Si se escribe Quantity[5, "Kilograms"] no se necesita estar en la red, salvo para trabajar con unidades como las de divisas, cuyos valores cambian continuamente.

¿Qué hacer si la conversión de unidades produce una fracción exacta y se requiere un número decimal?

Use la función N[…] para obtener una aproximación decimal, o bien añada un punto decimal en la entrada. Esto se verá con más detalle en la Sección 23.

¿Por qué no se obtiene el mismo resultado en el ejemplo de conversión de divisas?

Casi seguramente, porque ha habido modificaciones en los tipos de cambio.

Notas técnicas

- Wolfram Language maneja las aproximadamente 160 divisas estándar (incluyendo aquéllas como bitcoin). En caso necesario, puede usarse el código ISO para divisas (USD, UKP, etc.) para especificar alguna en particular.

- **Degree** no es una función, como **Red**, **Green**, etc. Es un *símbolo*. Posteriormente se hablará más de esto.

- **AnglePath** implementa "gráficas de tortuga" como las que aparecen en los lenguajes tipo Logo y Scratch.

- **AnglePath3D** generaliza **AnglePath** a 3D, y permite con ello "tortugas voladoras", simulaciones de naves espaciales, etc.

Para explorar más

Guía para unidades en Wolfram Language (wolfr.am/eiwl-es-17-more)

18 | Geocomputación

Wolfram Language tiene integrado un amplio conocimiento en materia de geografía. Sabe, por ejemplo, dónde queda la ciudad de Nueva York, y puede calcular la distancia de ahí a Los Ángeles.

Calcule la distancia entre los centros de las ciudades de Nueva York y Los Ángeles:

In[1]:= `GeoDistance[`▨`new york`, ▨`los angeles`]`

Out[1]= 2432.07 mi

Se pueden mostrar gráficamente ubicaciones en un mapa, usando `GeoListPlot`.

Muestre en un mapa Nueva York y Los Ángeles:

In[2]:= `GeoListPlot[{`▨`new york`, ▨`los angeles`}]`

Muestre países en un mapa:

In[3]:= `GeoListPlot[{`▨`iceland`, ▨`france`, ▨`italy`}]`

Lo mismo se puede hacer en una escala mucho menor.

Muestre dos lugares de renombre en un mapa de París:

GeoListPlot es el análogo en geografía de ListPlot. GeoGraphics es el análogo de Graphics.

Genere un mapa de la ciudad de Nueva York:

GeoPath representa una trayectoria sobre la superficie de la Tierra.

Muestre la trayectoria más corta entre Nueva York y Tokio:

In[6]:= **GeoGraphics[GeoPath[{ New York , Tokyo }]]**

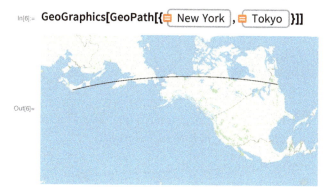

Out[6]=

Se pueden utilizar estilos, tal y como se hace en otro tipo de gráficas:

In[7]:= **GeoGraphics[Style[GeoPath[{ New York , Tokyo }], Thick, Red]]**

Out[7]=

GeoDisk es el análogo de Disk; aquí debe especificarse su centro y su radio.

Muestre un disco de una milla de radio alrededor de la torre Eiffel:

In[8]:= **GeoGraphics[GeoDisk[eiffel tower , 1 mile]]**

Out[8]=

Genere una tabla de mapas, con discos cuyos tamaños crezcan como las potencias de 10:

In[9]:= Table[GeoGraphics[GeoDisk[⊟ eiffel tower , ⊟ 1 mile *10^n]], {n, 0, 4}]

GeoPosition obtiene una posición en la Tierra, donde los números que aparecen son la longitud y la latitud, las coordenadas estándar sobre la superficie terrestre.

Obtenga la posición geográfica de la torre Eiffel:

In[10]:= GeoPosition[⊟ eiffel tower]

Out[10]= GeoPosition[{48.8583, 2.29444}]

Dibuje un disco de 4000 millas de radio alrededor del punto que tiene longitud 0 y latitud 0:

In[11]:= GeoGraphics[GeoDisk[GeoPosition[{0, 0}], ⊟ 4000 miles]]

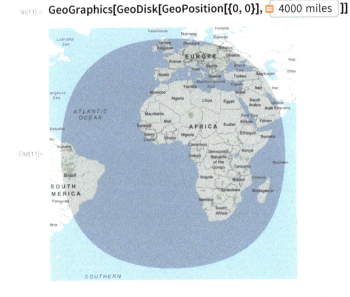

Hay que notar que el disco no es precisamente circular, y eso se debe a que hay que usar una *proyección* para dibujar la superficie terrestre en un mapa plano. Esta es una de las muchas sutilezas a tomar en cuenta en el trabajo con geocomputación.

GeoNearest encuentra lo más próximo a un lugar dado sobre la Tierra. Se le indica qué tipo de cosas debe buscar, y cuántas de ellas se quiere encontrar.

Encuentre los 5 países más cercanos al punto que tiene longitud 0 y latitud 0:

In[12]:= GeoNearest["Country", GeoPosition[{0, 0}], 5]

Out[12]= { Ghana , Ivory Coast , Equatorial Guinea , Togo , Benin }

En vez de lo anterior, encuentre las 5 ciudades más próximas:

In[13]:= **GeoNearest["City", GeoPosition[{0, 0}], 5]**

Out[13]= { Takoradi , Sekondi , Cape Coast , Elmina , Shama }

A veces es útil conocer la ubicación geográfica en donde uno se encuentra. Mientras esta ubicación sea conocida por la propia computadora, el teléfono propio, etc., es posible obtenerla con Here.

Obtenga dónde se ubica la computadora que se está usando (o el teléfono, etc.):

In[14]:= **Here**

Out[14]= GeoPosition[{40.11, −88.24}]

Pueden hacerse procesos computacionales con Here.

Calcule qué tan lejos se encuentra la torre Eiffel:

In[15]:= **GeoDistance[Here, ▫ eiffel tower]**

Out[15]= 4245.54 mi

Encuentre los 5 volcanes más próximos a donde se encuentra uno:

In[16]:= **GeoNearest["Volcano", Here, 5]**

Out[16]= { Dotsero , Valles Caldera , Carrizozo , Zuni-Bandera , Yellowstone }

Muestre esos volcanes en un mapa:

In[17]:= **GeoListPlot[GeoNearest["Volcano", Here, 30]]**

Out[17]=

Vocabulario

GeoDistance[*entidad*$_1$, *entidad*$_2$]	distancia geográfica entre entidades
GeoListPlot[{*entity*$_1$, *entity*$_2$, ...}]	muestra una lista de entidades en un mapa
GeoGraphics[...]	mapa construido a partir de primitivas
GeoPath[{*entity*$_1$, *entity*$_2$}]	trayectoria entre entidades
GeoDisk[*entity*, *r*]	disco de radio *r* alrededor de una entidad
Here	donde se localiza la computadora o teléfono propios
GeoPosition[*entity*]	posición geográfica de una entidad
GeoNearest["*type*", *location*, *n*]	los *n* objetos de cierto tipo más próximos a una ubicación

Ejercicios

18.1 Encuentre la distancia de Nueva York a Londres.

18.2 Divida la distancia de Nueva York a Londres por la distancia de Nueva York a San Francisco.

18.3 Encuentre la distancia de Sydney a Moscú en kilómetros.

18.4 Genere un mapa de los Estados Unidos.

18.5 Muestre Brasil, Rusia, India y China en un mapa.

18.6 Muestre en un mapa la trayectoria de Nueva York a Beijing.

18.7 Muestre un disco centrado en la Gran Pirámide, de radio 10 millas.

18.8 Muestre un disco centrado en Nueva York de radio suficiente para incluir San Francisco.

18.9 Encuentre los 5 países más cercanos al Polo Norte (GeoPosition["NorthPole"]).

18.10 Encuentre las banderas de los 3 países más próximos al punto de latitud 45°, longitud 0°.

18.11 Muestre los 25 volcanes más próximos a Roma.

18.12 Encuentre la diferencia en latitud entre Nueva York y Los Ángeles.

Preguntas y respuestas

¿Pueden obtenerse diferentes proyecciones para mapas?

Sí. Simplemente se utiliza la opción **GeoProjection**. Hay más de 300 proyecciones disponibles en el sistema para escoger. En cada caso particular, la proyección utilizada por defecto depende de la escala y la ubicación del mapa.

¿Qué tan detallados son los mapas dentro de Wolfram Language?

Llegan hasta el nivel de calles individuales. Se incluyen la mayor parte de las calles que hay en el mundo.

¿Cómo se encuentra, en Wolfram Language, una posición geográfica dada?

Utilice la función FindGeoLocation. En un dispositivo móvil, dicha función pedirá la posición GPS donde se encuentra uno. En una computadora, normalmente tratará de inferir la ubicación con base en su dirección de internet, aunque esto no siempre funcionará correctamente. En todo caso, se puede dar explícitamente la ubicación asignando un valor a $GeoLocation.

¿Cómo puede especificarse la región que abarque un mapa?

Use la opción GeoRange → *distancia* (p.ej. GeoRange → `5 miles`) o GeoRange → *lugar* (p.ej. GeoRange → `Europe`), tal y como se explica en la Sección 20.

¿Puede Wolfram Language proporcionar instrucciones para un conductor de automóvil?

Sí. Esto puede hacerse usando TravelDirections. GeoDistance da la ruta directa más corta; TravelDistance da la ruta siguiendo carreteras, etc. TravelTime da el tiempo estimado de viaje.

¿Está Wolfram Language restringido a mapas en el ámbito de la Tierra?

No. Por ejemplo, la Luna y Marte también funcionan. Use la opción GeoModel → "Moon", etc.

Notas técnicas

- Se requiere conexión a la red para usar mapas en Wolfram Language.

- Se obtiene el mismo resultado si en vez de ingresar `nyc`, `LA` se ingresa `nyc, LA`.

- Si se dan regiones extendidas (tales como países) a GeoDistance se obtendrán las distancias más cortas entre puntos cualesquiera de dichas regiones.

- GeoPosition requiere los valores numéricos de longitud y latitud, y no los obtenidos mediante 35 Degree, etc.

- GeoPosition usa normalmente grados en forma decimal. Use FromDMS para convertir de grados-minutos-segundos a su forma decimal.

- Para colorear regiones en un mapa mediante valores, úsese GeoRegionValuePlot.

- Para dibujar burbujas de diferentes tamaños alrededor de puntos en un mapa (por ejemplo, la población de ciudades), use GeoBubbleChart.

Para explorar más

Guía para mapas y cartografía en Wolfram Language (wolfr.am/eiwl-es-18-more)

Guía para información geográfica y entidades en Wolfram Language (wolfr.am/eiwl-es-18-more2)

19 | Fechas y horas

En Wolfram Language, Now proporciona la fecha y hora actuales.

Obtenga la fecha y hora actuales (¡de cuando se escribió esto!):

In[1]:= **Now**

Out[1]= 📅 Fri 17 Mar 2017 13:39:00 GMT−5.

Se pueden hacer cálculos al respecto, por ejemplo, añadir una semana.

Añada una semana a la fecha y hora actuales:

In[2]:= **Now +** 📅 1 week

Out[2]= 📅 Fri 24 Mar 2017 13:39:00 GMT−5.

Se usa ctrl = para ingresar una fecha en cualquier formato estándar.

Ingrese una fecha:

In[3]:= 📅 june 23, 1988

Out[3]= 📅 Day: Thu 23 Jun 1988

Puede hacerse aritmética con fechas, por ejemplo, restar una de otra para saber qué tan distantes se encuentran.

Reste una fecha de otra:

In[4]:= **Now −** 📅 june 23, 1988

Out[4]= 10494. days

Convierta la diferencia de fechas en años:

In[5]:= **UnitConvert[Now −** 📅 june 23, 1988 **, "Years"]**

Out[5]= 28.7507 yr

DayRange es el análogo de Range para fechas:

Dar una lista de los días que van de ayer a mañana:

In[6]:= **DayRange[Yesterday, Tomorrow]**

Out[6]= { 📅 Day: Thu 16 Mar 2017 , 📅 Day: Fri 17 Mar 2017 , 📅 Day: Sat 18 Mar 2017 }

DayName encuentra el día de la semana para una fecha dada.

Encuentre en qué día de la semana cae el que está a 45 días después de hoy:

In[7]:= `DayName[Today + 45 days]`

Out[7]= Monday

Una vez que se conoce una fecha, pueden hacerse una variedad de cosas con ella. Por ejemplo, MoonPhase da la fase de la luna (o, más precisamente, la fracción de la luna que está iluminada cuando se ve desde la Tierra).

Obtenga la fase de la luna en este momento:

In[8]:= `MoonPhase[Now]`

Out[8]= 0.7606

Obtenga la fase de la luna en una fecha dada:

In[9]:= `MoonPhase[june 23, 1988]`

Out[9]= 0.5756

Genere un ícono para la fase de la luna:

In[10]:= `MoonPhase[june 23, 1988, "Icon"]`

Out[10]=

Si se conoce la fecha y una ubicación en la Tierra, pueden calcularse las horas de salida y puesta del sol.

Obtenga la hora de la puesta del sol hoy, en la ubicación actual:

In[11]:= `Sunset[Here, Today]`

Out[11]= Minute: Fri 17 Mar 2017 19:04 GMT−5.

Obtenga el tiempo transcurrido entre sucesivas horas de salida del sol:

In[12]:= `Sunrise[Here, Tomorrow] − Sunrise[Here, Today]`

Out[12]= 1438 min

Se encuentra que la diferencia es casi exactamente un día (24 horas); menos un minuto de variación:

In[13]:= **Sunrise[Here, Tomorrow] − Sunrise[Here, Today] −** `1 day`

Out[13]= −2 min

Las zonas horarias son una de las muchas sutilezas. LocalTime da la hora en la zona horaria de una ubicación determinada.

Encuentre la hora local actual en la ciudad de Nueva York:

In[14]:= **LocalTime[** `New York` **]**

Out[14]= 📅 Fri 17 Mar 2017 14:44:22 GMT−4.

Encuentre la hora local actual en Londres:

In[15]:= **LocalTime[** `London` **]**

Out[15]= 📅 Fri 17 Mar 2017 18:44:29 GMT

El clima es una de las muchas áreas donde Wolfram Language tiene un amplio espectro de información. La función AirTemperatureData permite dar un historial de la temperatura del aire a cierta hora en alguna ubicación dada.

Encuentre la temperatura del aire aquí, a las 6 pm de ayer:

In[16]:= **AirTemperatureData[Here,** `6 pm yesterday` **]**

Out[16]= 39.92 °F

Dadas dos fechas, AirTemperatureData calcula una *serie cronológica* de las temperaturas estimadas entre esas dos fechas.

Proporcione una serie cronológica de mediciones de temperatura del aire desde hace una semana hasta hoy:

In[17]:= **AirTemperatureData[Here, {** `1 week ago` **, Now}]**

Out[17]= TimeSeries[▦ 〰 Time: 10 Mar 2017 to 17 Mar 2017 Data points: 247]

DateListPlot es el análogo de ListPlot para series cronológicas, donde cada valor ocurre en una fecha particular.

Muestre la lista de mediciones de la temperatura del aire:

In[18]:= **DateListPlot[AirTemperatureData[Here, {** 1 week ago **, Now}]]**

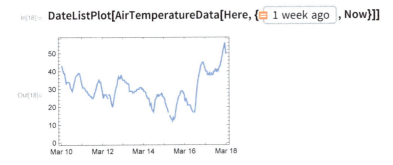

No es de sorprender que la temperatura sea más alta durante el día que durante la noche, según se muestra en la gráfica.

Un ejemplo más, con datos que cubren períodos de tiempo mucho más antiguos. WordFrequencyData dice con qué frecuencia aparece una palabra dada, por ejemplo, en una muestra de libros publicados en un año determinado. Se puede tener una amplia visión histórica observando los cambios al respecto en el transcurso de años y siglos.

Encuentre la serie cronológica de la frecuencia con la que aparece en inglés la palabra "automobile":

In[19]:= **WordFrequencyData["automobile", "TimeSeries"]**

Out[19]= TimeSeries[Time: 01 Jan 1706 to 01 Jan 2008 Data points: 158]

Los coches comenzaron a existir alrededor de 1900, pero gradualmente dejó de llamárseles "automobiles":

In[20]:= **DateListPlot[WordFrequencyData["automobile", "TimeSeries"]]**

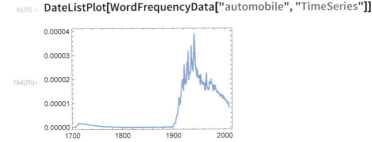

WordFrequencyData está hecho de tal modo que facilita la comparación de frecuencias entre diferentes palabras. Por ejemplo, puede verse cómo se han comportado, en ese sentido, los términos "monarchy" y "democracy" a lo largo de los años. "Democracy" es decididamente más popular en la actualidad, pero "monarchy" lo era en los años 1700s y 1800s.

Compare los historiales de las frecuencias de palabras "monarchy" y "democracy":

In[21]:= `DateListPlot[WordFrequencyData[{"monarchy", "democracy"}, "TimeSeries"]]`

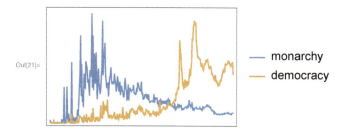

Out[21]=

Vocabulario

Now	fecha y hora actuales
Today	objeto que se refiere al día de hoy
Tomorrow	objeto que se refiere al día de mañana
Yesterday	objeto que se refiere al día de ayer
DayRange[*fecha$_1$*, *fecha$_2$*]	lista de fechas entre *fecha$_1$* y *fecha$_2$*
DayName[*fecha*]	día de la semana correspondiente a *fecha*
MoonPhase[*fecha*]	fase de la luna en *fecha*
Sunrise[*ubicación*, *fecha*]	hora de salida del sol en *fecha*, en *ubicación*
Sunset[*ubicación*, *fecha*]	hora de la puesta del sol en *fecha*, en *ubicación*
LocalTime[*ubicación*]	hora actual en *ubicación*
AirTemperatureData[*ubicación*, *hora*]	temperatura del aire a la *hora*, en *ubicación*
AirTemperatureData[*ubicación*, {*hora$_1$*, *hora$_2$*}]	serie cronológica de temperaturas del aire entre *hora$_1$* y *hora$_2$*, en *ubicación*
DateListPlot[*seriecronológica*]	presenta gráficamente una serie cronológica
WordFrequencyData["*palabra*", "TimeSeries"]	serie cronológica de frecuencias de *palabra*

Ejercicios

19.1 Calcule cuántos días han transcurrido desde el 1 de enero de 1900.

19.2 Determine qué día de la semana fue el 1 de enero de 2000.

19.3 Encuentre la fecha de hace cien mil días.

19.4 Encuentre la hora local en Delhi.

19.5 Encuentre la duración de luz solar hoy, restando la hora de la salida del sol de la hora de la puesta.

19.6 Genere un ícono de la fase actual de la luna.

19.7 Haga una lista de la fase numérica de la luna para cada uno de los próximos 10 días.

19.8 Genere una lista de íconos de las fases de la luna para los próximos 10 días, a partir de hoy.

19.9 Calcule el tiempo transcurrido entre las horas de salida del sol en Nueva York y en Londres.

19.10 Encuentre la temperatura del aire en la torre Eiffel ayer a mediodía.

19.11 Grafique la temperatura del aire en la torre Eiffel durante la semana pasada.

19.12 Encuentre la diferencia en temperatura del aire entre Los Ángeles y Nueva York, ahora.

19.13 Grafique el historial de las frecuencias de la palabra "groovy".

Preguntas y respuestas

¿Cómo se convierte una fecha a una cadena de caracteres?
Use DateString[*fecha*]. Hay diversas opciones para el formato de la cadena. Por ejemplo, DateString[*fecha*, "DateShort"] usa las abreviaturas para los nombres de día y mes.

¿Cómo extraer el mes o algún otro elemento de una fecha?
Use DateValue. DateValue[*fecha*, "Month"] da el número del mes, DateValue[*fecha*, "MonthName"] da el nombre del mes, etc.

¿Qué tan antiguas pueden ser las fechas en Wolfram Language?
Tanto como se desee. Wolfram Language tiene conocimiento de los sistemas de calendario históricos y de la historia de las zonas horarias. Tiene también información para calcular con precisión las horas de salida del sol, etc. desde 1 000 años atrás.

¿Por qué las horas de salida y puesta del sol se dan solamente con una precisión de minutos?
Porque no puede calcularse con mayor precisión ni la salida ni la puesta del sol sin conocer datos tales como la temperatura del aire, que afectan la curvatura de la luz en la atmósfera terrestre.

¿De dónde obtiene Wolfram Language la información de la temperatura del aire?
De la red global de estaciones meteorológicas ubicadas en aeropuertos y otros lugares. En caso de que el lector posea su propio instrumento de medición de la temperatura del aire, puede conectarlo a Wolfram Language a través de Wolfram Data Drop (ver la Sección 43).

¿Qué es una serie cronológica?
Es una forma de especificar los valores de algo a lo largo de una serie de instantes en el tiempo. Se puede ingresar una serie cronológica en Wolfram Language como TimeSeries[{{$tiempo_1$, $valor_1$}, {$tiempo_2$, $valor2_2$}, ...}]. Wolfram Language permite hacer operaciones aritméticas y de muchos otros tipos con series cronológicas.

¿Qué es lo que hace DateListPlot?
Graficar valores correspondientes a instantes de tiempo o a fechas. Los valores pueden darse en una TimeSeries[...] o en una lista de la forma {{$tiempo_1$, $valor_1$}, {$tiempo_2$, $valor_2$}, ...}.

Notas técnicas

- Wolfram Language decide si hay que interpretar una fecha así: 8/10/15, como mes/día/año o día/mes/año, según el país donde se encuentre. Uno puede escoger la otra interpretación, si así lo desea.
- Monday, etc. son *símbolos* con significado intrínseco, y no cadenas de caracteres.
- DateObject permite especificar la «granularidad» de una fecha (día, semana, mes, año, década, etc.). CurrentDate, NextDate, DateWithinQ, etc. operan con fechas granulares.
- Se puede ver lo que hay «dentro» de DateObject[...] usando InputForm.

Para explorar más

Guía para fechas y tiempos en Wolfram Language (wolfr.am/eiwl-es-19-more)

20 | Opciones

Muchas de las funciones de Wolfram Language tienen *opciones* que determinan los detalles de cómo trabajan. Por ejemplo, al hacer un gráfico puede utilizarse PlotTheme → "Web" a fin de obtener una presentación visual apropiada para ser mostrada en la web. En el teclado, el → se forma automáticamente si se escribe -> (o sea, - seguido de >).

Un gráfico estándar, sin opciones especificadas:

In[1]:= **ListLinePlot[RandomInteger[10, 10]]**

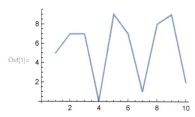

Un gráfico con la opción PlotTheme especificada como "Web":

In[2]:= **ListLinePlot[RandomInteger[10, 10], PlotTheme → "Web"]**

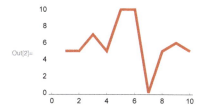

Una presentación gráfica con la opción PlotTheme especificada como "Detailed":

In[3]:= **ListLinePlot[RandomInteger[10, 10], PlotTheme → "Detailed"]**

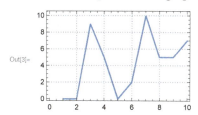

Una presentación gráfica con la opción PlotTheme especificada como "Marketing":

In[4]:= **ListLinePlot[RandomInteger[10, 10], PlotTheme → "Marketing"]**

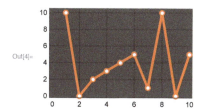

Se pueden añadir más opciones. Por ejemplo, Filling especifica el tipo de relleno que debe dársele a un gráfico.

Rellene el gráfico desde el eje:

In[5]:= **ListLinePlot[RandomInteger[10, 10], PlotTheme → "Web", Filling → Axis]**

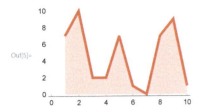

Background permite especificar el color del fondo.

Añada una opción para el color del fondo:

In[6]:= **ListLinePlot[RandomInteger[10, 10],**
    PlotTheme → "Web", Filling → Axis, Background → LightGreen]

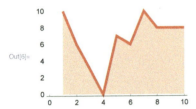

Si no se menciona explícitamente alguna opción Wolfram Language usará un valor predefinido para esa opción. Habitualmente ese valor predefinido es Automatic, indicando que el lenguaje determina automáticamente lo que debe hacer.

Una opción muy útil en el caso de gráficos es PlotRange, que se refiere al tramo de valores que se han de incluir en un gráfico. Con PlotRange → Automatic, el sistema tratará de mostrar de forma automática la parte "interesante" del gráfico. Con PlotRange → All se muestran todos los valores.

Omitiendo las opciones, se muestran todos los valores, excepto uno que es "atípico":

In[7]:= **ListLinePlot[{36, 16, 9, 64, 1, 340, 36, 0, 49, 81}]**

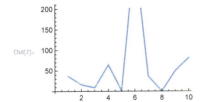

PlotRange → All especifica que se han de incluir todos los puntos:

In[8]:= **ListLinePlot[{36, 16, 9, 64, 1, 340, 36, 0, 49, 81}, PlotRange → All]**

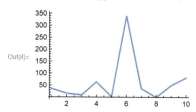

PlotRange → 30 especifica que se muestren todos los valores hasta el 30:

In[9]:= **ListLinePlot[{36, 16, 9, 64, 1, 340, 36, 0, 49, 81}, PlotRange → 30]**

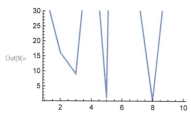

PlotRange → {20, 100} especifica que se muestren los valores entre 20 y 100:

In[10]:= **ListLinePlot[{36, 16, 9, 64, 1, 340, 36, 0, 49, 81}, PlotRange → {20, 100}]**

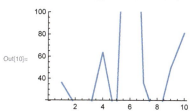

Se pueden especificar los alcances para todos los tipos de gráficos. En GeoListPlot y GeoGraphics se puede usar la opción GeoRange para especificar qué parte del mundo debe incluirse en un gráfico.

Por omisión, un mapa geográfico de Francia incluye simplemente a Francia:

In[11]:= **GeoListPlot[france]**

En lo que sigue, se especifica un alcance que incluya a toda Europa:

In[12]:= **GeoListPlot[france , GeoRange → europe]**

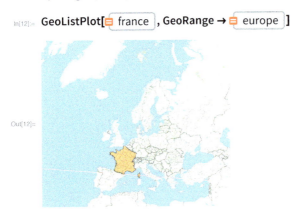

GeoRange → All especifica que se use el mundo completo:

In[13]:= **GeoListPlot[france , GeoRange → All]**

Hay muchas otras opciones para GeoListPlot. Por ejemplo, GeoBackground especifica qué tipo de fondo debe usarse. GeoLabels añade etiquetas. Joined hace que los puntos aparezcan unidos por una línea.

Use un mapa de relieve como fondo:

In[14]:= **GeoListPlot[france , GeoRange → europe , GeoBackground → "ReliefMap"]**

Añada automáticamente etiquetas para todos los objetos geográficos:

In[15]:= **GeoListPlot[{▣ paris , ▣ new york , ▣ sydney }, GeoLabels → Automatic]**

Out[15]=

Indique con True que se unan los puntos:

In[16]:= **GeoListPlot[{▣ los angeles , ▣ chicago , ▣ new york city }, Joined → True]**

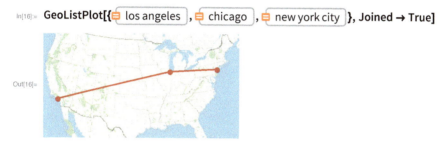

Out[16]=

La función ListLinePlot tiene 57 opciones diferentes para escoger; GeoListPlot tiene 54. Hay opciones comunes a todas las funciones gráficas. Por ejemplo, AspectRatio determina el aspecto general de los gráficos, especificando la razón entre altura y ancho.

Con una razón de aspecto de 1/3, el gráfico es 3 veces más ancho que alto:

In[17]:= **ListLinePlot[RandomInteger[10, 10], AspectRatio → 1/3]**

Out[17]=

La opción ImageSize especifica el tamaño general de un gráfico.

Dibuje un círculo con tamaño de "tiny" ("muy pequeño"):

In[18]:= **Graphics[Circle[ ], ImageSize → Tiny]**

Out[18]= ◯

Dibuje círculos con tamaños específicos de imagen entre 5 y 50 píxeles:

In[19]:= **Table[Graphics[Circle[ ], ImageSize → n], {n, 5, 50, 5}]**

Out[19]= {◦, ◦, ○, ○, ◯, ◯, ◯, ◯, ◯, ◯}

Las opciones no se usan solamente con Graphics, sino también con muchas otras funciones. Por ejemplo, Style admite muchas opciones.

Con una opción cambiar el tipo de letra a "Chalkboard" para estilizar un texto:

In[20]:= `Style["text in a different font", 20, FontFamily → "Chalkboard"]`

Out[20]= text in a different font

Hay muchas opciones que describen detalles para la salida, por ejemplo en WordCloud.

Cree una nube de palabras donde las palabras estén orientadas aleatoriamente:

In[21]:= `WordCloud[DeleteStopwords[WikipediaData["computer"]],`
`  WordOrientation → "Random"]`

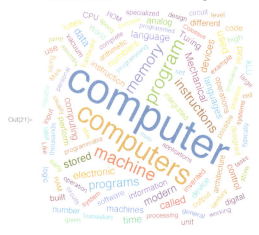

Out[21]=

Grid tiene muchas opciones. La opción Frame controla si se usa un marco y el tipo de marco que se desea.

Cree una tabla de multiplicación con un marco alrededor de cada entrada:

In[22]:= `Grid[Table[i*j, {i, 5}, {j, 5}], Frame → All]`

Out[22]=

1	2	3	4	5
2	4	6	8	10
3	6	9	12	15
4	8	12	16	20
5	10	15	20	25

Al igual que Graphics, Grid tiene una opción de Background:

In[23]:= `Grid[Table[i*j, {i, 5}, {j, 5}], Frame → All, Background → LightYellow]`

Out[23]=

1	2	3	4	5
2	4	6	8	10
3	6	9	12	15
4	8	12	16	20
5	10	15	20	25

Vocabulario

PlotTheme	tema para la gráfica (p.ej., "Web", "Detailed", etc.)
Filling	relleno que debe llevar la gráfica (Axis, Bottom, etc.)
PlotRange	alcances de los valores que debe incluir el gráfico (All, etc.)
GeoRange	alcances geográficos que se incluyen (All, país específico, etc.)
GeoBackground	mapa de fondo ("ReliefMap", "OutlineMap", etc.)
GeoLabels	etiquetas a insertar en el mapa (e.g. Automatic)
Joined	especifica si se deben unir los puntos (True, False)
Background	color de fondo
AspectRatio	razón de altura a ancho
ImageSize	tamaño en píxeles
Frame	especifica si se debe incluir un marco (True, All, etc.)
FontFamily	familia de tipo de letra a usar (p. ej., "Helvetica")
WordOrientation	cómo orientar las palabras en una nube de palabras

Ejercicios

20.1 Construya un gráfico de lista para **Range[10]** con presentación visual para web.

20.2 Produzca un gráfico de lista para **Range[10]** con relleno desde el eje.

20.3 Obtenga un gráfico de lista para **Range[10]** con fondo amarillo.

20.4 Produzca un mapa del mundo donde Australia aparezca resaltada.

20.5 Presente un mapa del Océano Índico con Madagascar resaltado.

20.6 Use **GeoGraphics** para obtener un mapa de Sudamérica mostrando la topografía (mapa de relieve).

20.7 Presente un mapa de Europa, resaltando Francia, Finlandia y Grecia, incluyendo etiquetas.

20.8 Construya una tabla de multiplicar de 12×12 en una rejilla, con números blancos sobre fondo negro.

20.9 Forme una lista de 100 discos con tamaños de imagen aleatorios hasta 40.

20.10 Construya una lista de gráficos de pentágonos regulares con tamaño de imagen 30 y razones de aspecto del 1 al 10.

20.11 Escriba un **Manipulate** que haga variar el tamaño de un círculo entre 5 y 500.

20.12 Cree una cuadrícula enmarcada de 10×10 colores aleatorios.

20.13 Presente gráficamente, con los puntos unidos, las longitudes de los números romanos hasta el 100, con una especificación de alcance suficiente para incluir todos los números hasta el 1000.

Preguntas y respuestas

¿Cómo se obtiene la lista de todas las opciones para una función?

Busque en la documentación. O bien use, por ejemplo, Options[WordCloud]. También, cuando se comienza a escribir el nombre de una opción, aparecerá el menú de las terminaciones posibles para completar el nombre.

¿Cómo se pueden encontrar las posibilidades para especificar una opción?

Busque en la documentación para esa opción. Y, también, al escribir →, generalmente aparece un menú de las especificaciones más comunes.

¿Qué es *opt* → *value* internamente?

Es Rule[*opt*, *value*]. Las reglas se usan por doquier en Wolfram Language. La frase *a* → *b* se enuncia generalmente como "*a* va a *b*" o "*a* flecha *b*".

¿En qué casos se dan como cadenas de caracteres los valores de las opciones?

Solo unas cuantas de las especificaciones estándar para opciones no son cadenas (tales como Automatic, None y All). Normalmente son cadenas las especificaciones especializadas para opciones particulares.

¿Pueden restablecerse los valores por omisión de una opción?

Sí, usando SetOptions. Pero debe tenerse cuidado de no olvidar que se han hecho esos cambios.

Notas técnicas

- Muchas opciones se pueden establecer como funciones puras (ver la Sección 26). Es muy importante cuidar de colocar paréntesis en los lugares apropiados, como en ColorFunction → (Hue[#/4]&), a fin de evitar obtener un resultado no deseado.
- $FontFamilies da una lista de las posibilidades para especificar FontFamily.

Para explorar más

Guía para opciones de gráficas en Wolfram Language (wolfr.am/eiwl-es-20-more)

Guía para opciones de formato en Wolfram Language (wolfr.am/eiwl-es-20-more2)

21 | Grafos y redes

Un grafo es una forma de mostrar conexiones entre cosas, por ejemplo, cómo están conectadas las páginas web, o cómo se forma una red social entre personas.

Para comenzar, tomemos un ejemplo sencillo, donde 1 se conecta con 2, 2 con 3 y 3 con 4. Cada conexión se representa mediante → (que se escribe en un teclado como ->).

Un grafo de conexiones muy sencillo:

In[1]:= **Graph[{1 → 2, 2 → 3, 3 → 4}]**

Out[1]= ○━━▶○━━▶○━━▶○

Se etiquetan todos los "vértices" automáticamente:

In[2]:= **Graph[{1 → 2, 2 → 3, 3 → 4}, VertexLabels → All]**

Out[2]= 1 ○━━▶○ 2 ━━▶○ 3 ━━▶○ 4

Si ahora se añade una conexión más: el 4 con el 1, se tiene un bucle.

Se añade otra conexión, formando un bucle:

In[3]:= **Graph[{1 → 2, 2 → 3, 3 → 4, 4 → 1}, VertexLabels → All]**

Out[3]=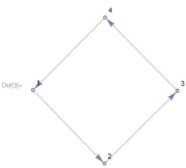

Se añaden dos conexiones más, incluyendo una que conecta el 2 consigo mismo:

In[4]:= **Graph[{1 → 2, 2 → 3, 3 → 4, 4 → 1, 3 → 1, 2 → 2}, VertexLabels → All]**

Out[4]=

A medida que se añaden conexiones, Wolfram Language escoge maneras diferentes de colocar los vértices o nodos del grafo. Sin embargo, lo que realmente importa para su significado, es cómo están conectados los vértices. Si no se especifica otra cosa, Wolfram Language tratará de acomodar las cosas de tal modo que queden lo menos enredadas y más fáciles de entender que sea posible.

Pero hay opciones para especificar otras formas de disponer las cosas. Por ejemplo, aquí se tiene el mismo grafo anterior, con las mismas conexiones, pero la disposición de los vértices es diferente.

Una disposición diferente para el mismo grafo (para comprobarlo, se revisan las conexiones):

In[5]:= `Graph[{1 → 2, 2 → 3, 3 → 4, 4 → 1, 3 → 1, 2 → 2},`
   `VertexLabels → All, GraphLayout → "RadialDrawing"]`

Se pueden hacer procesos de cómputo en el grafo, tal como, por ejemplo, encontrar el camino más corto que vaya de 4 a 2, siempre en la dirección de las flechas.

El camino más corto de 4 a 2 en el grafo pasa por 1:

In[6]:= `FindShortestPath[Graph[{1 → 2, 2 → 3, 3 → 4, 4 → 1, 3 → 1, 2 → 2}], 4, 2]`

Out[6]= {4, 1, 2}

Considérese otro grafo. Ahora se tienen 3 nodos, con conexión entre cada uno de ellos.

Primero, se crea un arreglo con todas las conexiones posibles entre 3 objetos:

In[7]:= `Table[i → j, {i, 3}, {j, 3}]`

Out[7]= {{1 → 1, 1 → 2, 1 → 3}, {2 → 1, 2 → 2, 2 → 3}, {3 → 1, 3 → 2, 3 → 3}}

Aquí el resultado es una lista de listas, y lo que requiere Graph es una sola lista con las conexiones. Y esto se puede obtener usando Flatten para "aplanar" las sublistas.

Flatten "aplana" todas las sublistas, dondequiera que estas se encuentren:

In[8]:= `Flatten[{{a, b}, 1, 2, 3, {x, y, {z}}}]`

Out[8]= {a, b, 1, 2, 3, x, y, z}

Del arreglo, se obtiene una lista "aplanada" de las conexiones:

In[9]:= `Flatten[Table[i → j, {i, 3}, {j, 3}]]`

Out[9]= {1 → 1, 1 → 2, 1 → 3, 2 → 1, 2 → 2, 2 → 3, 3 → 1, 3 → 2, 3 → 3}

Se muestra el grafo de estas conexiones:

In[10]:= `Graph[Flatten[Table[i → j, {i, 3}, {j, 3}]], VertexLabels → All]`

Out[10]=

Genere el grafo completamente conexo con 6 nodos:

In[11]:= `Graph[Flatten[Table[i → j, {i, 6}, {j, 6}]]]`

Out[11]=

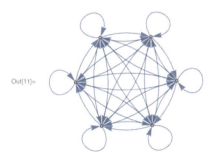

En ocasiones, la "dirección" de una conexión no importa, así que se pueden desechar las flechas.

La versión "no dirigida" del grafo es:

In[12]:= `UndirectedGraph[Flatten[Table[i → j, {i, 6}, {j, 6}]]]`

Out[12]=

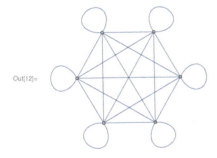

Ahora se construye un grafo con conexiones aleatorias. He aquí un ejemplo con 20 conexiones entre nodos elegidos al azar.

Construya un grafo con 20 conexiones entre nodos elegidos al azar y numerados del 0 al 10:

In[13]:= **Graph[Table[RandomInteger[10] → RandomInteger[10], 20], VertexLabels → All]**

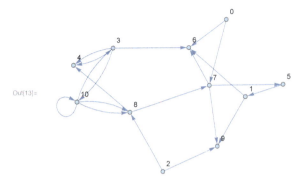

Se obtendrá un grafo diferente si se generan diferentes números al azar. He aquí 6 grafos.

Seis grafos generados aleatoriamente son:

In[14]:= **Table[Graph[Table[RandomInteger[10] → RandomInteger[10], 20]], 6]**

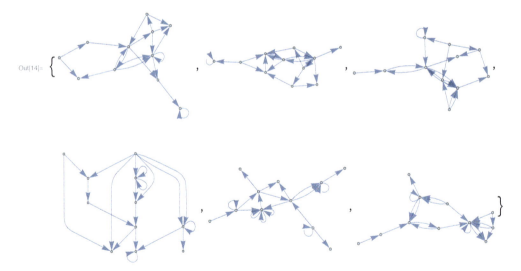

Hay muchos análisis que pueden llevarse a cabo con los grafos. Por ejemplo, se puede descomponer un grafo en "comunidades", es decir, en grupos de nodos que están más conectados entre ellos que con el resto del grafo. Se hará ahora esto con un grafo aleatorio.

Cree una gráfica que agrupe "comunidades" de nodos:

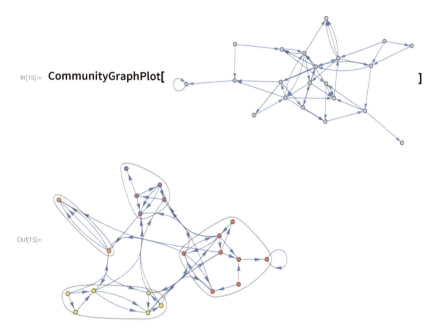

In[15]:= **CommunityGraphPlot[** **]**

Out[15]=

El resultado es un grafo con exactamente las mismas conexiones que el original, pero con los nodos acomodados de manera que se ilustre la "estructura de comunidades" del grafo.

Vocabulario

Graph[{i → j, …}]	un grafo o red de conexiones
UndirectedGraph[{i → j, …}]	un grafo sin direcciones en las conexiones
VertexLabels	una opción para especificar etiquetas de vértices (e.g. All)
FindShortestPath[*graph*, *a*, *b* **]**	encuentra el camino más corto entre un nodo y otro
CommunityGraphPlot[*list* **]**	presenta un grafo de modo tal que muestre las "comunidades"
Flatten[*list* **]**	aplana las sublistas de una lista

Ejercicios

21.1 Construya un grafo consistente en un bucle de tres nodos.

21.2 Produzca un grafo con 4 nodos donde todos los nodos estén conectados.

21.3 Construya una tabla de grafos no dirigidos con entre 2 y 10 nodos, donde todos los nodos estén conectados.

21.4 Use Table y Flatten para obtener {1, 2, 1, 2, 1, 2}.

21.5 Muestre una gráfica con puntos unidos del resultado de concatenar todos los dígitos de los enteros del 1 al 100 (i.e. ..., 8, 9, 1, 0, 1, 1, 1, 2, ...).

21.6 Presente un grafo con 50 nodos, donde cada nodo i conecte con el nodo i + 1.

21.7 Muestre un grafo con 4 nodos, donde cada conexión conecte i con Max[i, j].

21.8 Presente un grafo donde cada conexión conecte i con j – i, donde tanto i como j varíen de 1 a 5.

21.9 Genere un grafo con 100 nodos, donde cada uno conecte con otro escogido al azar.

21.10 Genere un grafo con 100 nodos, donde cada nodo conecte con dos nodos escogidos al azar.

21.11 Para el grafo {1 → 2, 2 → 3, 3 → 4, 4 → 1, 3 → 1, 2 → 2}, forme un arreglo donde aparezcan los caminos más cortos entre cada par de nodos, de modo que el nodo inicial marque la fila del arreglo y el final marque la columna.

Preguntas y respuestas

¿Qué diferencia hay entre un "grafo" y una "red"?

No hay diferencia. Son simplemente palabras diferentes para la misma cosa, aunque "grafo" suele usarse más en matemáticas, mientras que "red" es más común en otras áreas más aplicadas.

¿Qué son los vértices y las aristas de un grafo?

En un grafo, los vértices son sus puntos o nodos. Las aristas son las conexiones. Los grafos han surgido en tantos campos diferentes que existe una amplia variedad de nombres para la misma cosa.

¿Cómo se entiende i → None?

Significa Rule[i, j]. Las reglas se usan en muchas partes de Wolfram Language, tales como la especificación de opciones.

¿Se puede obtener el grafo de amigos en Facebook?

Sí. Use SocialMediaData["Facebook", "FriendNetwork"]. Note que solamente estarán incluidos los amigos que así se hayan manifestado en Facebook. (Vea la Sección 44).

¿De qué tamaño puede ser un grafo en Wolfram Language?

La limitación principal es la cantidad de memoria de la computadora que se use. Grafos con decenas o centenares de miles de nodos no plantean ningún problema.

¿Se pueden especificar propiedades para nodos y aristas?

Sí. Pueden proporcionarse a Graph listas de nodos y aristas que incluyan cosas tales como Property[*nodo*, VertexStyle → Red] o Property[*arista*, EdgeWeight → None]. Pueden darse también opciones globales a Graph.

Notas técnicas

- Los grafos, al igual que las cadenas de caracteres, imágenes, gráficas, etc., son objetos de primera clase en Wolfram Language.

- Se pueden ingresar aristas no dirigidas en un grafo usando <->, que aparece como ↔.

- CompleteGraph[*n*] da el grafo completamente conexo con *n* nodos. Entre otros tipos de grafos especiales se encuentran KaryTree, ButterflyGraph, HypercubeGraph, etc.

- Hay muchas maneras de construir grafos aleatorios (conexiones aleatorias, números aleatorios de conexiones, redes libres de escala, etc.). RandomGraph[{100, 200}] produce un grafo aleatorio con 100 nodos y 200 aristas.

- AdjacencyMatrix[*grafo*] da la matriz de adyacencia de un grafo. AdjacencyGraph[*matriz*] construye un grafo a partir de una matriz de adyacencia.

- PlanarGraph[*grafo*] intenta rearreglar un grafo de tal manera que no haya cruzamientos de aristas, si así fuera posible.

Para explorar más

Guía para grafos y redes en Wolfram Language (wolfr.am/eiwl-es-21-more)

22 | Aprendizaje automático

Hasta este punto en el libro, cuando se ha querido indicar a Wolfram Language que se desea hacer alguna cosa, hay que escribir código para decirle exactamente lo que tiene que hacer. Sin embargo, Wolfram Language tiene la capacidad de aprender lo que tiene que hacer refiriéndose a ejemplos, utilizando la idea del *aprendizaje automático*.

Aquí se explicará cómo puede entrenarse al lenguaje para hacer eso. Pero se verán primero algunas funciones nativas que ya han sido entrenadas con un gran número de ejemplos.

LanguageIdentify toma porciones de texto e identifica el lenguaje humano en que está escrito.

Identifique en qué lengua está escrita cada frase:

In[1]:= **LanguageIdentify[{ "thank you", "merci", "dar las gracias", "感謝", "благодарить"}]**

Out[1]= { English , French , Spanish , Chinese , Russian }

Wolfram Language puede también realizar tareas considerablemente más difíciles, de "inteligencia artificial", tales como la identificación de imágenes.

Identifique de qué es una imagen:

In[2]:= **ImageIdentify[**  **]**

Out[2]= cheetah

Existe una función general, Classify, a la que se le han enseñado varios tipos de clasificación. Por ejemplo, clasificar el "sentimiento" de un texto.

Un texto optimista se clasifica como de sentimiento positivo:

In[3]:= **Classify["Sentiment", "I'm so excited to be programming"]**

Out[3]= Positive

Un texto pesimista se clasifica como de sentimiento negativo:

In[4]:= **Classify["Sentiment", "math can be really hard"]**

Out[4]= Negative

Uno mismo puede llevar a cabo el entrenamiento de Classify. Un ejemplo sencillo es la clasificación de dígitos manuscritos como 0 o 1. Se le da a Classify una colección de ejemplos de entrenamiento, seguidos por un dígito particular escrito a mano. La respuesta será 0 o 1 para ese dígito manuscrito.

Con ejemplos de entrenamiento, Classify identifica correctamente un 0 escrito a mano:

In[5]:= Classify[{○→0, /→1, ○→0, /→1, \→1, ○→0, ○→0, /→1, /→1, ○→0, ○→0, ○→0, |→1, ○→0, /→1, ○→0, \→1, |→1, /→1}, ○]

Out[5]= 0

Para darse una idea de cómo trabaja lo anterior, y porque es útil por sí mismo, se describirá la función Nearest, que encuentra cuál de los elementos de una lista es el más próximo al que uno le dé.

Encuentre cuál de los elementos de la lista es el más próximo a 22:

In[6]:= **Nearest[{10, 20, 30, 40, 50, 60, 70, 80}, 22]**

Out[6]= {20}

Encuentre los tres números más próximos:

In[7]:= **Nearest[{10, 20, 30, 40, 50, 60, 70, 80}, 22, 3]**

Out[7]= {20, 30, 10}

Nearest también puede encontrar los colores más próximos.

En la lista que sigue, encontrar los 3 colores que estén más próximos al que se da:

In[8]:= **Nearest[{■,■,■,■,■,■,■,■,■,■,■,■,■,■,■,■}, ■, 3]**

Out[8]= {■, ■, ■}

También funciona con palabras.

Encuentre las 10 palabras más próximas a "good" en la lista de palabras:

In[9]:= **Nearest[WordList[ ], "good", 10]**

Out[9]= {good, food, goad, god, gold, goo, goody, goof, goon, goop}

También existe la noción de cercanía para imágenes. Y, aunque dista de ser todo lo que hay, esto es, en efecto, parte de lo que usa ImageIdentify.

Otro asunto que también está relacionado es el reconocimiento de texto (*reconocimiento óptico de caracteres* u OCR). Se toma una porción de texto para hacerla borrosa.

Cree una imagen de la palabra "hello", y hágala borrosa:

In[10]:= **Blur[Rasterize[Style["hello", 30]], 3]**

Out[10]= hello

TextRecognize tiene la capacidad de reconocer el texto original a partir de uno borroso.

Reconozca el texto en la imagen:

In[11]:= **TextRecognize[hello]**

Out[11]= hello

Si el texto está demasiado borroso, TextRecognize no podrá reconocer lo que dice, aunque probablemente una persona tampoco.

Genere una secuencia de porciones de texto progresivamente más borrosas:

In[12]:= **Table[Blur[Rasterize[Style["hello", 15]], r], {r, 0, 4}]**

Out[12]= {hello, hello, hello, hello, hello}

A medida que el texto se hace más borroso, TextRecognize comete errores, hasta que desiste por completo:

In[13]:= **Table[TextRecognize[Blur[Rasterize[Style["hello", 15]], r]], {r, 0, 4}]**

Out[13]= {hello, hello, hella, , }

Algo similar sucede si se hace más y más borrosa la imagen de un guepardo. Mientras la imagen esté más o menos nítida, ImageIdentify la identificará correctamente como guepardo. Pero cuando es ya demasiado borrosa, ImageIdentify comienza por confundirla con un león, hasta que su mejor conjetura es que se trata de una persona.

Haga cada vez más borrosa la imagen de un guepardo:

Cuando la imagen está ya demasiado borrosa, ImageIdentify deja de suponer que es un guepardo:

In[15]:= **Table[ImageIdentify[Blur[** 🖼️ **, r]], {r, 0, 22, 2}]**

Out[15]= { cheetah , cheetah , cheetah , cheetah , lion , red wolf , domestic dog , musteline mammal , domestic dog , person , person , person }

ImageIdentify normalmente contesta lo que supone es la identificación más verosímil. Sin embargo, se le puede dar una lista de identificaciones posibles, comenzando por la más verosímil. Aquí aparecen las 10 identificaciones posibles más verosímiles, en todas las categorías, comenzando por la primera.

ImageIdentify supone que esto podría ser un guepardo, pero es más verosímil que sea un león o hasta un perro:

In[16]:= **ImageIdentify[** 🖼️ **, All, 10]**

Out[16]= { lion , red wolf , cheetah , wildcat , domestic dog , striped hyena , pine marten , mountain lion , working dog , lynx }

Cuando la imagen está suficientemente borrosa, ImageIdentify puede hacer suposiciones a lo loco sobre lo que puede ser:

In[17]:= **ImageIdentify[** 🖼️ **, All, 10]**

Out[17]= { person , domestic dog , edible fruit , hunting dog , cat , berry , terrier , wildcat , working dog , soft-finned fish }

En el aprendizaje automático se suele dar el entrenamiento explícitamente, por ejemplo, diciendo "esto es un guepardo", "esto es un león". Aunque a veces simplemente se desea encontrar categorías de cosas sin un entrenamiento específico previo.

Una forma de lograr lo anterior es comenzar por tomar una colección de cosas, como colores, y entonces formar cúmulos con las que sean similares. Esto puede lograrse usando FindClusters.

Formar "cúmulos" de colores similares en listas separadas:

In[18]:= **FindClusters[{■,■,■,■,■,■,■,■,■,■,■,■,■,■,■,■,■,■,■,■}]**

Out[18]= {{■,■,■,■,■,■,■}, {■,■,■,■,■,■}, {■,■,■,■,■}, {■,■}}

También puede obtenerse una visión diferente conectando cada color con los tres más similares en la lista y, entonces, hacer un grafo con las conexiones. En el ejemplo anterior se obtienen así tres subgrafos no conectados.

Cree un grafo de conexiones basadas en la cercanía dentro del "espacio de colores":

In[19]:= **NearestNeighborGraph[**
{■,■}, 3, **VertexLabels → All]**

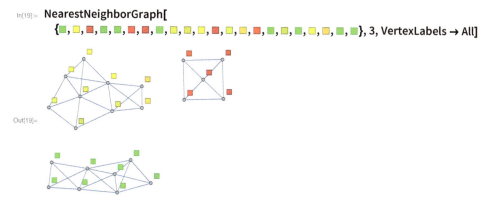

Un *dendrograma* es una representación gráfica tipo árbol, que permite observar una jerarquía completa de qué está cerca de qué.

Muestre los colores cercanos agrupados sucesivamente:

In[20]:= **Dendrogram[{**■,■**}]**

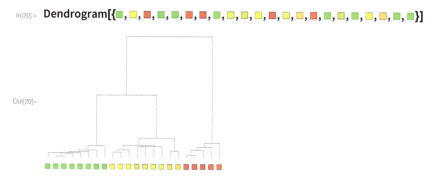

Al comparar cosas, ya sean colores o fotos de animales, puede pensarse en identificar aquellas *características* que permitan distinguir unas de otras. En el caso de colores, una característica podría ser qué el grado de claridad del color, o el grado de rojo que contiene. Si se trata de fotos de animales, una característica podría ser qué tan peludo se ve el animal, o cuán puntiagudas tiene sus orejas.

En Wolfram Language, `FeatureSpacePlot` toma colecciones de objetos y trata de encontrar cuáles serían sus "mejores" características distintivas y, entonces, usar sus valores para posicionar los objetos dentro de una gráfica.

FeatureSpacePlot no informa explícitamente sobre cuáles son las características que usa. De hecho, por lo general, son bastante difíciles de describir. Pero, a fin de cuentas, lo que sucede es que FeatureSpacePlot acomoda las cosas de modo tal que los objetos que tienen características similares quedan cerca unos de otros.

FeatureSpacePlot acomoda los colores similares en posiciones cercanas:

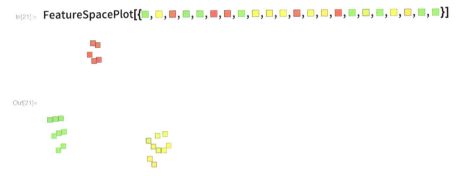

Por ejemplo, si se usan 100 colores tomados completamente al azar, entonces FeatureSpacePlot colocará juntos aquellos que considere similares.

100 colores aleatorios acomodados mediante FeatureSpacePlot:

In[22]:= **FeatureSpacePlot[RandomColor[100]]**

Ahora se hará el mismo tipo de tratamiento con imágenes de letras.

Formar la imagen rasterizada de cada una de las letras del alfabeto (en inglés):

In[23]:= **Table[Rasterize[FromLetterNumber[n]], {n, 26}]**

Out[23]= {a, b, c, d, e, f, g, h, i, j, k, l, m, n, o, p, q, r, s, t, u, v, w, x, y, z}

FeatureSpacePlot utilizará las características visuales de estas imágenes para disponerlas gráficamente. El resultado es que aquellas letras con imágenes similares, como y, v, o e, c, terminarán quedando próximas entre ellas.

In[24]:= **FeatureSpacePlot[Table[Rasterize[FromLetterNumber[n]], {n, 26}]]**

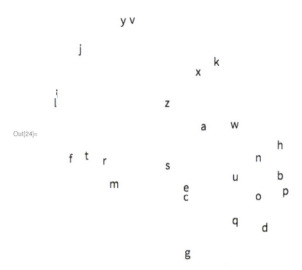

Aquí se hace lo mismo, pero esta vez con fotos de gatos, coches y sillas. FeatureSpacePlot separa inmediatamente los diferentes tipos de cosas.

FeatureSpacePlot coloca claramente separadas las fotos de cosas de diferentes clases:

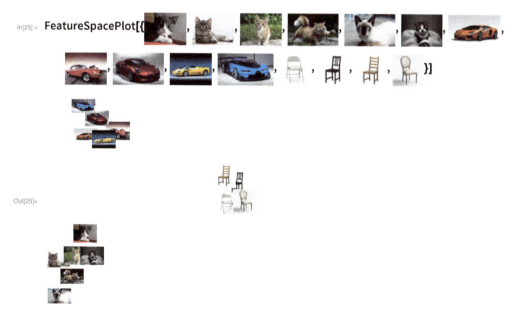

Vocabulario

LanguageIdentify[*texto*]	identifica en qué lengua humana está el texto
ImageIdentify[*imagen*]	identifica de qué es la imagen
TextRecognize[*texto*]	reconoce el texto a partir de una imagen (OCR)
Classify[*entrenamiento*, *datos*]	clasifica datos a partir de entrenamiento con ejemplos
Nearest[*lista*, *ítem*]	encuentra cuál elemento de *lista* es el más próximo a *ítem*
FindClusters[*lista*]	encuentra cúmulos de elementos similares
NearestNeighborGraph[*lista*, *n*]	conecta elementos de *lista* con sus *n* vecinos más cercanos
Dendrogram[*lista*]	hace un árbol jerárquico de relaciones entre elementos
FeatureSpacePlot[*lista*]	grafica los elementos de *lista* en un "espacio de características"

Ejercicios

22.1 Identifique de qué lengua procede la palabra "ajatella".

22.2 Aplique **ImageIdentify** a la imagen de un tigre, donde la imagen se obtiene usando ctrl = .

22.3 Forme una tabla de identificaciones de la imagen de un tigre, con borrosidades del 1 al 5.

22.4 Clasifique el sentimiento de "I'm so happy to be here".

22.5 Encuentre las 10 palabras en **WordList[ ]** más cercanas a "happy".

22.6 Genere 20 números aleatorios entre 0 y 1000, y encontrar los 3 que estén más próximos a 100.

22.7 Genere una lista de 10 colores aleatorios, y encuentre los 5 más cercanos a **Red**.

22.8 De los 100 primeros cuadrados, encuentre el más próximo a 2000.

22.9 Encuentre las 3 banderas europeas más cercanas a la de Brasil.

22.10 Haga un grafo de los 2 colores que sean vecinos más cercanos a cada uno de los colores en **Table[Hue[h], {h, 0, 1, .05}]**.

22.11 Genere una lista de 100 números aleatorios entre 0 y 100, y hacer un grafo de los dos vecinos más próximos para cada uno.

22.12 Acomode las banderas de Asia en cúmulos de banderas similares.

22.13 Produzca imágenes rasterizadas de las letras del alfabeto inglés en tamaño 20, y luego haga un grafo de los 2 vecinos más próximos para cada uno.

22.14 Genere una tabla con los resultados de usar **TextRecognize** en "hello", rasterizado en tamaño 50 y con niveles de difuminación entre 1 y 10.

22.15 Haga un dendrograma con las imágenes de las primeras 10 letras del alfabeto.

22.16 Haga una imagen del espacio de características de las letras mayúsculas del alfabeto inglés.

Preguntas y respuestas

¿Cómo es posible que se obtengan resultados diferentes de los mostrados aquí?
Probablemente, porque las funciones para aprendizaje automático en Wolfram Language cada vez tienen más entrenamiento, lo que hace que los resultados vayan cambiando, y se esperaría que fueran cada vez mejores. En el caso de TextRecognize, los resultados pueden depender del detalle de las fuentes utilizadas y de qué manera se generaron y rasterizaron en la computadora que se esté usando.

¿Cómo funciona internamente ImageIdentify?
Se basa en redes neuronales artificiales inspiradas en la forma como parece funcionar el cerebro. Se le ha entrenado con millones de ejemplos de imágenes, con lo cual ha ido aprendiendo progresivamente a hacer distinciones. Y, de manera parecida al juego de "veinte preguntas", a base de usar suficientes distinciones puede determinar a qué corresponde una imagen.

¿Cuántas clases de cosas puede reconocer ImageIdentify?
Por lo menos 10 000, que es más de lo que puede hacer una persona típica. (En inglés hay alrededor de 5 000 nombres "representables como imagen".)

¿Qué puede causar que ImageIdentify proporcione una respuesta equivocada?
Una causa frecuente es que se le pregunte algo que no se parezca a nada para lo que haya recibido entrenamiento. Esto puede pasar si algún objeto se encuentra en una configuración o ambiente poco habitual (por ejemplo, si una embarcación no tiene un trasfondo azulado). ImageIdentify intenta generalmente encontrar algún tipo de coincidencia, y muchas veces los errores que comete son parecidos a los "errores humanos".

¿Se pueden pedir las probabilidades que ImageIdentify asigna a diferentes identificaciones?
Sí. Por ejemplo, para conocer las probabilidades de las primeras 10 identificaciones en todas las categorías, se usa ImageIdentify[*image*, All, 10, "Probability"].

Típicamente, ¿cuántos ejemplos necesitaría Classify para trabajar bien?
Si se trata de un área general que conozca bien (imágenes cotidianas), podrían bastar unas cien. Pero en áreas nuevas, podrían requerirse millones de ejemplos para alcanzar buenos resultados.

¿Cómo determina Nearest la distancia entre colores?
Usa la función ColorDistance, que está basada en un modelo de la visión de colores humana.

¿Cómo determina Nearest las palabras cercanas?
Buscando aquellas con la menor EditDistance, esto es, la que requiere menor número de inserciones, eliminaciones y sustituciones de letras individuales.

¿Puede un mismo grafo tener una o varias partes no conectadas?
Absolutamente. El último grafo de esta sección es un ejemplo de eso.

¿Qué características usa FeatureSpacePlot?
No hay una respuesta sencilla para esta pregunta. Cuando se le presenta una colección de objetos, aprende sus características distintivas; si bien, típicamente, parte de haber visto muchos otros objetos del mismo tipo general (como imágenes).

Notas técnicas

- Wolfram Language almacena en la nube sus más recientes clasificadores para aprendizaje automático, pero en el caso de que se use un sistema de escritorio, se descargarán automáticamente y correrán localmente.
- BarcodeImage y BarcodeRecognize trabajan con códigos de barras y códigos QR en vez de texto puro.
- ImageIdentify es el núcleo de lo que hace el sitio web imageidentify.com.
- Si solo se dan a Classify ejemplos para entrenamiento, producirá una ClassifierFunction que se puede aplicar posteriormente a muchos tipos de datos diferentes. Es así como casi siempre se usa Classify en la práctica.

- Puede obtenerse un conjunto estándar amplio para entrenamiento con dígitos manuscritos usando **ResourceData["MNIST"]**.
- **Classify** elige automáticamente entre métodos tales como *regresión logística*, *Bayes ingenuo*, *bosques aleatorios* y *máquinas de vectores de soporte*, así como *redes neuronales*.
- **FindClusters** realiza *aprendizaje automático no supervisado*, en el que la computadora simplemente revisa los datos sin que se le dé información al respecto. **Classify** realiza *aprendizaje automático supervisado*, dado un conjunto de ejemplos de entrenamiento.
- **Dendrogram** lleva a cabo una *formación jerárquica de cúmulos*, y puede usarse para reconstruir árboles evolucionarios en áreas como la bioinformática y la lingüística histórica.
- **FeatureSpacePlot** hace *reducción de dimensión*, partiendo de datos representados por muchos parámetros, y encontrando alguna buena manera de "proyectarlos" para poder obtener imágenes en 2D.
- **Rasterize /@ Alphabet[ ]** es una mejor forma de rasterizar letras, pero **/@** no será tratado hasta la **Sección 25**.
- **FeatureExtraction** permite obtener los vectores de características utilizados por **FeatureSpacePlot**.
- **FeatureNearest** es como **Nearest**, excepto que aprende lo que debe considerarse como próximo, examinando los datos mismos que se le den. Esto es lo que se requiere para construir algo como una función de búsqueda de imágenes.
- Uno puede construir y entrenar sus propias redes neuronales en Wolfram Language mediante el uso de funciones como **NetChain**, **NetGraph** y **NetTrain**. **NetModel** da el acceso a redes preconstruidas.

Para explorar más

Guía para aprendizaje automático en Wolfram Language (wolfr.am/eiwl-es-22-more)

23 | Más sobre números

Al hacer cálculos con números enteros, Wolfram Language da respuestas exactas. Lo mismo sucede con las fracciones exactas.

Sumar 1/2+1/3 da el resultado exacto en forma de fracción:

In[1]:= **1/2+1/3**

Out[1]= $\dfrac{5}{6}$

Frecuentemente, lo que se desea es una aproximación numérica o decimal. Esto se obtiene usando la función N (por "numérica").

Obtenga una respuesta numérica aproximada:

In[2]:= **N[1/2+1/3]**

Out[2]= 0.833333

Si en la entrada aparece algún número decimal, Wolfram Language dará automáticamente una respuesta aproximada.

La presencia de un número decimal hace que el resultado sea aproximado:

In[3]:= **1.8/2+1/3**

Out[3]= 1.23333

Es suficiente con poner un punto decimal al final de alguno de los números:

In[4]:= **1/2.+1/3**

Out[4]= 0.833333

Wolfram Language puede trabajar con números de cualquier tamaño, con tal de que quepan en la memoria de la computadora que se esté usando.

Aquí aparece 2 elevado a la potencia 1000:

In[5]:= **2^1000**

Out[5]= 10 715 086 071 862 673 209 484 250 490 600 018 105 614 048 117 055 336 074 437 503 883 703 510 ⸪ 511 249 361 224 931 983 788 156 958 581 275 946 729 175 531 468 251 871 452 856 923 140 435 ⸪ 984 577 574 698 574 803 934 567 774 824 230 985 421 074 605 062 371 141 877 954 182 153 046 ⸪ 474 983 581 941 267 398 767 559 165 543 946 077 062 914 571 196 477 686 542 167 660 429 831 ⸪ 652 624 386 837 205 668 069 376

Para obtener una aproximación numérica:

In[6]:= **N[2^1000]**

Out[6]= 1.07151×10^{301}

Esta forma aproximada está dada en *notación científica*. Para ingresar algo en notación científica puede usarse *^.

Ingrese un número en notación científica:

In[7]:= **2.7*^6**

Out[7]= 2.7×10^6

Aquellos números que sean de uso frecuente como π (pi) están ya construidos dentro de Wolfram Language.

Obtenga una aproximación numérica de π:

In[8]:= **N[Pi]**

Out[8]= 3.14159

Wolfram Language puede calcular con *precisión arbitraria* y, por ejemplo, puede dar millones de dígitos para π, si se desea.

Calcule 250 dígitos de π:

In[9]:= **N[Pi, 250]**

Out[9]= 3.1415926535897932384626433832795028841971693993751058209749445923078164062862089986280348253421170679821480865132823066470938446095505822317253594081284811174502841027019385211055596446229489549303819644288109756659334461284756482337867831652712019090

Existen muchas funciones en Wolfram Language que manejan *números enteros*. Hay también muchas funciones que manejan *números reales* (números aproximados con decimales). Por ejemplo, RandomReal, que produce números aleatorios reales.

Genere un número aleatorio real en el tramo de 0 a 10:

In[10]:= **RandomReal[10]**

Out[10]= 2.08658

Genere 5 números aleatorios reales:

In[11]:= **Table[RandomReal[10], 5]**

Out[11]= {4.15071, 4.81048, 8.82945, 9.84995, 9.08313}

Una forma alternativa de pedir 5 números aleatorios reales:

In[12]:= **RandomReal[10, 5]**

Out[12]= {6.47318, 3.29181, 3.57615, 8.11204, 3.38286}

Números aleatorios reales en el tramo entre 20 y 30:

In[13]:= **RandomReal[{20, 30}, 5]**

Out[13]= {24.1202, 20.1288, 20.393, 25.6455, 20.9268}

Wolfram Language contiene una cantidad enorme de funciones matemáticas nativas, desde las muy básicas hasta otras con un alto grado de sofisticación.

Encuentre el número primo en la posición 100:

In[14]:= **Prime[100]**

Out[14]= 541

Encuentre el número primo en la posición un millón:

In[15]:= **Prime[1 000 000]**

Out[15]= 15 485 863

Produzca un gráfico de los primeros 50 primos:

In[16]:= **ListPlot[Table[Prime[n], {n, 50}]]**

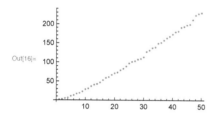

Hay tres funciones muy comunes en situaciones prácticas, que son Sqrt (raíz cuadrada), Log10 (logaritmo en base 10) y Log (logaritmo natural).

La raíz cuadrada de 16 es 4:

In[17]:= **Sqrt[16]**

Out[17]= 4

Si no se pide una aproximación numérica, se obtiene una fórmula exacta:

In[18]:= **Sqrt[200]**

Out[18]= $10\sqrt{2}$

N produce una aproximación numérica:

In[19]:= **N[Sqrt[200]]**

Out[19]= 14.1421

Los logaritmos son útiles cuando se manejan números con una amplia variabilidad en sus tamaños. Si se grafican las masas de los planetas, ListPlot no revela nada sobre los planetas anteriores a Júpiter. Pero ListLogPlot muestra muy claramente sus tamaños relativos.

Muestre un gráfico ordinario de las masas de los planetas:

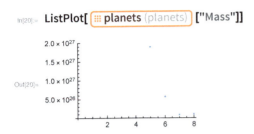

Muestre un gráfico en escala logarítmica:

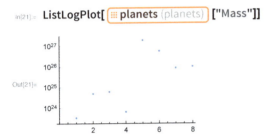

Hay unas cuantas funciones más que aparecen frecuentemente en la programación común. Primero, la función, casi trivial, Abs, que encuentra el valor absoluto, o parte positiva, de un número.

Abs realmente lo que hace es desechar los signos menos:

In[22]:= {Abs[3], Abs[−3]}

Out[22]= {3, 3}

Enseguida está Round, que efectúa el redondeo al entero más cercano.

Round redondea al entero más cercano:

In[23]:= {Round[3.2], Round[3.4], Round[3.6], Round[3.9]}

Out[23]= {3, 3, 4, 4}

Otra función muy útil es Mod. Cuando se están contando los minutos en una hora, al llegar a 60 se desea comenzar de nuevo desde 0, y eso es lo que hace Mod.

Calcule una secuencia de números mod 60:

In[24]:= {Mod[50, 60], Mod[55, 60], Mod[60, 60], Mod[65, 60], Mod[70, 60]}

Out[24]= {50, 55, 0, 5, 10}

Vocabulario

N[*expr*]	aproximación numérica
Pi	el número π (pi)≈3.14
Sqrt[*x*]	raíz cuadrada
Log10[*x*]	logaritmo en base 10
Log[*x*]	logaritmo natural (ln)
Abs[*x*]	valor absoluto (desechar los signos menos)
Round[*x*]	redondea al entero más cercano
Prime[*n*]	*n*-ésimo número primo
Mod[*x*, *n*]	módulo ("aritmética del reloj")
RandomReal[*max*]	número real aleatorio entre 0 y *max*
RandomReal[*max*, *n*]	lista de *n* números reales aleatorios
ListLogPlot[*data*]	produce la gráfica en escala logarítmica

Ejercicios

23.1   Encuentre $\sqrt{2}$ con una precisión de 500 dígitos.

23.2   Genere 10 números reales aleatorios entre 0 y 1.

23.3   Haga un gráfico de 200 puntos con coordenadas reales *x* e *y* aleatorias entre 0 y 1.

23.4   Cree una caminata aleatoria usando AnglePath y 1000 números reales aleatorios entre 0 y 2π.

23.5   Haga una tabla de Mod[n^2, 10] para n de 0 a 30.

23.6   Haga un gráfico con los puntos unidos de Mod[n^n, 10] para n de 1 a 100.

23.7   Haga una tabla de las primeras 10 potencias de π, redondeadas a enteros.

23.8   Construya un grafo conectando n con Mod[n^2, 100] para n desde 0 a 99.

23.9   Genere los gráficos de 50 círculos con coordenadas reales aleatorias de 0 a 10, con radios reales aleatorios de 0 a 2, y de colores aleatorios.

23.10   Presente gráficamente el n-ésimo primo dividido por n * log (n), para n del 2 al 1000.

23.11   Presente un gráfico con los puntos unidos de las diferencias entre primos consecutivos hasta el 100.

23.12   Genere una secuencia de 20 notas C central (do central), de duraciones aleatorias entre 0 y 0.5 segundos.

23.13   Genere un gráfico de arreglo para Mod[i, j] con i y j hasta 50.

23.14   Construya una lista de gráficos de arreglo de x^y mod n, con n de 2 a 10, para x e y hasta 50.

Preguntas y respuestas

¿Se pueden dar ejemplos de funciones matemáticas en Wolfram Language?

De las matemáticas escolares estándar, se pueden dar algunos ejemplos tales como Sin, Cos, ArcTan, Exp, así como GCD, Factorial, Fibonacci. De la física, la ingeniería y las matemáticas superiores, algunos tales como Gamma ("función gamma"), BesselJ ("función de Bessel"), EllipticK ("integral elíptica"), Zeta ("función zeta de Riemann"), PrimePi, EulerPhi. De la estadística, algunos otros tales como Erf, NormalDistribution, ChiSquareDistribution. En total, centenares de ellos.

¿Qué es la precisión de un número?

Es el número total de dígitos decimales que aparecen en ese número. N[100/3, 5] da 33.333, que tiene una precisión de 5 dígitos. El número 100/3 es exacto; N[100/3, 5] lo aproxima con una precisión de 5 dígitos.

¿Qué significa `.` al final de cada renglón en un número muy largo?

Indica que el número continúa en el siguiente renglón, como el guión en un texto.

¿Se puede trabajar con números en bases diferentes de 10?

Sí. Si hubiera que escribir un número en base 16, se haría como 16^^ffa5. Se encuentran los dígitos usando IntegerDigits[655, 16].

¿Puede Wolfram Language manejar números complejos?

Desde luego. El símbolo I ("i" mayúscula) representa la raíz cuadrada de −1.

¿Por qué N[1.5/7, 100] no da un resultado con 100 dígitos?

Porque 1.5 es un número aproximado con una precisión mucho menor de 100 dígitos. Pero, por ejemplo, N[15/70, 100] da un número con una precisión de 100 dígitos.

Notas técnicas

- Wolfram Language efectúa "computación con precisión arbitraria", es decir, puede conservar tantos dígitos en un número como se quiera.

- Cuando se genera un número con cierta precisión usando N, Wolfram Language llevará automáticamente la cuenta de cómo afecta dicha precisión a los cálculos, de tal modo que uno no tiene que efectuar su propio análisis de los errores de redondeo.

- Al ingresar un número tal como 1.5, se supone que tiene la "precisión de máquina" nativa de los números en la computadora que se esté usando (por lo general, unos 16 dígitos, aunque usualmente solo se muestran 6). Se usa 1.5`100 para especificar una precisión de 100 dígitos.

- Si se ingresa un número exacto (tal como 4 o 2/3 o Pi), Wolfram Language trata siempre de dar una salida exacta. Pero si la entrada contiene un número aproximado (como 2.3) o, si se usa N, utilizará la aproximación numérica.

- La aproximación numérica es muchas veces crucial para hacer posibles los cálculos en gran escala.

- PrimeQ comprueba si un número es primo (ver la Sección 28). FactorInteger encuentra los factores de un entero.

- RandomReal puede generar números con distribuciones diferentes de la uniforme. Por ejemplo, RandomReal[NormalDistribution[]] genera números con una distribución normal.

- Round redondea al entero más cercano (arriba o abajo); Floor siempre redondea hacia abajo; Ceiling siempre redondea hacia arriba.

- RealDigits es el análogo de IntegerDigits para números reales.

Para explorar más

Guía para números en Wolfram Language (wolfr.am/eiwl-es-23-more)

Guía para funciones matemáticas en Wolfram Language (wolfr.am/eiwl-es-23-more2)

24 | Más formas de visualización

Se ha visto ya cómo graficar listas de datos mediante ListPlot y ListLinePlot. Si se quiere graficar varios conjuntos de datos simultáneamente, basta con indicarlos dentro de una lista.

Grafique dos conjuntos de datos simultáneamente:

In[1]:= **ListLinePlot[{{1, 3, 4, 3, 1, 2}, {2, 2, 4, 5, 7, 6, 8}}]**

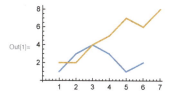

La opción PlotStyle permite especificar los estilos para cada uno de los conjuntos de datos:

In[2]:= **ListLinePlot[{{1, 3, 4, 3, 1, 2}, {2, 2, 4, 5, 7, 6, 8}}, PlotStyle → {Red, Dotted}]**

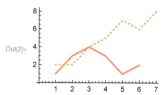

La opción Mesh permite mostrar también los puntos originales, además de las líneas:

In[3]:= **ListLinePlot[{{1, 3, 4, 3, 1, 2}, {2, 2, 4, 5, 7, 6, 8}}, Mesh → All, MeshStyle → Red]**

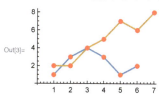

Además de observar la sucesión de los datos de una lista, muchas veces se desea ver las frecuencias con que aparece cada uno de los diferentes valores. Esto se logra con Histogram.

Aquí se muestran las longitudes de las primeras 30 palabras más comunes en inglés:

In[4]:= **StringLength[Take[WordList[ ], 30]]**

Out[4]= {1, 3, 8, 5, 6, 5, 7, 7, 9, 11, 5, 9, 5, 7, 9, 5, 9, 8, 4, 6, 5, 5, 10, 11, 12, 8, 10, 7, 9, 6}

El histograma muestra la frecuencia con que aparece cada longitud de palabra entre las primeras 200:

In[5]:= **Histogram[StringLength[Take[WordList[ ], 200]]]**

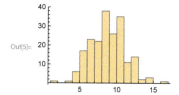

Se obtiene un resultado más suavizado si se incluyen todas las palabras:

In[6]:= **Histogram[StringLength[WordList[ ]]]**

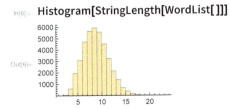

En ocasiones se tienen datos que se quieren visualizar en 3D. Por ejemplo, con GeoElevationData se puede obtener un arreglo con valores de elevación. ListPlot3D produce un gráfico 3D.

Obtenga un arreglo con valores de elevación alrededor del monte Everest, y muéstrelos en 3 dimensiones:

In[7]:= **ListPlot3D[GeoElevationData[GeoDisk[** mount everest **,** 2 miles **]]]**

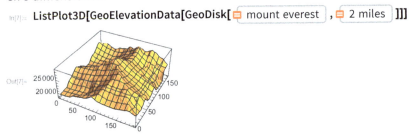

Muéstrelos sin la malla:

In[8]:= **ListPlot3D[GeoElevationData[GeoDisk[** mount everest **,** 2 miles **]],
MeshStyle → None]**

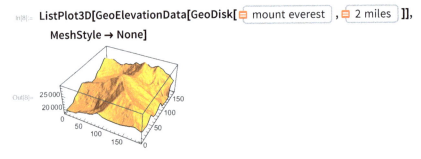

Una visualización alternativa es un *gráfico de contornos*, donde el punto de vista está colocado verticalmente arriba del objeto, y se observan las curvas de contorno correspondientes a alturas igualmente espaciadas.

Produzca un gráfico de contornos, donde los valores consecutivos de las alturas estén separados por curvas de contorno:

In[9]:= **ListContourPlot[GeoElevationData[GeoDisk[** mount everest **,** 2 miles **]]]**

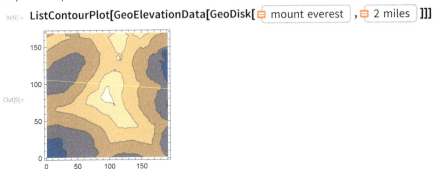

Cuando se tienen volúmenes muy grandes de datos, a veces es mejor usar una visualización más simple, tal como un *gráfico de relieve* que, en esencia, lo que hace es colorear de acuerdo con las alturas.

Genere un gráfico de relieve de la topografía dentro de 100 millas alrededor del monte Everest:

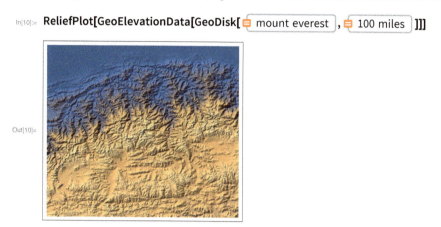

Vocabulario

ListLinePlot[{$list_1$**,** $list_2$**, …}]**	grafica conjuntamente varias listas
Histogram[$list$**]**	obtiene un histograma
ListPlot3D[$array$**]**	grafica un arreglo de valores en 3D
ListContourPlot[$array$**]**	grafica los contornos para un arreglo de alturas
ReliefPlot[$array$**]**	produce un gráfico en relieve
GeoElevationData[$region$**]**	arreglo con elevaciones geográficas para una región
PlotStyle	opción para dar estilo a cada conjunto de datos
Mesh	si se debe incluir una malla de puntos o líneas
MeshStyle	opción para dar estilo a una malla

Ejercicios

24.1 Produzca un gráfico con puntos unidos de los cuadrados, los cubos y las cuartas potencias de los enteros hasta el 10.

24.2 Obtenga un gráfico de los 20 primeros primos, unidos con una línea, con relleno desde el eje y con un punto rojo en cada número primo.

24.3 Haga un gráfico en 3D de la topografía de 20 millas alrededor del monte Fuji.

24.4 Genere un gráfico en relieve de la topografía de 100 millas alrededor del monte Fuji.

24.5 Produzca un gráfico 3D de las alturas generadas por Mod[i, j] donde i y j varían hasta el 100.

24.6 Forme un histograma de las diferencias entre primos consecutivos para los 10 000 primeros primos.

24.7 Produzca un histograma de los primeros dígitos de los cuadrados de los enteros hasta el 10 000 (esto ilustra la *ley de Benford*).

24.8 Obtenga un histograma de las longitudes de los números romanos hasta el 1 000.

24.9 Produzca un histograma de las longitudes de las oraciones en el artículo de Wikipedia sobre computadoras.

24.10 Haga una lista de histogramas de 10 000 ejemplos de los totales de n reales aleatorios hasta el 100, variando n del 1 al 5 (para ilustrar el teorema central de límite).

24.11 Genere un gráfico 3D, usando como alturas los datos de la imagen de una letra "W" binarizada, de tamaño 200.

Preguntas y respuestas

¿Qué otros tipos de visualizaciones hay?

Hay muchos, tales como ListStepPlot y ListStreamPlot, o BubbleChart y BarChart3D, o SmoothHistogram y BoxWhiskerChart, o AngularGauge y VerticalGauge.

¿Cómo se combinan los gráficos que se hayan generado separadamente?

Use Show para combinarlos sobre ejes comunes. Use GraphicsGrid, etc. (ver la Sección 37) para verlos uno tras otro.

¿Cómo se especifican los intervalos de clase en un histograma?

Histogram[*list*, *n*] usa *n* intervalos de clase. Histogram[*list*, {*xmin*, *xmax*, *dx*}] determina los intervalos de clase desde *xmin* hasta *xmax* en incrementos de tamaño *dx*.

¿Cuál es la diferencia entre un diagrama de barras y un histograma?

El diagrama de barras es una representación directa de los datos, mientras que el histograma representa la frecuencia con que ocurren los datos. En el diagrama de barras la altura de cada barra corresponde a un valor de los datos, mientras que en el histograma la altura de cada barra es el número total de valores que están dentro del tramo de valores *x* correspondiente a dicha barra.

¿Cómo se pueden dibujar las curvas de contorno en un gráfico topográfico en 3D?

Use las MeshFunctions → (# 3 &). La (# 3 &) es una *función pura* (ver la Sección 26) que utiliza la tercera coordenada (*z*) para hacer una malla.

¿Cómo se ponen etiquetas en un gráfico de contornos?

Use ContourLabels → All.

Notas técnicas

- Wolfram Language hace muchas elecciones automáticamente en las funciones de visualización. Estas elecciones pueden pasarse por alto mediante el uso de opciones.

- Una forma alternativa al uso de **PlotStyle** consiste en insertar **Style** directamente en los datos que se le dan a las funciones tales como **ListLinePlot**.

- En una gran parte del globo terrestre, **GeoElevationData** contiene mediciones con una resolución de hasta unos 40 metros.

Para explorar más

Guía para la visualización de datos en Wolfram Language (wolfr.am/eiwl-es-24-more)

25 | Maneras de aplicar funciones

f[x] significa "aplicar la función f a x". En Wolfram Language, una forma alternativa de escribir lo mismo es f @ x.

f @ x es lo mismo que f[x]:

In[1]:= **f @ x**

Out[1]= f[x]

A menudo resulta conveniente usar @ para escribir funciones en cadena:

In[2]:= **f @ g @ h @ x**

Out[2]= f[g[h[x]]]

El código puede resultar más fácil de leer evitando el uso de los corchetes, si se escribe:

In[3]:= **ColorNegate @ EdgeDetect @**

Out[3]=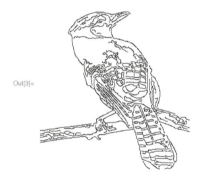

Otra forma más de escribir f[x] en Wolfram Language es: como una "coletilla", en la forma x // f.

Aplique f "como coletilla" a x:

In[4]:= **x // f**

Out[4]= f[x]

Puede tenerse una sucesión de "coletillas":

In[5]:= **x // f // g // h**

Out[5]= h[g[f[x]]]

Aquí las funciones se leen en el orden en que se van aplicando:

In[6]:= 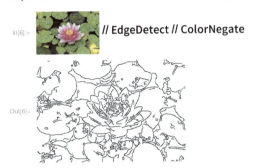 // EdgeDetect // ColorNegate

Out[6]=

Una forma muy común de usar // es en la aplicación de N (para fines de evaluación numérica) "como coletilla".

Aplique la evaluación numérica "como coletilla":

In[7]:= **2 Pi ^ 3 + 1 // N**

Out[7]= 63.0126

A medida que se va trabajando con Wolfram Language, se acaba por usar todo el tiempo una notación muy poderosa, a saber, /@, que significa "aplicar a cada elemento".

Aplique f a cada elemento de una lista:

In[8]:= **f /@ {1, 2, 3}**

Out[8]= {f[1], f[2], f[3]}

Normalmente, f se aplicaría a la lista misma:

In[9]:= **f[{1, 2, 3}]**

Out[9]= f[{1, 2, 3}]

Framed es una función que muestra un marco alrededor de algo.

Muestre x con un marco:

In[10]:= **Framed[x]**

Out[10]= x

Si se aplica Framed a una lista, simplemente se muestra enmarcada la lista completa.

Aplique Framed a una lista completa:

In[11]:= **Framed[{x, y, z}]**

Out[11]= {x, y, z}

@ hace exactamente lo mismo:

In[12]:= **Framed @ {x, y, z}**

Out[12]= {x, y, z}

Ahora se usa /@ para aplicar Framed a cada elemento de la lista:

In[13]:= **Framed/@{x, y, z}**

Out[13]= {⬚x⬚, ⬚y⬚, ⬚z⬚}

Esto trabaja de igual forma con cualquier otra función. Por ejemplo, aplicar la función Hue separadamente a cada número de una lista.

/@ aplica Hue separadamente a cada número en la lista:

In[14]:= **Hue/@{0.1, 0.2, 0.3, 0.4}**

Out[14]= {■, ■, ■, ■}

Esto es lo que hace la /@:

In[15]:= **{Hue[0.1], Hue[0.2], Hue[0.3], Hue[0.4]}**

Out[15]= {■, ■, ■, ■}

Lo mismo pasa con Range, aunque ahora la salida es una lista de listas.

/@ aplica separadamente Range a cada número, dando como resultado una lista de listas:

In[16]:= **Range/@{3, 2, 5, 6, 7}**

Out[16]= {{1, 2, 3}, {1, 2}, {1, 2, 3, 4, 5}, {1, 2, 3, 4, 5, 6}, {1, 2, 3, 4, 5, 6, 7}}

Aquí se ve la equivalencia, al escribir todo en detalle:

In[17]:= **{Range[3], Range[2], Range[5], Range[6], Range[7]}**

Out[17]= {{1, 2, 3}, {1, 2}, {1, 2, 3, 4, 5}, {1, 2, 3, 4, 5, 6}, {1, 2, 3, 4, 5, 6, 7}}

Si ahora se tiene una lista de listas, /@ es lo que se necesitaría para efectuar una operación por separado en cada una de las sublistas.

Aplicar PieChart separadamente a cada una de las listas en una lista de listas:

In[18]:= **PieChart/@{{1, 1, 1, 1, 1, 1, 1}, {1, 1, 1, 4, 4, 4}, {1, 2, 1, 2, 1, 2}}**

Out[18]=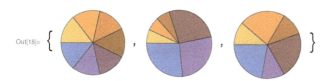

La misma idea puede extenderse exactamente a muchas otras funciones.

Aplique Length a cada elemento, para producir la longitud de cada sublista:

In[19]:= **Length/@{{a, a}, {a, a, b, c}, {a, a, b, b, b, b}, {a, a, a}, {c, c}}**

Out[19]= {2, 4, 6, 3, 2}

La aplicación de Length a la lista completa simplemente daría el número total de sublistas:

In[20]:= **Length@{{a, a}, {a, a, b, c}, {a, a, b, b, b, b}, {a, a, a}, {c, c}}**

Out[20]= 5

Aplique Reverse a cada elemento, para producir tres listas diferentes, en orden inverso:

In[21]:= **Reverse /@ {{a, b, c}, {x, y, z}, {1, 2, 3, 4}}**

Out[21]= {{c, b, a}, {z, y, x}, {4, 3, 2, 1}}

La aplicación de Reverse a la lista completa pondría sus elementos en orden inverso:

In[22]:= **Reverse@{{a, b, c}, {x, y, z}, {1, 2, 3, 4}}**

Out[22]= {{1, 2, 3, 4}, {x, y, z}, {a, b, c}}

Como siempre, el uso de corchetes es exactamente equivalente:

In[23]:= **Reverse[{{a, b, c}, {x, y, z}, {1, 2, 3, 4}}]**

Out[23]= {{1, 2, 3, 4}, {x, y, z}, {a, b, c}}

Algunas de las funciones que realizan cálculos son *listables*, lo que significa que de manera automática se aplican a los elementos de una lista.

N es listable, así que no es necesario el uso de /@ para que se aplique a cada uno de los elementos de una lista:

In[24]:= **N[{1/3, 1/4, 1/5, 1/6}]**

Out[24]= {0.333333, 0.25, 0.2, 0.166667}

Lo mismo ocurre con Prime:

In[25]:= **Prime[{10, 100, 1000, 10 000}]**

Out[25]= {29, 541, 7919, 104 729}

Una función tal como Graphics decididamente no es listable.

Esto produce un sol gráfico con tres objetos:

In[26]:= **Graphics[{Circle[ ], RegularPolygon[7], Style[RegularPolygon[3], Orange]}]**

Out[26]=

Esto produce tres gráficos separados, donde Graphics ha sido aplicada a cada objeto:

In[27]:= **Graphics /@ {Circle[ ], RegularPolygon[7], Style[RegularPolygon[3], Orange]}**

Out[27]=

Al escribir f /@ {1, 2, 3}, Wolfram Language lo interpreta como Map[f, {1, 2, 3}]. f /@ x se lee usualmente como "mapear f sobre x".

Interpretación interna de f /@ {1, 2, 3}:

In[28]:= **Map[f, {1, 2, 3}]**

Out[28]= {f[1], f[2], f[3]}

Vocabulario

$f @ x$	equivalente a $f[x]$
$x \; // \; f$	equivalente a $f[x]$
$f \; /@ \; \{a, b, c\}$	aplica f por separado a cada elemento de la lista
Map[$f, \{a, b, c\}$]	forma alternativa de /@
Framed[$expr$**]**	enmarca algo

Ejercicios

25.1 Use /@ y Range para reproducir el resultado de Table[f[n], {n, 5}].

25.2 Use /@ dos veces para generar Table[f[g[n]], {n, 10}].

25.3 Use // para crear a[b[c[d[x]]]].

25.4 Cree una lista de las letras del alfabeto (inglés), enmarcando cada una de ellas.

25.5 Obtenga el negativo de color de la imagen de cada planeta, y dar la lista de los resultados.

25.6 Use /@ para dibujar mapas separados de cada uno de los países en el G5.

25.7 Binarice cada una de las banderas de Europa y haga un *collage* con el resultado.

25.8 Haga una lista de los colores dominantes en las imágenes de los planetas, poniendo en una columna los resultados para cada planeta.

25.9 Encuentre el total de los números de letra dados por LetterNumber para las letras de la palabra "wolfram".

Preguntas y respuestas

¿Por qué no usar siempre f @ x en vez de f[x]?

f @ x es un buen equivalente de f[x], pero el equivalente de f[1 + 1] es f @ (1 + 1), y en este caso, f[1 + 1] es más corto y fácil de entender.

¿Por qué /@ se llama Map?

Esto proviene de las matemáticas. Dado un conjunto {1, 2, 3}, f /@ {1, 2, 3} puede verse como el mapeo de dicho conjunto en otro.

¿Cómo se dice "//" y "/@"?

Típicamente, "diagonal diagonal" y "diagonal arroba".

¿Cuándo hay que usar paréntesis con @, // y /@?

Esto está determinado por la *precedencia* o *agrupamiento* de operadores diferentes. @ agrupa con mayor fuerza que +, así que f @ 1 + 1 significa f[1] + 1 y no f @ (1 + 1) o f[1 + 1]. // agrupa con menos fuerza que +, así que 1/2 + 1/3 // N significa (1/2 + 1/3) // N. En un cuaderno puede verse cómo están agrupadas las cosas haciendo clic repetidamente en la entrada y observando cómo se expande la selección.

Notas técnicas

- Hay muchas funciones que son "listables", de tal modo que se mapean automáticamente en una lista.

- Range es listable, así que Range[{3, 4, 5}] es lo mismo que Range /@ {3, 4, 5}.

Para explorar más

Guía para la programación funcional en Wolfram Language (wolfr.am/eiwl-es-25-more)

26 | Funciones puras anónimas

Después de los ejemplos que se han visto en Wolfram Language, se puede pasar a un nivel de abstracción ligeramente más elevado, y abordar el concepto, muy importante, de las *funciones puras* (también llamadas *funciones puras anónimas*).

El uso de las funciones puras dará paso a un nuevo nivel de capacidades en Wolfram Language, y permitirá reformular algunas de las cosas que ya se han hecho de manera más simple y elegante.

Para empezar, se toma un ejemplo sencillo. Dada una lista de imágenes, se quiere aplicar Blur a cada una. Esto se logra fácilmente mediante /@.

Aplique Blur a cada una de las imágenes en la lista:

In[1]:= **Blur /@ {◯, ◯, ◯}**

Out[1]= { ◯, ◯, ◯ }

Ahora, supóngase que se quiere incluir el parámetro 5 en Blur. ¿Cómo hacerlo? La respuesta es usar una función pura.

Incluya un parámetro mediante la introducción de una función pura:

In[2]:= **Blur[#, 5] & /@ {◯, ◯, ◯}**

Out[2]= { ◯, ◯, ◯ }

La borrosidad original, escrita en términos de una función pura:

In[3]:= **Blur[#] & /@ {◯, ◯, ◯}**

Out[3]= { ◯, ◯, ◯ }

El # es una "ranura" donde se coloca cada elemento. El & indica que lo que está escrito antes de él es una función pura.

Aquí se presenta en detalle el equivalente de Blur[#, 5] & /@ …:

In[4]:= **{Blur[◯, 5], Blur[◯, 5], Blur[◯, 5]}**

Out[4]= { ◯, ◯, ◯ }

Se verán a continuación otros ejemplos. En cada ocasión, la ranura indica dónde ha de colocarse cada elemento al aplicar la función pura.

Aplique una rotación de 90° a cada cadena de caracteres:

In[5]:= **Rotate[#, 90 Degree] &/@{"one", "two", "three"}**

Out[5]= {one, two, three}

Tome una cadena de caracteres y hágala girar en diferentes ángulos:

In[6]:= **Rotate["hello", #] &/@{30°, 90°, 180°, 220°}**

Out[6]= {hello, hello, hello, hello}

Muestre texto en una lista de colores diferentes:

In[7]:= **Style["hello", 20, #] &/@{Red, Orange, Blue, Purple}**

Out[7]= {hello, hello, hello, hello}

Cree círculos de diferentes tamaños:

In[8]:= **Graphics[Circle[], ImageSize → #] &/@{20, 40, 30, 50, 10}**

Muestre colores y sus negativos en columnas enmarcadas:

In[9]:= **Framed[Column[{#, ColorNegate[#]}]] &/@{Red, Green, Blue, Purple, Orange}**

Calcule las longitudes de tres artículos de Wikipedia:

In[10]:= **StringLength[WikipediaData[#]] &/@{"apple", "peach", "pear"}**

Out[10]= {31 045, 24 153, 11 115}

Empareje los temas con sus resultados:

In[11]:= **{#, StringLength[WikipediaData[#]]} &/@{"apple", "peach", "pear"}**

Out[11]= {{apple, 31 045}, {peach, 24 153}, {pear, 11 115}}

Haga una rejilla con todo ello:

In[12]:= `Grid[{#, StringLength[WikipediaData[#]]} &/@{"apple", "peach", "pear"}]`

Out[12]=
```
apple  31 045
peach  24 153
pear   11 115
```

Lo siguiente forma una lista de dígitos y mapea una función pura sobre ella:

In[13]:= `Style[#, Hue[#/10], 5*#] &/@IntegerDigits[2^100]`

Out[13]= {,,2, 6, 7, 6, 5,, 6,,,,2, 2, 8,,2, 2, 9, 4,,,, 4, 9, 6, 7,,, 3, 2,, 5, 3, 7, 6}

Esto es lo que la función pura haría al mapearse sobre {6, 8, 9}:

In[14]:= `{Style[6, Hue[6/10], 5*6], Style[8, Hue[8/10], 5*8], Style[9, Hue[9/10], 5*9]}`

Out[14]= {6, 8, 9}

Vistos los anteriores ejemplos de las funciones puras en acción, se revisará, de manera más abstracta, lo que sucede.

Lo siguiente mapea una función pura abstracta sobre una lista:

In[15]:= `f[#, x] &/@{a, b, c, d, e}`

Out[15]= {f[a, x], f[b, x], f[c, x], f[d, x], f[e, x]}

A continuación, el ejemplo mínimo:

In[16]:= `f[#] &/@{a, b, c, d, e}`

Out[16]= {f[a], f[b], f[c], f[d], f[e]}

Eso es equivalente a:

In[17]:= `f/@{a, b, c, d, e}`

Out[17]= {f[a], f[b], f[c], f[d], f[e]}

Las ranuras se pueden colocar en cualquier parte de la función pura y tantas veces como se quiera. Todas ellas se llenarán con aquello a lo que se esté aplicando la función pura.

Se aplica ahora una función pura ligeramente más complicada:

In[18]:= `f[#, {x, #}, {#, #}] &/@{a, b, c}`

Out[18]= {f[a, {x, a}, {a, a}], f[b, {x, b}, {b, b}], f[c, {x, c}, {c, c}]}

Lo anterior se lee con mayor facilidad si se coloca en una columna:

In[19]:= **f[#, {x, #}, {#, #}] &/@ {a, b, c} // Column**

Out[19]= f[a, {x, a}, {a, a}]
f[b, {x, b}, {b, b}]
f[c, {x, c}, {c, c}]

Ahora se puede analizar ya cómo trabajan, en realidad, las funciones puras. Al escribir f[x], se está aplicando la función f a x. Muchas veces se usa alguna función con un nombre específico en vez de f, por ejemplo, Blur, de modo que se tiene Blur[x], etc.

El asunto es que se puede también reemplazar la f con una función pura. Entonces, la ranura que aparece en la función pura se llenará con el argumento al que se quiere aplicar.

Al aplicar una función pura a x, la ranura # se llena con x:

In[20]:= **f[#, a] & [x]**

Out[20]= f[x, a]

Una forma equivalente, escrita con @ en vez de [...]:

In[21]:= **f[#, a] & @ x**

Out[21]= f[x, a]

Ahora se puede ver lo que hace /@: simplemente aplica la función pura a cada elemento de la lista.

In[22]:= **f[#, a] &/@ {x, y, z}**

Out[22]= {f[x, a], f[y, a], f[z, a]}

Lo mismo, pero escrito de manera más explícita:

In[23]:= **{f[#, a] & @ x, f[#, a] & @ y, f[#, a] & @ z}**

Out[23]= {f[x, a], f[y, a], f[z, a]}

¿Por qué es útil esto? Primero, porque es el fundamento de todo lo que las funciones puras hacen con /@. Pero, de hecho, a menudo es útil por sí mismo; por ejemplo, es una forma de evitar repeticiones.

Aquí está un ejemplo de una función pura donde aparece tres veces la #.

Aplicar una función pura a Blend[{Red, Yellow}]:

In[24]:= **Column[{#, ColorNegate[#], #}] & [Blend[{Red, Yellow}]]**

Out[24]=

Si no se usara la función pura, habría que ponerlo como sigue:

In[25]:= **Column[{Blend[{Red, Yellow}], ColorNegate[Blend[{Red, Yellow}]], Blend[{Red, Yellow}]}]**

Out[25]=

En Wolfram Language, una función pura trabaja de la misma forma que cualquier otra cosa. Sin embargo, por sí sola, no hace nada.

Si se introduce una función pura por sí sola, regresará sin cambios:

In[26]:= **f[#, 2] &**

Out[26]= f[#1, 2] &

Sin embargo, si se escribe con la función Map (/@) llevará a cabo un cálculo.

Map usa la función pura para efectuar un cálculo:

In[27]:= **Map[f[#, 2] &, {a, b, c, d, e}]**

Out[27]= {f[a, 2], f[b, 2], f[c, 2], f[d, 2], f[e, 2]}

Se verán cada vez más usos de las funciones puras a lo largo de las próximas secciones.

Vocabulario

código &	una función pura
#	ranura en una función pura

Ejercicios

26.1 Use **Range** y una función pura para crear una lista de los 20 primeros cuadrados.

26.2 Forme una lista con los resultados de mezclar el amarillo, el verde y el azul con el rojo.

26.3 Genere una lista de columnas enmarcadas que contengan las versiones mayúscula y minúscula de cada letra del alfabeto inglés.

26.4 Forme una lista de las letras del alfabeto inglés en colores aleatorios y enmarcadas con colores de trasfondo aleatorios.

26.5 Genere una lista de los países del G5 y sus banderas, acomodando el resultado en una rejilla totalmente enmarcada.

26.6 Construya una lista con las nubes de palabras de los artículos en Wikipedia sobre "apple", "peach" y "pear".

26.7 Forme la lista de los histogramas de las longitudes de palabra de los artículos en Wikipedia sobre "apple", "peach" y "pear".

26.8 Haga una lista de los mapas de Centroamérica, con cada país resaltado, caso por caso.

Preguntas y respuestas

¿Por qué se les llama "funciones puras"?

Porque lo único que hacen es servir como funciones que se aplican a argumentos. También se les llama *funciones anónimas* porque, a diferencia de Blur, por ejemplo, no tienen un nombre. Se usan aquí ambos términos, como en "funciones puras anónimas", para dar a entender los dos significados.

¿Por qué se necesita el &?

El & (*ampersand*) indica que lo que viene antes de él es el "cuerpo" de una función pura y no el nombre de una función. f /@ {1, 2, 3} da {f[1], f[2], f[3]}, pero f & /@ {1, 2, 3} da {f, f, f}.

¿Cómo se interpreta f[#, 1] & ?

Function[f[#, 1]]. En este caso Function se llama a veces la "función función".

Notas técnicas

- Las funciones puras son características de la *programación funcional*. Se suelen llamar *expresiones lambda*, nombre derivado de su utilización en la lógica matemática en los años 1930s. Se presta a confusión el hecho de que el término "función pura" a veces se refiera a una función que no tiene *efectos colaterales* (esto es, que no asigne valores a variables, etc.)

- Table[f[x], {x, {a, b, c}}] efectivamente hace lo mismo que f /@ {a, b, c}. A veces es útil, en especial cuando no se quiere entrar a explicar lo que son las funciones puras.

- ¡Debe tenerse cuidado cuando se tienen varios & anidados en una expresión! A veces se hará necesario insertar paréntesis. Y, a veces, habrá de usarse Function con una variable denominada, como en Function[x, x^2] más que #^2 &, para evitar conflictos entre posibles usos de # para funciones diferentes.

- En ocasiones se puede obtener código más presentable si se escribe Function[x, x^2] como x ↦ x^2. La ↦ puede escribirse como \[Function] o esc fn esc . La forma del tipo x ↦ x^2 coincide con la notación matemática estándar para "x se mapea a x^2" o "x se convierte en x^2".

- Frecuentemente las opciones pueden ser funciones puras. Es importante encerrar la función pura completa entre paréntesis, como en ColorFunction → (Hue[#/4] &), para evitar una interpretación no deseada.

Para explorar más

Guía para la programación funcional en Wolfram Language (wolfr.am/eiwl-es-26-more)

27 | Aplicación repetida de funciones

f[x] aplica f a x. f[f[x]] aplica f a f[x]; de hecho, anida la aplicación de f. Es usual que se quiera repetir o anidar una función.

Aquí se forma una lista con los resultados de anidar f 4 veces:

In[1]:= **NestList[f, x, 4]**

Out[1]= {x, f[x], f[f[x]], f[f[f[x]]], f[f[f[f[x]]]]}

Si la función que se usa es Framed, resulta un poco más obvio lo que está sucediendo:

In[2]:= **NestList[Framed, x, 5]**

Cuando se quiere ver la lista de los resultados de anidaciones sucesivas, se usa NestList. Si solo interesa el resultado final, se usa Nest.

Aquí aparece el resultado final de 5 niveles de anidación:

In[3]:= **Nest[Framed, x, 5]**

Aplique EdgeDetect de manera anidada a una imagen encontrando: primero, bordes, luego bordes de los bordes, y así sucesivamente.

Detecte en una imagen bordes, de manera anidada:

In[4]:= **NestList[EdgeDetect,** 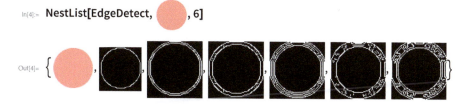 **, 6]**

Use una función pura para detectar, en cada paso, los bordes y al mismo tiempo dar el negativo de color:

In[5]:= **NestList[ColorNegate[EdgeDetect[#]] &,** 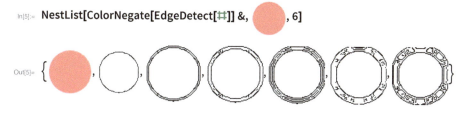 **, 6]**

Comenzando con el rojo, mezcle con amarillo de manera anidada, a modo de obtener cada vez más amarillo.

Añada a la mezcla otro amarillo en cada paso:

In[6]:= **NestList[Blend[{#, Yellow}] &, Red, 20]**

Out[6]= {■,■}

Si se aplica sucesivamente una función que suma 1, se obtienen enteros sucesivos.

Sume 1 de manera anidada, para obtener números sucesivos:

In[7]:= **NestList[#+1 &, 1, 15]**

Out[7]= {1, 2, 3, 4, 5, 6, 7, 8, 9, 10, 11, 12, 13, 14, 15, 16}

Multiplique por 2 de manera anidada, para obtener potencias de 2.

El resultado se duplica cada vez, dando una lista de las potencias de 2:

In[8]:= **NestList[2*# &, 1, 15]**

Out[8]= {1, 2, 4, 8, 16, 32, 64, 128, 256, 512, 1024, 2048, 4096, 8192, 16 384, 32 768}

Si se eleva al cuadrado de manera anidada, se alcanzan números grandes muy rápidamente:

In[9]:= **NestList[#^2 &, 2, 6]**

Out[9]= {2, 4, 16, 256, 65 536, 4 294 967 296, 18 446 744 073 709 551 616}

También se pueden anidar las raíces cuadradas.

Aplique la raíz cuadrada de manera anidada:

In[10]:= **NestList[Sqrt[1+#] &, 1, 5]**

Out[10]= $\left\{1, \sqrt{2}, \sqrt{1+\sqrt{2}}, \sqrt{1+\sqrt{1+\sqrt{2}}}, \sqrt{1+\sqrt{1+\sqrt{1+\sqrt{2}}}}, \sqrt{1+\sqrt{1+\sqrt{1+\sqrt{1+\sqrt{2}}}}}\right\}$

La versión decimal del resultado converge rápidamente (a la *razón áurea*):

In[11]:= **NestList[Sqrt[1+#] &, 1, 10] // N**

Out[11]= {1., 1.41421, 1.55377, 1.59805, 1.61185, 1.61612, 1.61744, 1.61785, 1.61798, 1.61802, 1.61803}

RandomChoice elige al azar de una lista. Esto puede usarse, por ejemplo, para crear una función pura que sume al azar +1 o −1.

En cada paso, sume o reste 1, al azar, comenzando de 0:

In[12]:= **NestList[#+RandomChoice[{+1, −1}] &, 0, 20]**

Out[12]= {0, 1, 0, −1, −2, −3, −4, −5, −6, −5, −6, −5, −4, −5, −4, −3, −4, −3, −2, −1, −2}

Aquí se generan 500 pasos de una "caminata aleatoria":

In[13]:= **ListLinePlot[NestList[#+RandomChoice[{+1, −1}] &, 0, 500]]**

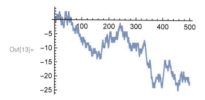

Hasta ahora se ha usado NestList *iterativamente*, de hecho, para efectuar una cadena de aplicaciones de una función dada. Ahora bien, también puede usarse para fines de *recursión*, donde lo que se anida es el patrón mismo de aplicaciones de la función.

Aquí se efectúa una cadena de aplicaciones de la función f:

In[14]:= **NestList[f[#] &, x, 3]**

Out[14]= {x, f[x], f[f[x]], f[f[f[x]]]}

Aquí el patrón de aplicaciones de f es más complicado:

In[15]:= **NestList[f[#, #] &, x, 3]**

Out[15]= {x, f[x, x], f[f[x, x], f[x, x]], f[f[f[x, x], f[x, x]], f[f[x, x], f[x, x]]]}

Si se enmarcan los resultados se podrá entender mejor lo que está sucediendo:

In[16]:= **NestList[Framed[f[#, #]] &, x, 3]**

Out[16]=

Si se acomoda todo en columnas, se deja ver el patrón anidado de aplicaciones de la función.

En cada nivel, las cajas anidadas se combinan en pares, de manera recursiva:

In[17]:= **NestList[Framed[Column[{#, #}]] &, x, 3]**

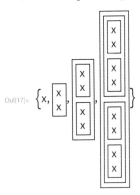

A continuación, una secuencia de rejillas anidadas de manera recursiva:

In[18]:= **NestList[Framed[Grid[{{#, #}, {#, #}}]] &, x, 3]**

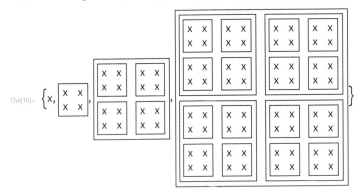

Aquí se forma el comienzo de una estructura fractal:

In[19]:= **NestList[Framed[Grid[{{0, #}, {#, #}}]] &, x, 3]**

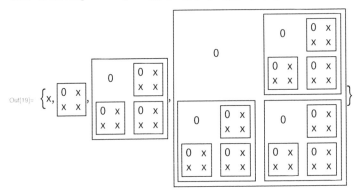

Pueden obtenerse sin dificultad estructuras de tipo recursivo muy vistosas:

In[20]:= **NestList[Flatten[{⌗, Rotate[⌗, 90 °], Rotate[⌗, 270 °]}] &, "R", 4]**

Out[20]= {R, {R, ∝, ㅈ}, {R, ∝, ㅈ, ꓤ, R̃}, {R, ∝, ㅈ, ꓤ, R̃, {R,∝,ㅈ} ...}, ...}

No todos los resultados de una recursión son tan complicados. He aquí un ejemplo donde se suman sucesivamente dos copias desplazadas de una lista, como en {0, 1, 2, 1} + {1, 2, 1, 0}.

Añada, al principio y al final, un 0 a una lista y, luego, sume los resultados:

In[21]:= **NestList[Join[{0}, ⌗] + Join[⌗, {0}] &, {1}, 5]**

Out[21]= {{1}, {1, 1}, {1, 2, 1}, {1, 3, 3, 1}, {1, 4, 6, 4, 1}, {1, 5, 10, 10, 5, 1}}

Si el resultado se acomoda en una rejilla, se va formando el *triángulo de Pascal de los coeficientes binomiales*:

In[22]:= **NestList[Join[{0}, ⌗] + Join[⌗, {0}] &, {1}, 8] // Grid**

Out[22]=
```
1
1  1
1  2   1
1  3   3   1
1  4   6   4   1
1  5   10  10  5   1
1  6   15  20  15  6   1
1  7   21  35  35  21  7   1
1  8   28  56  70  56  28  8  1
```

Aquí se muestra otro ejemplo de recursión con NestList.

Forme una estructura recursiva con dos funciones, f y g:

In[23]:= **NestList[{f[#], g[#]} &, x, 3]**

Out[23]= {x, {f[x], g[x]}, {f[{f[x], g[x]}], g[{f[x], g[x]}]},
  {f[{f[{f[x], g[x]}], g[{f[x], g[x]}]}], g[{f[{f[x], g[x]}], g[{f[x], g[x]}]}]}}

Es bastante complicado entender la estructura así formada, aun si se acomodan las cosas en columnas.

Acomodar en columnas la estructura recursiva:

In[24]:= **NestList[Column[{f[#], g[#]}] &, x, 3]**

Out[24]= $\left\{x, \begin{array}{c}f[x]\\g[x]\end{array}, \begin{array}{c}f\left[\begin{array}{c}f[x]\\g[x]\end{array}\right]\\g\left[\begin{array}{c}f[x]\\g[x]\end{array}\right]\end{array}, \begin{array}{c}f\left[\begin{array}{c}f\left[\begin{array}{c}f[x]\\g[x]\end{array}\right]\\g\left[\begin{array}{c}f[x]\\g[x]\end{array}\right]\end{array}\right]\\g\left[\begin{array}{c}f\left[\begin{array}{c}f[x]\\g[x]\end{array}\right]\\g\left[\begin{array}{c}f[x]\\g[x]\end{array}\right]\end{array}\right]\end{array}\right\}$

NestGraph es básicamente como NestList, salvo que produce un grafo en vez de una lista. Aplica una función repetidamente para determinar con cuáles nodos debe conectarse un nodo particular. En este caso se produce un árbol de nodos, lo que deja más claro qué está sucediendo.

Comenzando con x, se va conectando repetidamente con la lista de nodos obtenidos al aplicar la función:

In[25]:= **NestGraph[{f[#], g[#]} &, x, 3, VertexLabels → All]**

Out[25]=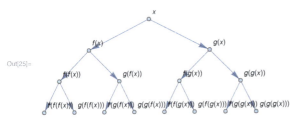

Aplicar repetidamente una función numérica para formar otra estructura de árbol:

In[26]:= **NestGraph[{2 #, 2 # + 1} &, 0, 4, VertexLabels → All]**

Out[26]=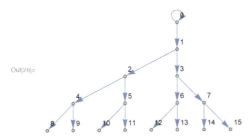

Se puede usar NestGraph para "reptar" hacia afuera, creando una red. Como ejemplo, podría aplicarse repetidamente una función tal que, para cada país, produjera la lista de sus países colindantes. El resultado sería una red que conecta los países colindantes; así, podría comenzarse con Suiza.

"Reptar" hacia afuera 2 pasos a partir de Suiza, conectando cada país con los que le son colindantes:

In[27]:= `NestGraph[#["BorderingCountries"] &, ` switzerland `, 2, VertexLabels → All]`

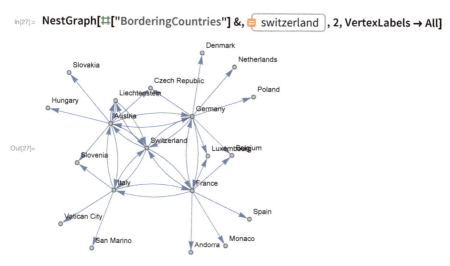

Un ejemplo más: comenzando con la palabra "hello", conecte sucesivamente cada palabra con otras 3 de la lista de palabras comunes que Nearest considere más cercanas a ella.

Cree una red de palabras cercanas con respecto a cambios de una letra:

In[28]:= `NestGraph[Nearest[WordList[], #, 3] &, "hello", 4, VertexLabels → All]`

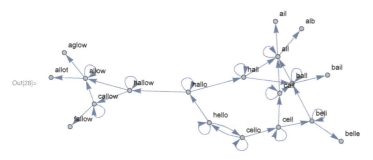

Vocabulario

NestList[f, x, n **]**	construye la lista que resulte de aplicar f a x hasta n veces
Nest[f, x, n **]**	obtiene el resultado de aplicar f a x exactamente n veces
NestGraph[f, x, n **]**	forma un grafo aplicando f con anidación, a partir de x

Ejercicios

27.1 Construya una lista con los resultados de anidar **Blur** hasta 10 veces, comenzando con una "X" rasterizada de tamaño 30.

27.2 Comenzando con x, forme una lista anidando **Framed** hasta 10 veces, con un trasfondo de color aleatorio en cada ocasión.

27.3 A partir de una "A" de tamaño 50, construya una lista poniendo 5 veces un marco y dando una rotación aleatoria de manera anidada.

27.4 Obtenga un gráfico con los puntos unidos de 100 iteraciones del *mapeo logístico* 4 # (1 – #) &, comenzando en 0.2.

27.5 Encuentre el valor numérico del resultado de 30 iteraciones de 1 + 1/# & comenzando con 1.

27.6 Cree la lista de las 10 primeras potencias de 3 (comenzando en 0), usando multiplicación anidada.

27.7 Forme una lista con los resultados de anidar la función (# + 2/#)/2 & (el *método de Newton*) hasta 5 veces, comenzando con 1.0, y restando $\sqrt{2}$ a cada uno de los resultados.

27.8 Obtenga el gráfico, en 2D, de una caminata aleatoria de 1 000 pasos, comenzando en {0, 0} donde, en cada paso, se añade a las coordenadas una pareja de números aleatorios entre –1 y +1.

27.9 Obtenga un gráfico de arreglo de 50 pasos del triángulo de Pascal módulo 2, comenzando con {1} y uniendo, de manera anidada, {0} al principio y al final, y sumando estos resultados módulo 2.

27.10 Genere un grafo comenzando de 0, y luego conectando de manera anidada 10 veces cada nodo de valor n con los de valor n + 1 y 2 n.

27.11 Genere un grafo, encontrando de manera anidada los países colindantes, comenzando con Estados Unidos, durante 4 iteraciones.

Preguntas y respuestas

¿Cuál es la diferencia entre iteración y recursión?

Si se ejecuta algo repetidamente, se está haciendo una iteración. Si se toma el resultado de una operación y se le aplica la misma operación, se trata de una recursión. Se presta un poco a confusión, porque los casos simples de recursión son de iteración. **NestList** siempre efectúa la recursión, pero si aparece solamente una ranura en la función, la recursión puede "desenrollarse" para convertirse en una iteración.

¿Qué relación hay entre anidación, recursión y fractales?

Están estrechamente relacionados. No hay definiciones precisas, pero los fractales son básicamente formas geométricas que exhiben algún tipo de estructura recursiva.

¿Qué es el triángulo de Pascal?

Se trata de una estructura muy común que se describe en las matemáticas elementales. Su definición es muy cercana al código en Wolfram Language que se ha visto aquí: en cada fila, cada número se calcula como la suma de los dos números directamente arriba de él, al lado izquierdo y al derecho. Cada fila contiene los coeficientes del desarrollo de $(1+x)^n$.

¿Es NestGraph como un rastreador web?

Conceptualmente, lo es. Se puede concebir como el análogo de comenzar en una página web y visitar, a partir de ahí, todos los vínculos que tiene, y continuar así, recursivamente, con el proceso. Se verá un ejemplo de esto en la Sección 44.

¿Cómo es que algunos de los países, pero no todos, tienen flechas bidireccionales en el grafo de países colindantes?

Si se ejecutara NestGraph en un número suficiente de pasos, todos los países tendrían flechas bidireccionales; ya que, si A colinda con B, entonces B colinda con A. Pero el proceso se detuvo después del segundo paso, así que no se alcanzó a llegar a muchas de las conexiones inversas.

¿Por qué se usa NestList en algo como NestList[2 * # &, 1, 15]?

No es necesario. Se puede simplemente usar Power, como en Table[2 ^ n, {n, 0, 15}]. Pero vale la pena ver cómo surge la secuencia Plus, Times, Power del anidamiento sucesivo(p.ej., NestList[2 + # &, 0, 15] es Table[2 * n, {n, 0, 15}]).

¿Existe alguna forma de detener la aplicación de una función cuando ya no hay cambios en los resultados?

Sí. Se utiliza para ello FixedPoint o FixedPointList (ver la Sección 41).

Nota técnica

- El ejemplo sobre palabras cercanas puede ser mucho más eficiente calculando, primero, una NearestFunction, y luego usándola repetidamente; mejor que calcular Nearest desde cero para cada palabra. Este ejemplo está estrechamente relacionado con NearestNeighborGraph, que se verá en la Sección 22.

Para explorar más

Guía para la iteración funcional en Wolfram Language (wolfr.am/eiwl-es-27-more)

28 | Pruebas y condicionales

¿Es 2+2 igual a 4? Se le pregunta a Wolfram Language.

Compruebe si 2+2 es igual a 4:

In[1]:= **2 + 2 == 4**

Out[1]= True

No es de sorprender que al comprobar si 2+2 es igual a 4, el resultado sea True (que significa verdadero en inglés).

Puede comprobarse también si 2×2 es mayor que 5. Para ese propósito se usa >.

Compruebe si 2×2 es mayor que 5:

In[2]:= **2 * 2 > 5**

Out[2]= False

La función If permite elegir un resultado cuando una comprobación da True, y otro cuando da False.

Puesto que la comprobación da True, el resultado del If es x:

In[3]:= **If[2 + 2 == 4, x, y]**

Out[3]= x

Si se usa una función pura con /@, puede aplicarse un If a cada elemento de una lista.

Si un elemento es menor que 4, hacerlo x, de lo contrario hacerlo y:

In[4]:= **If[# < 4, x, y] &/@ {1, 2, 3, 4, 5, 6, 7}**

Out[4]= {x, x, x, y, y, y, y}

Puede hacerse la comprobación para menor o igual usando ≤, lo que se escribe como <=.

Si un elemento es menor o igual a 4, hágalo x; de lo contrario, hágalo y:

In[5]:= **If[# ≤ 4, x, y] &/@ {1, 2, 3, 4, 5, 6, 7}**

Out[5]= {x, x, x, x, y, y, y}

En lo que sigue, un elemento se hace x solo si es igual a 4:

In[6]:= **If[# == 4, x, y] &/@ {1, 2, 3, 4, 5, 6, 7}**

Out[6]= {y, y, y, x, y, y, y}

Puede hacerse la comprobación de que dos cosas no sean iguales usando ≠, lo que se escribe como !=.

Si un elemento no es igual a 4, hacerlo x; de lo contrario, hacerlo y:

In[7]:= **If[# ≠ 4, x, y] &/@{1, 2, 3, 4, 5, 6, 7}**

Out[7]= {x, x, x, y, x, x, x}

A veces es útil seleccionar aquellos elementos de una lista que satisfagan un criterio. Esto se hace usando Select, estableciendo dicha comprobación en términos de una función pura.

Seleccione los elementos de la lista que sean mayores que 3:

In[8]:= **Select[{1, 2, 3, 4, 5, 6, 7}, # > 3 &]**

Out[8]= {4, 5, 6, 7}

Seleccione los elementos que estén entre 2 y 5:

In[9]:= **Select[{1, 2, 3, 4, 5, 6, 7}, 2 ≤ # ≤ 5 &]**

Out[9]= {2, 3, 4, 5}

Además de las comparaciones de tamaño tales como <, > y ==, Wolfram Language incluye muchos otros tipos de pruebas. Algunos ejemplos son EvenQ y OddQ, que comprueban si un número es par o impar. (La "Q" indica que una función está formulando una pregunta).

4 es un número par:

In[10]:= **EvenQ[4]**

Out[10]= True

Seleccione de la lista los números pares:

In[11]:= **Select[{1, 2, 3, 4, 5, 6, 7, 8, 9}, EvenQ[#] &]**

Out[11]= {2, 4, 6, 8}

En este caso no es necesario que la función pura se haga explícita:

In[12]:= **Select[{1, 2, 3, 4, 5, 6, 7, 8, 9}, EvenQ]**

Out[12]= {2, 4, 6, 8}

IntegerQ comprueba si algo es un entero; PrimeQ comprueba si un número es primo.

Seleccione los números primos:

In[13]:= **Select[{1, 2, 3, 4, 5, 6, 7, 8, 9, 10}, PrimeQ]**

Out[13]= {2, 3, 5, 7}

A veces se necesita combinar comprobaciones. && representa "y", || representa "o" y ! representa "no".

Seleccione los elementos de la lista que sean a la vez pares y mayores que 2:

In[14]:= **Select[{1, 2, 3, 4, 5, 6, 7}, EvenQ[#] && # > 2 &]**

Out[14]= {4, 6}

Seleccione los elementos que sean pares o mayores que 4:

In[15]:= **Select[{1, 2, 3, 4, 5, 6, 7}, EvenQ[#] || # > 4 &]**

Out[15]= {2, 4, 5, 6, 7}

Seleccione los elementos que no sean pares o mayores que 4:

In[16]:= **Select[{1, 2, 3, 4, 5, 6, 7}, ! (EvenQ[#] || # > 4) &]**

Out[16]= {1, 3}

Hay muchas otras "funciones Q" que formulan preguntas sobre diversos tipos de cosas. LetterQ comprueba si una cadena de caracteres está compuesta solo de letras.

El espacio entre letras no es una letra, ni tampoco lo es "!":

In[17]:= **{LetterQ["a"], LetterQ["bc"], LetterQ["a b"], LetterQ["!"]}**

Out[17]= {True, True, False, False}

Convierta una cadena en una lista de caracteres, y compruebe cuáles de ellos son letras:

In[18]:= **LetterQ /@ Characters["30 is the best!"]**

Out[18]= {False, False, False, True, True, False, True, True, True, False, True, True, True, True, False}

Seleccione los caracteres que sean letras:

In[19]:= **Select[Characters["30 is the best!"], LetterQ]**

Out[19]= {i, s, t, h, e, b, e, s, t}

Seleccione las letras que estén después de la posición 10 en el alfabeto inglés:

In[20]:= **Select[Characters["30 is the best!"], LetterQ[#] && LetterNumber[#] > 10 &]**

Out[20]= {s, t, s, t}

Puede usarse Select para encontrar palabras en inglés que sean *palíndromos*, esto es, que se lean igual si se invierte el orden de sus letras.

In[21]:= **Select[WordList[], StringReverse[#] == # &]**

Out[21]= {a, aha, bib, bob, boob, civic, dad, deed, dud, ere, eve, ewe, eye, gag, gig, huh, kayak, kook, level, ma'am, madam, minim, mom, mum, nan, non, noon, nun, oho, pap, peep, pep, pip, poop, pop, pup, radar, refer, rotor, sis, tat, tenet, toot, tot, tut, wow}

MemberQ comprueba si alguna cosa aparece como un elemento de una lista o está contenido en ella.

5 aparece en la lista {1, 3, 5, 7}:

In[22]:= **MemberQ[{1, 3, 5, 7}, 5]**

Out[22]= True

Seleccione los números entre 1 y 100 cuyas secuencias de dígitos contengan el 2:

In[23]:= **Select[Range[100], MemberQ[IntegerDigits[#], 2] &]**

Out[23]= {2, 12, 20, 21, 22, 23, 24, 25, 26, 27, 28, 29, 32, 42, 52, 62, 72, 82, 92}

ImageInstanceQ es una comprobación basada en el aprendizaje automático que comprueba si una imagen es un caso de algún tipo particular de algo como, por ejemplo, un gato.

Compruebe si una imagen es la de un gato:

In[24]:= **ImageInstanceQ[**  **, cat]**

Out[24]= True

Seleccione las imágenes que sean de gatos:

He aquí un ejemplo geográfico de Select: encuentre cuáles de las ciudades en una lista se ubican a menos de 3 000 millas de San Francisco.

Seleccione las ciudades cuya distancia a San Francisco sea menor de 3 000 millas:

In[26]:= **Select[{ london , nyc , tokyo , chicago },**
        GeoDistance[#, san francisco] < 3000 miles &]

Out[26]= { New York City , Chicago }

Vocabulario

$a == b$	comprueba igualdad
$a < b$	comprueba si es menor que
$a > b$	comprueba si es mayor que
$a \leq b$	comprueba si es menor o igual
$a \geq b$	comprueba si es mayor o igual
If[*test*, *u*, *v*]	obtiene el resultado *u* si *test* es True y *v* si es False
Select[*lista*, *f*]	selecciona los elementos que satisfacen un criterio
EvenQ[*x*]	comprueba si es par
OddQ[*x*]	comprueba si es impar
IntegerQ[*x*]	comprueba si es un entero
PrimeQ[*x*]	comprueba si es un número primo
LetterQ[*cadena*]	comprueba si solo son letras
MemberQ[*lista*, *x*]	comprueba si *x* está contenido en *lista*
ImageInstanceQ[*imagen*, *categoría*]	comprueba si *imagen* es un caso de *categoría*

Ejercicios

28.1 Compruebe si 123^321 es mayor que 456^123.

28.2 Obtenga una lista de los números hasta el 100 cuyos dígitos sumen menos de 5.

28.3 Haga una lista de los 20 primeros enteros, coloreando con rojo los que sean primos.

28.4 Encuentre las palabras en WordList[] que comiencen y terminen con la letra "p".

28.5 Haga una lista de los 100 primeros primos, conservando aquellos cuyo último dígito sea menor que 3.

28.6 Encuentre los números romanos hasta el 100 que no contengan "I".

28.7 Obtenga la lista de los números romanos hasta el 1000 que sean palíndromos.

28.8 Encuentre los nombres en inglés de los enteros hasta el 100 que comiencen y terminen con la misma letra.

28.9 Obtenga la lista de las palabras en el artículo de Wikipedia "words", cuyo número de caracteres sea mayor de 15.

28.10 A partir de 1000, divida entre 2 si el número es par y, en caso contrario, calcule 3 # + 1 &; repita esto 200 veces (*problema de Collatz*).

28.11 Cree la nube de las palabras que tengan 5 letras en el artículo de Wikipedia sobre "computers".

28.12 Encuentre las palabras en WordList[] cuyas 3 primeras letras sean las mismas que sus 3 últimas en orden inverso, pero tales que la cadena completa de sus caracteres no sea un palíndromo.

28.13 Encuentre las palabras de 10 letras en WordList[] donde el total de los valores obtenidos con LetterNumber sea 100.

Preguntas y respuestas

¿Por qué la igualdad se comprueba con == y no con =?

Porque en Wolfram Language = significa otra cosa. Si por error se usa = en vez de == , se obtendrán resultados muy extraños. (= es para asignar valores a variables.) Para evitar posibles confusiones, suele leerse == como "doble signo de igual".

¿Por qué "and" se escribe como &&, y no como &?

Porque & significa otra cosa en Wolfram Language. Por ejemplo, se usa para indicar dónde termina una función pura.

¿Cómo se interpretan ==, >, &&, etc. ?

== es Equal, ≠ (!=) es Unequal, > es Greater, ≥ es GreaterEqual, < es Less, && es And, || es Or y ! es Not.

¿En qué casos se requiere usar paréntesis al usar &&, ||, etc.?

Hay un orden en las operaciones que es directamente análogo al de la aritmética. && es como ×, || es como +, y ! es como −. Entonces, ! p && q significa "(no p) y q"; ! (p && q) significa "no (p y q)".

¿Qué tienen de especial las funciones "Q"?

Hacen una pregunta que normalmente tiene como respuesta True o False.

¿Qué otras funciones "Q" existen?

NumberQ, StringContainsQ, BusinessDayQ y ConnectedGraphQ, entre otras.

¿Hay alguna forma mejor que Select para encontrar entidades del mundo real que tengan alguna propiedad dada?

Sí. Se pueden hacer cosas como Entity["Country", "Population" → GreaterThan[10^7 people]] para encontrar "entidades implícitas", y usar luego EntityList para obtener listas explícitas de entidades.

Notas técnicas

- True y False se llaman típicamente *booleanos* en las ciencias de la computación (por George Boole, a mediados de los años 1800s). Las expresiones con &&, ||, etc. se suelen llamar *expresiones booleanas*.

- En Wolfram Language, True y False son *símbolos*, y no están representadas por 1 y 0, como sucede en muchos otros lenguajes de computación.

- If se suele llamar una *condicional*. En If[*test, then, else*], el *then* y *else* no se calculan a menos que *test* diga que la condición se cumple.

- PalindromeQ prueba directamente si una cadena de caracteres forma un palíndromo.

- En Wolfram Language, x es un *símbolo* (ver la Sección 33) que puede representar cualquier cosa, así que x == 1 es simplemente una *ecuación*, que no es inmediatamente True o False. x === 1 ("triple igual") prueba si x es "lo mismo" que 1, y puesto que no lo es, da False.

Para explorar más

Guía para funciones que aplican pruebas en Wolfram Language (wolfr.am/eiwl-es-28-more)

Guía para computación *booleana* en Wolfram Language (wolfr.am/eiwl-es-28-more2)

29 | Más sobre las funciones puras

Se ha visto ya cómo formar listas y arreglos con Table. También las funciones puras pueden utilizarse para ese propósito, usando Array.

Genere un arreglo de 10 elementos mediante una función abstracta f:

In[1]:= **Array[f, 10]**

Out[1]= {f[1], f[2], f[3], f[4], f[5], f[6], f[7], f[8], f[9], f[10]}

Use una función pura para generar la lista de los 10 primeros cuadrados:

In[2]:= **Array[#^2 &, 10]**

Out[2]= {1, 4, 9, 16, 25, 36, 49, 64, 81, 100}

Table permite obtener el mismo resultado, aunque en ese caso habría que introducir la variable n:

In[3]:= **Table[n^2, {n, 10}]**

Out[3]= {1, 4, 9, 16, 25, 36, 49, 64, 81, 100}

Array[f, 4] forma una lista sencilla de 4 elementos. Array[f, {3, 4}] forma un arreglo de 3×4.

Haga una lista de longitud 3, donde cada uno de sus elementos sea una lista de longitud 4:

In[4]:= **Array[f, {3, 4}]**

Out[4]= {{f[1, 1], f[1, 2], f[1, 3], f[1, 4]}, {f[2, 1], f[2, 2], f[2, 3], f[2, 4]}, {f[3, 1], f[3, 2], f[3, 3], f[3, 4]}}

Muestre lo anterior en una rejilla:

In[5]:= **Array[f, {3, 4}] // Grid**

Out[5]=
```
f[1, 1]  f[1, 2]  f[1, 3]  f[1, 4]
f[2, 1]  f[2, 2]  f[2, 3]  f[2, 4]
f[3, 1]  f[3, 2]  f[3, 3]  f[3, 4]
```

En el caso de que la función fuera Times, Array construiría una tabla de multiplicar:

In[6]:= **Grid[Array[Times, {5, 5}]]**

Out[6]=
```
1   2   3   4   5
2   4   6   8   10
3   6   9   12  15
4   8   12  16  20
5   10  15  20  25
```

Y, ¿si se quiere usar una función pura en vez de Times? Cuando se calcula Times[3, 4], se está indicando que Times se aplique a dos *argumentos*. (En Times[3, 4, 5], Times se aplica a tres argumentos, etc.). En una función pura, #1 representa al primer argumento, #2 al segundo argumento, y así sucesivamente.

#1 representa el primer argumento, #2 el segundo argumento:

In[7]:= **f[#1, #2] &[55, 66]**

Out[7]= f[55, 66]

#1 siempre elige el primer argumento, y #2 el segundo argumento:

In[8]:= **f[#2, #1, {#2, #2, #1}] &[55, 66]**

Out[8]= f[66, 55, {66, 66, 55}]

Ahora se podrá usar #1 y #2 dentro de una función en Array.

Use una función pura para formar una tabla de multiplicar:

In[9]:= **Array[#1 * #2 &, {5, 5}] // Grid**

Out[9]=
```
1   2   3   4   5
2   4   6   8   10
3   6   9   12  15
4   8   12  16  20
5   10  15  20  25
```

Use una función pura diferente que ponga una x siempre que los números sean iguales:

In[10]:= **Array[If[#1 == #2, x, #1 * #2] &, {5, 5}] // Grid**

Out[10]=
```
x   2   3   4   5
2   x   6   8   10
3   6   x   12  15
4   8   12  x   20
5   10  15  20  x
```

Aquí se ve el cálculo equivalente efectuado mediante Table:

In[11]:= **Table[If[i == j, x, i * j], {i, 5}, {j, 5}] // Grid**

Out[11]=
```
x   2   3   4   5
2   x   6   8   10
3   6   x   12  15
4   8   12  x   20
5   10  15  20  x
```

Vistas las funciones puras con más de un argumento, se puede comenzar a ver FoldList. Puede considerarse a FoldList como una generalización de NestList cuando se tienen dos argumentos.

NestList toma una función individual, tal como f, y la va anidando sucesivamente:

In[12]:= **NestList[f, x, 5]**

Out[12]= {x, f[x], f[f[x]], f[f[f[x]]], f[f[f[f[x]]]], f[f[f[f[f[x]]]]]}

Esto puede comprenderse mejor si se usa la función Framed:

In[13]:= **NestList[Framed, x, 5]**

Out[13]= {x, ▢x▢, ▢▢x▢▢, ▢▢▢x▢▢▢, ▢▢▢▢x▢▢▢▢, ▢▢▢▢▢x▢▢▢▢▢}

NestList simplemente aplica de nuevo una función al resultado obtenido en el último paso, cualquiera que sea. FoldList hace lo mismo salvo que, adicionalmente, incorpora un nuevo elemento cada vez.

Aquí se presenta FoldList con una función abstracta f:

In[14]:= **FoldList[f, x, {1, 2, 3, 4, 5}]**

Out[14]= {x, f[x, 1], f[f[x, 1], 2], f[f[f[x, 1], 2], 3], f[f[f[f[x, 1], 2], 3], 4], f[f[f[f[f[x, 1], 2], 3], 4], 5]}

Si se usa la función Framed se hace un poco más fácil comprender lo que sucede:

In[15]:= **FoldList[Framed[f[#1, #2]] &, x, {1, 2, 3, 4, 5}]**

Out[15]= {x, ▢f[x, 1]▢, ▢f[▢f[x, 1]▢, 2]▢, ▢f[▢f[▢f[x, 1]▢, 2]▢, 3]▢, ▢f[▢f[▢f[▢f[x, 1]▢, 2]▢, 3]▢, 4]▢, ▢f[▢f[▢f[▢f[▢f[x, 1]▢, 2]▢, 3]▢, 4]▢, 5]▢}

De entrada, esto puede parecer complicado y oscuro, y se hace difícil imaginar de qué manera podría ser útil. Sin embargo, efectivamente lo es, y es también insospechadamente común en programas reales.

FoldList es muy apropiado para acumular cosas progresivamente. Tómese de entrada un caso sencillo: sumar números progresivamente.

En cada paso FoldList incorpora otro elemento (#2), añadiéndolo al resultado que se ha obtenido hasta ese momento (#1):

In[16]:= **FoldList[#1 + #2 &, 0, {1, 1, 1, 2, 0, 0}]**

Out[16]= {0, 1, 2, 3, 5, 5, 5}

Aquí se despliega el proceso que se va llevando a cabo:

In[17]:= {0, 0+1, (0+1)+1, ((0+1)+1)+1, (((0+1)+1)+1)+2,
((((0+1)+1)+1)+2)+0, (((((0+1)+1)+1)+2)+0)+0}

Out[17]= {0, 1, 2, 3, 5, 5, 5}

O, de manera equivalente:

In[18]:= **{0, 0+1, 0+1+1, 0+1+1+1, 0+1+1+1+2, 0+1+1+1+2+0, 0+1+1+1+2+0+0}**

Out[18]= {0, 1, 2, 3, 5, 5, 5}

Puede ser más fácil ver lo que sucede si se usan símbolos:

In[19]:= **FoldList[#1 + #2 &, 0, {a, b, c, d, e}]**

Out[19]= {0, a, a + b, a + b + c, a + b + c + d, a + b + c + d + e}

Desde luego, este caso es demasiado sencillo y no se necesita recurrir a una función pura:

In[20]:= **FoldList[Plus, 0, {a, b, c, d, e}]**

Out[20]= {0, a, a + b, a + b + c, a + b + c + d, a + b + c + d + e}

Un uso clásico de FoldList es en la incorporación sucesiva de dígitos para reconstruir un número a partir de la lista de sus dígitos.

Construya un número, de manera sucesiva, a partir de sus dígitos, comenzando el proceso de incorporación con el primer dígito:

In[21]:= **FoldList[10 #1 + #2 &, {8, 7, 6, 1, 2, 3, 9, 8, 7}]**

Out[21]= {8, 87, 876, 8761, 87 612, 876 123, 8 761 239, 87 612 398, 876 123 987}

Por último, se usará FoldList para incorporar imágenes progresivas de una lista, añadiendo una, en cada paso, con ImageAdd a la imagen obtenida hasta ese momento.

Incorpore progresivamente imágenes de una lista, usando ImageAdd para combinarlas:

In[22]:= **FoldList[ImageAdd,**

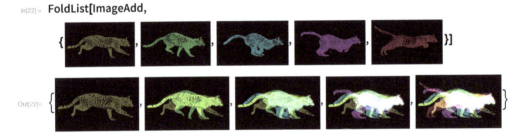

Al principio, el concepto de FoldList no es lo más sencillo de comprender. Pero una vez que se adquiere familiaridad con él, se habrá aprendido una técnica por demás poderosa de la *programación funcional*, que ejemplifica el tipo de abstracción elegante que se hace posible con Wolfram Language.

Vocabulario

Array[*f*, *n* **]**	forma un arreglo mediante la aplicación de una función
Array[*f*, {*m*, *n*} **]**	forma un arreglo de 2 dimensiones
FoldList[*f*, *x*, *lista* **]**	aplica una función sucesivamente, incorporando los elementos de una lista

Ejercicios

29.1 Use Prime y Array para generar la lista de los 100 primeros primos.

29.2 Use Prime y Array para encontrar las diferencias sucesivas entre los 100 primeros primos.

29.3 Use Array y Grid para formar una tabla de sumar de 10 por 10.

29.4 Use FoldList, Times y Range para multiplicar los números hasta el 10 sucesivamente (formando los factoriales).

29.5 Use FoldList y Array para calcular los productos sucesivos de los 10 primeros primos.

29.6 Use FoldList para aplicar ImageAdd sucesivamente a los polígonos regulares de 3 a 8 lados, con opacidad 0.2.

Preguntas y respuestas

¿Qué significa # por sí solo?
Es equivalente a # 1, una ranura que se llena con el primer argumento de una función.

¿Cómo se dice # 1?
Ya sea como "slot 1" (que refleja su papel en una función pura), o "hash 1" (que refleja el cómo está escrito; la "#" se conoce usualmente como "hash").

¿Se pueden denominar los argumentos de una función pura?
Sí. Eso se hace con Function[{x, y}, x + y], etc. A veces está bien hacerlo así para mejorar la legibilidad del código, pero a veces es necesario cuando se anidan funciones puras.

¿Puede Array formar estructuras con anidación de mayor profundidad?
Sí, con tanta profundidad como se desee. Listas de listas de listas... hasta cualquier número de niveles.

¿Qué es la programación funcional?
Es un paradigma de programación basado en evaluación de funciones y en combinaciones de funciones. De hecho, es el único estilo de programación que se ha visto en el libro hasta el momento. En la Sección 38 se verá la *programación por procedimientos*, basada en moverse a través de algún procedimiento en el que se van cambiando progresivamente los valores de las variables.

Notas técnicas

- Fold da el último elemento de FoldList, del mismo modo que Nest da el último elemento de NestList.

- FromDigits reconstruye números a partir de la lista de sus dígitos y, de hecho, hace lo mismo que se hizo antes con FoldList.

- Accumulate[*lista*] es lo mismo que FoldList[Plus, *lista*].

- Array y FoldList, al igual que NestList, son ejemplos de lo que se llama *funciones de orden superior*, que toman funciones como entrada. (En matemáticas se conocen también como *funcionales*, o *funtores*).

- Pueden armarse funciones puras que tomen cualquier número de argumentos a la vez, usando ##, etc.

- Puede darse animación a listas de imágenes usando ListAnimate, y mostrarse las imágenes apiladas en 3D mediante Image3D.

Para explorar más

Guía para programación funcional en Wolfram Language (wolfr.am/eiwl-es-29-more)

30 | Reorganización de listas

Muchas veces se quiere reorganizar una lista que se haya generado en algún proceso, antes de poder utilizarla en otro. Por ejemplo, puede tenerse una lista de pares que se necesite convertir a un par de listas, o viceversa.

Transponga una lista de pares para convertirla en un par de listas:

In[1]:= **Transpose[{{1, 2}, {3, 4}, {5, 6}, {7, 8}, {9, 10}}]**

Out[1]= {{1, 3, 5, 7, 9}, {2, 4, 6, 8, 10}}

Transponga de nuevo el par de listas para obtener una lista de pares:

In[2]:= **Transpose[{{1, 3, 5, 7, 9}, {2, 4, 6, 8, 10}}]**

Out[2]= {{1, 2}, {3, 4}, {5, 6}, {7, 8}, {9, 10}}

Thread es una operación estrechamente relacionada con la anterior, que sirve, entre otras, para generar una entrada para Graph.

"Enhebrar" → a través de los elementos de dos listas:

In[3]:= **Thread[{1, 3, 5, 7, 9} → {2, 4, 6, 8, 10}]**

Out[3]= {1 → 2, 3 → 4, 5 → 6, 7 → 8, 9 → 10}

Partition toma una lista y la particiona en bloques de un tamaño especificado.

Particione una lista con 12 elementos en bloques de tamaño 3:

In[4]:= **Partition[Range[12], 3]**

Out[4]= {{1, 2, 3}, {4, 5, 6}, {7, 8, 9}, {10, 11, 12}}

Particione una lista de caracteres y mostrarlos en una rejilla:

In[5]:= **Grid[Partition[Characters["An array of text made in the Wolfram Language"], 9],
    Frame → All]**

Out[5]=

A	n		a	r	r	a	y	
o	f		t	e	x	t		m
a	d	e		i	n		t	h
e		W	o	l	f	r	a	m
	L	a	n	g	u	a	g	e

Si no se especifica lo contrario, Partition descompone una lista en bloques que no se traslapen. Sin embargo, puede pedirse que la lista se descomponga en bloques que permitan un traslape mediante un desplazamiento especificado en la lista.

Particione una lista en bloques de tamaño 3, con un desplazamiento de 1:

In[6]:= **Partition[Range[10], 3, 1]**

Out[6]= {{1, 2, 3}, {2, 3, 4}, {3, 4, 5}, {4, 5, 6}, {5, 6, 7}, {6, 7, 8}, {7, 8, 9}, {8, 9, 10}}

Particione una lista de caracteres en bloques con un desplazamiento de 1:

In[7]:= **Grid[Partition[Characters["Wolfram Language"], 12, 1], Frame → All]**

Out[7]=

W	o	l	f	r	a	m		L	a	n	g
o	l	f	r	a	m		L	a	n	g	u
l	f	r	a	m		L	a	n	g	u	a
f	r	a	m		L	a	n	g	u	a	g
r	a	m		L	a	n	g	u	a	g	e

En vez de lo anterior, use un desplazamiento de 2:

In[8]:= **Grid[Partition[Characters["Wolfram Language"], 12, 2], Frame → All]**

Out[8]=

W	o	l	f	r	a	m		L	a	n	g
l	f	r	a	m		L	a	n	g	u	a
r	a	m		L	a	n	g	u	a	g	e

Partition toma una lista y la descompone en sublistas. Flatten "aplana" las sublistas.

Forme una lista de las listas de los dígitos de enteros consecutivos:

In[9]:= **IntegerDigits /@ Range[20]**

Out[9]= {{1}, {2}, {3}, {4}, {5}, {6}, {7}, {8}, {9}, {1, 0}, {1, 1},
{1, 2}, {1, 3}, {1, 4}, {1, 5}, {1, 6}, {1, 7}, {1, 8}, {1, 9}, {2, 0}}

Obtenga la versión aplanada:

In[10]:= **Flatten[IntegerDigits /@ Range[20]]**

Out[10]= {1, 2, 3, 4, 5, 6, 7, 8, 9, 1, 0, 1, 1, 1, 2, 1, 3, 1, 4, 1, 5, 1, 6, 1, 7, 1, 8, 1, 9, 2, 0}

Produzca un gráfico con la secuencia de dígitos:

In[11]:= **ListLinePlot[Flatten[IntegerDigits /@ Range[20]]]**

Out[11]=

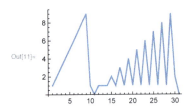

Normalmente, Flatten aplana en todos los niveles de una lista. Sin embargo, muchas veces se querría aplanar, por ejemplo, solo un nivel de la lista. Aquí se forma una tabla de 4×4, donde cada elemento es, a su vez, una lista.

Forme una lista de listas de listas:

In[12]:= **Table[IntegerDigits[i ^ j], {i, 4}, {j, 4}]**

Out[12]= {{{1}, {1}, {1}, {1}}, {{2}, {4}, {8}, {1, 6}}, {{3}, {9}, {2, 7}, {8, 1}}, {{4}, {1, 6}, {6, 4}, {2, 5, 6}}}

Aplane todo el resultado:

In[13]:= **Flatten[Table[IntegerDigits[i ^ j], {i, 4}, {j, 4}]]**

Out[13]= {1, 1, 1, 1, 2, 4, 8, 1, 6, 3, 9, 2, 7, 8, 1, 4, 1, 6, 6, 4, 2, 5, 6}

Aplane solo un nivel de la lista:

In[14]:= **Flatten[Table[IntegerDigits[i ^ j], {i, 4}, {j, 4}], 1]**

Out[14]= {{1}, {1}, {1}, {1}, {2}, {4}, {8}, {1, 6}, {3}, {9}, {2, 7}, {8, 1}, {4}, {1, 6}, {6, 4}, {2, 5, 6}}

ArrayFlatten es una generalización de Flatten, que toma arreglos de arreglos y los aplana para hacer arreglos individuales.

Aquí se genera una estructura con anidación profunda que resulta difícil de comprender:

In[15]:= **NestList[{{#, 0}, {#, #}} &, {{1}}, 2]**

Out[15]= {{{1}}, {{{{1}}, 0}, {{{1}}, {{1}}}},
 {{{{{{1}}}, 0}, {{{1}}, {{1}}}}, 0}, {{{{{1}}, 0}, {{{1}}, {{1}}}}, {{{{1}}, 0}, {{{1}}, {{1}}}}}}

ArrayFlatten la convierte en una estructura un poco más fácil de entender:

In[16]:= **NestList[ArrayFlatten[{{#, 0}, {#, #}}] &, {{1}}, 2]**

Out[16]= {{{1}}, {{1, 0}, {1, 1}}, {{1, 0, 0, 0}, {1, 1, 0, 0}, {1, 0, 1, 0}, {1, 1, 1, 1}}}

Con ArrayPlot, es considerablemente más sencillo darse cuenta de lo que está sucediendo:

In[17]:= **ArrayPlot /@ NestList[ArrayFlatten[{{#, 0}, {#, #}}] &, {{1}}, 4]**

Out[17]=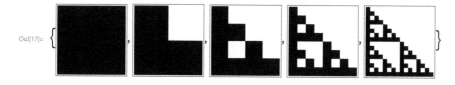

Genere un *patrón de Sierpinski fractal* con 8 niveles de anidación:

In[18]:= **ArrayPlot[Nest[ArrayFlatten[{{#, 0}, {#, #}}] &, {{1}}, 8]]**

Out[18]=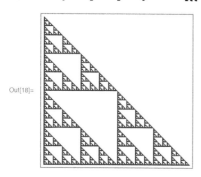

Hay muchas otras maneras de reorganizar listas. Por ejemplo, Split subdivide una lista en secuencias de elementos idénticos.

Subdivida una lista en secuencias de elementos idénticos consecutivos:

In[19]:= **Split[{1, 1, 1, 2, 2, 1, 1, 3, 1, 1, 1, 2}]**

Out[19]= {{1, 1, 1}, {2, 2}, {1, 1}, {3}, {1, 1, 1}, {2}}

Gather, por otro lado, agrupa los elementos que sean idénticos, dondequiera que éstos aparezcan.

Agrupe en listas los elementos idénticos:

In[20]:= **Gather[{1, 1, 1, 2, 2, 1, 1, 3, 1, 1, 1, 2}]**

Out[20]= {{1, 1, 1, 1, 1, 1, 1, 1}, {2, 2, 2}, {3}}

GatherBy agrupa los elementos según el resultado de aplicar una función a cada uno. Ahora, se usa LetterQ, de modo tal que agrupa por separado los caracteres que son letras y los que no lo son.

Agrupe los caracteres según sean letras o no lo sean:

In[21]:= **GatherBy[Characters["It's true that 2+2 is equal to 4!"], LetterQ]**

Out[21]= {{I, t, s, t, r, u, e, t, h, a, t, i, s, e, q, u, a, l, t, o}, {', , , , 2, +, 2, , , , , , 4, !}}

SortBy ordena según el resultado de aplicar una función.

Sort normalmente ordena las listas cortas antes de las más largas:

In[22]:= **Sort[Table[IntegerDigits[2 ^ n], {n, 10}]]**

Out[22]= {{2}, {4}, {8}, {1, 6}, {3, 2}, {6, 4}, {1, 2, 8}, {2, 5, 6}, {5, 1, 2}, {1, 0, 2, 4}}

Ahora se le pide a SortBy que haga el ordenamiento de acuerdo al primer elemento de cada lista:

In[23]:= **SortBy[Table[IntegerDigits[2 ^ n], {n, 10}], First]**

Out[23]= {{1, 6}, {1, 2, 8}, {1, 0, 2, 4}, {2}, {2, 5, 6}, {3, 2}, {4}, {5, 1, 2}, {6, 4}, {8}}

Sort ordena una lista. Union, además, elimina los elementos repetidos.

Encuentre en una lista todos los elementos que sean distintos:

In[24]:= **Union[{1, 9, 5, 3, 1, 4, 3, 1, 3, 3, 5, 3, 9}]**

Out[24]= {1, 3, 4, 5, 9}

Se puede usar Union para encontrar la "unión" de los elementos que aparezcan en cualesquiera de varias listas.

Obtenga la lista de todos los elementos que aparezcan en cualquiera de las listas:

In[25]:= **Union[{2, 1, 3, 7, 9}, {4, 5, 1, 2, 3, 3}, {3, 1, 2, 8, 5}]**

Out[25]= {1, 2, 3, 4, 5, 7, 8, 9}

Encuentre los elementos que sean comunes a todas las listas:

In[26]:= **Intersection[{2, 1, 3, 7, 9}, {4, 5, 1, 2, 3, 3}, {3, 1, 2, 8}]**

Out[26]= {1, 2, 3}

Encuentre los elementos que estén en la primera de las listas, pero no en la segunda:

In[27]:= **Complement[{4, 5, 1, 2, 3, 3}, {3, 1, 2, 8}]**

Out[27]= {4, 5}

Encuentre las letras que aparezcan en cualquiera de los alfabetos inglés, sueco o turco:

In[28]:= **Union[Alphabet["English"], Alphabet["Swedish"], Alphabet["Turkish"]]**

Out[28]= {ğ, ş, a, å, ä, b, c, ç, d, e, f, g, h, i, ı, j, k, l, m, n, o, ö, p, q, r, s, t, u, ü, v, w, x, y, z}

Las letras que aparecen en el sueco, pero no en el inglés:

In[29]:= **Complement[Alphabet["Swedish"], Alphabet["English"]]**

Out[29]= {å, ä, ö}

Otra de las muchas funciones que se pueden aplicar a las listas es Riffle, que intercala cosas entre los elementos sucesivos de una lista.

Intercale x entre los elementos de una lista:

In[30]:= **Riffle[{1, 2, 3, 4, 5}, x]**

Out[30]= {1, x, 2, x, 3, x, 4, x, 5}

Intercale -- entre una lista de caracteres:

In[31]:= **Riffle[Characters["WOLFRAM"], "--"]**

Out[31]= {W, --, O, --, L, --, F, --, R, --, A, --, M}

Junte todo lo anterior en una sola lista de caracteres:

In[32]:= **StringJoin[Riffle[Characters["WOLFRAM"], "--"]]**

Out[32]= W--O--L--F--R--A--M

Las funciones tales como Partition sirven para tomar una lista y descomponerla en sublistas. En vez de eso, a veces se parte de una colección de elementos para formar listas con ellos.

Permutations obtiene todos los ordenamientos posibles, o *permutaciones*, de una lista.

Genere una lista de los 3!=3×2×1=6 ordenamientos posibles de 3 elementos:

In[33]:= **Permutations[{Red, Green, Blue}]**

Out[33]= {{■, ■, ■}, {■, ■, ■}, {■, ■, ■}, {■, ■, ■}, {■, ■, ■}, {■, ■, ■}}

Genere todos los $2^3 = 8$ subconjuntos que se pueden formar con los elementos de una lista de 3:

In[34]:= **Subsets[{Red, Green, Blue}]**

Out[34]= {{}, {■}, {■}, {■}, {■, ■}, {■, ■}, {■, ■}, {■, ■, ■}}

Tuples toma una lista de elementos y genera todas las combinaciones posibles de un número dado de dichos elementos.

Genere una lista de todas las ternas posibles de rojo y verde:

In[35]:= **Tuples[{Red, Green}, 3]**

Out[35]= {{■, ■, ■}, {■, ■, ■}, {■, ■, ■}, {■, ■, ■}, {■, ■, ■}, {■, ■, ■}, {■, ■, ■}, {■, ■, ■}}

RandomChoice sirve para hacer una elección aleatoria a partir de los elementos de una lista.

Haga una elección aleatoria a partir de los elementos de una lista:

In[36]:= **RandomChoice[{Red, Green, Blue}]**

Out[36]= ■

Haga una lista de 20 elecciones aleatorias:

In[37]:= **RandomChoice[{Red, Green, Blue}, 20]**

Out[37]= {■, ■, ■, ■, ■, ■, ■, ■, ■, ■, ■, ■, ■, ■, ■, ■, ■, ■, ■, ■}

Haga 5 listas de 3 elecciones aleatorias:

In[38]:= **RandomChoice[{Red, Green, Blue}, {5, 3}]**

Out[38]= {{■, ■, ■}, {■, ■, ■}, {■, ■, ■}, {■, ■, ■}, {■, ■, ■}}

RandomSample obtiene una muestra aleatoria de elementos de una lista, sin seleccionar más de una vez ningún elemento.

Elija 20 elementos en el tramo de 1 a 100, sin que aparezca ningún elemento repetido:

In[39]:= **RandomSample[Range[100], 20]**

Out[39]= {82, 3, 93, 92, 39, 45, 63, 32, 79, 75, 34, 1, 11, 59, 98, 67, 38, 44, 28, 76}

Si no se indica cuántos elementos se han de elegir, se obtiene un ordenamiento aleatorio de la lista completa:

In[40]:= **RandomSample[Range[10]]**

Out[40]= {2, 5, 1, 7, 4, 6, 3, 8, 9, 10}

Vocabulario

Transpose[*lista*]	transpone las listas interior y exterior
Thread[*lista*$_1$ → *lista*$_2$]	enhebra a través de elementos de listas
Partition[*lista*, *n*]	particiona en bloques de tamaño *n*
Flatten[*lista*]	aplana todas las sublistas
Flatten[*lista*, *k*]	aplana *k* niveles de las sublistas
ArrayFlatten[*lista*]	aplana arreglos de arreglos
Split[*lista*]	separa en secuencias de elementos idénticos
Gather[*lista*]	agrupa en listas los elementos idénticos
GatherBy[*lista*, *f*]	agrupa de acuerdo con el resultado de aplicar *f*
SortBy[*lista*, *f*]	ordena de acuerdo con el resultado de aplicar *f*
Riffle[*lista*, *x*]	intercala *x* entre los elementos de *lista*
Union[*lista*]	los elementos diferentes en *lista*
Union[*lista*$_1$, *lista*$_2$, ...]	los elementos que aparecen en cualquiera de las listas
Intersection[*lista*$_1$, *lista*$_2$, ...]	los elementos que aparecen en todas las listas
Complement[*lista*$_1$, *lista*$_2$]	los elementos que aparecen en *lista*$_1$ pero no en *lista*$_2$
Permutations[*lista*]	todas las permutaciones (ordenamientos) posibles
Subsets[*lista*]	todos los subconjuntos posibles
Tuples[*lista*, *n*]	todas las combinaciones posibles de *n* elementos
RandomChoice[*lista*]	elige aleatoriamente dentro de una *lista*
RandomChoice[*lista*, *n*]	*n* elecciones aleatorias
RandomSample[*lista*, *n*]	*n* muestras aleatorias sin repeticiones
RandomSample[*lista*]	ordenamiento aleatorio de una lista

Ejercicios

30.1 Use **Thread** para formar una lista de reglas que liguen cada letra del alfabeto inglés con su posición en el alfabeto.

30.2 Haga una rejilla de 4×6 con las 24 primeras letras del alfabeto inglés.

30.3 Forme una rejilla con los dígitos en 2^1000, con 50 dígitos en cada renglón y con un marco en todos los casos.

30.4 Forme una rejilla con los 400 primeros caracteres del artículo "computers" en Wikipedia, con 20 caracteres por renglón y con un marco en todos los casos.

30.5 Obtenga un gráfico con los puntos unidos de la lista aplanada de los dígitos de los números del 0 al 200 *(la secuencia de Champernowne)*.

30.6 Efectúe 4 pasos del análogo *"esponja de Menger"* del patrón de Sierpinski fractal del texto, pero con un *kernel* de la forma {{♯, ♯, ♯}, {♯, 0, ♯}, {♯, ♯, ♯}}.

30.7 Encuentre las *ternas pitagóricas* que tengan solo enteros, seleccionando {x, y, Sqrt[x^2 + y^2]}, con x y y del 1 hasta el 20.

30.8 Encuentre las longitudes más largas entre las secuencias de dígitos idénticos en 2^n, con n hasta 100.

30.9 Tome los nombres de los enteros hasta el 100, y agrúpelos en sublistas con acuerdo a sus letras iniciales.

30.10 Ordene las 50 primeras palabras en **WordList[ ]** según la última letra.

30.11 Haga una lista de los 20 primeros cuadrados, ordenada por sus primeros dígitos.

30.12 Ordene los enteros hasta el 20, según las longitudes de sus nombres en inglés.

30.13 Obtenga una muestra aleatoria de 20 palabras de **WordList[ ]**, y agrúpelas en sublistas, de acuerdo con el número de sus caracteres.

30.14 Encuentre las letras que aparecen en el alfabeto ucraniano, pero no en el ruso.

30.15 Use **Intersection** para encontrar los números que aparecen tanto en los 100 primeros cuadrados como en los 100 primeros cubos.

30.16 Encuentre la lista de los países que pertenecen tanto a la OTAN como al G8.

30.17 Haga una rejilla donde aparezcan en columnas consecutivas todas las permutaciones posibles de los números 1 al 4.

30.18 Haga una lista de todas las diferentes cadenas de caracteres que pueden obtenerse permutando los caracteres en "hello".

30.19 Obtenga un gráfico de arreglo de la secuencia de tuplas de tamaño 5, con el 0 y el 1.

30.20 Genere una lista de 10 secuencias aleatorias de 5 letras del alfabeto inglés.

30.21 Encuentre una forma más sencilla para **Flatten**[**Table**[{i, j, k}, {i, 2}, {j, 2}, {k, 2}], 2].

Preguntas y respuestas

¿Cómo funciona Partition cuando los bloques no encajan perfectamente?

A menos que se indique lo contrario, solo se incluirán bloques completos, de tal modo que se eliminarán aquellos elementos que aparezcan solo en bloques incompletos. Sin embargo, si se dice, por ejemplo, Partition[*lista*, UpTo[4]], se harán bloques *hasta de* longitud 4, y el último de ellos podría ser más corto si fuera necesario.

Notas técnicas

- Transpose puede verse como la transposición de filas y columnas en una matriz.

- ArrayFlatten aplana un arreglo de arreglos para dejar un solo arreglo o, alternativamente, para dejar una matriz de matrices en una sola matriz.

- DeleteDuplicates[*lista*] hace lo mismo que Union[*lista*], salvo que no reordena los elementos.

Para explorar más

Guía para reorganizar y reestructurar listas en Wolfram Language (wolfr.am/eiwl-es-30-more)

31 | Partes de listas

Part elige un elemento de una lista.

Elija el elemento 2 de una lista:

In[1]:= **Part[{a, b, c, d, e, f, g}, 2]**

Out[1]= b

[[...]] es una notación alternativa.

Use [[2]] para elegir el elemento número 2 de una lista:

In[2]:= **{a, b, c, d, e, f, g}[[2]]**

Out[2]= b

Los números de parte negativos cuentan a partir del final de una lista:

In[3]:= **{a, b, c, d, e, f, g}[[−2]]**

Out[3]= f

Puede pedirse una lista de partes mediante la lista de los números de parte.

Elija las partes 2, 4 y 5:

In[4]:= **{a, b, c, d, e, f, g}[[{2, 4, 5}]]**

Out[4]= {b, d, e}

;; sirve para obtener un *tramo* o secuencia de partes.

Elija las partes, de la 2 a la 5:

In[5]:= **{a, b, c, d, e, f, g}[[2 ;; 5]]**

Out[5]= {b, c, d, e}

Tome los 4 primeros elementos de una lista:

In[6]:= **Take[{a, b, c, d, e, f, g}, 4]**

Out[6]= {a, b, c, d}

Tome los 2 últimos elementos de una lista:

In[7]:= **Take[{a, b, c, d, e, f, g}, −2]**

Out[7]= {f, g}

La lista sin sus 2 últimos elementos:

In[8]:= **Drop[{a, b, c, d, e, f, g}, −2]**

Out[8]= {a, b, c, d, e}

Ahora se consideran listas de listas, o arreglos. Cada sublista juega el papel de una *fila* en el arreglo.

In[9]:= `{{a, b, c}, {d, e, f}, {g, h, i}} // Grid`

Out[9]=
```
a b c
d e f
g h i
```

Elija la segunda sublista, que corresponde a la segunda fila del arreglo:

In[10]:= `{{a, b, c}, {d, e, f}, {g, h, i}}[[2]]`

Out[10]= {d, e, f}

Aquí se va a elegir el elemento 1 de la fila 2:

In[11]:= `{{a, b, c}, {d, e, f}, {g, h, i}}[[2, 1]]`

Out[11]= d

También se pueden elegir *columnas* de un arreglo.

Ahora se elige la primera columna, tomando el elemento 1 de cada fila:

In[12]:= `{{a, b, c}, {d, e, f}, {g, h, i}}[[All, 1]]`

Out[12]= {a, d, g}

La función Position obtiene la lista de las posiciones donde se ubica alguna cosa.

En lo que sigue hay solamente una d, que aparece en la posición 2, 1:

In[13]:= `Position[{{a, b, c}, {d, e, f}, {g, h, i}}, d]`

Out[13]= {{2, 1}}

Aquí se obtiene la lista de todas las posiciones donde aparece x:

In[14]:= `Position[{{x, y, x}, {y, y, x}, {x, y, y}, {x, x, y}}, x]`

Out[14]= {{1, 1}, {1, 3}, {2, 3}, {3, 1}, {4, 1}, {4, 2}}

En una lista de caracteres, las posiciones donde aparece la "a":

In[15]:= `Position[Characters["The Wolfram Language"], "a"]`

Out[15]= {{10}, {14}, {18}}

En la secuencia de dígitos de 2^500, encontrar las posiciones donde aparece 0:

In[16]:= `Flatten[Position[IntegerDigits[2 ^ 500], 0]]`

Out[16]= {7, 9, 19, 20, 44, 47, 50, 65, 75, 88, 89, 96, 103, 115, 116, 119, 120, 137}

La función ReplacePart efectúa la sustitución de partes de una lista:

Sustituya la parte 3 con x:

In[17]:= `ReplacePart[{a, b, c, d, e, f, g}, 3 → x]`

Out[17]= {a, b, x, d, e, f, g}

Sustituya en dos partes:

In[18]:= **ReplacePart[{a, b, c, d, e, f, g}, {3 → x, 5 → y}]**

Out[18]= {a, b, x, d, y, f, g}

Sustituya 5 partes con "--", elegidas al azar:

In[19]:= **ReplacePart[Characters["The Wolfram Language"],**
    Table[RandomInteger[{1, 20}] → "--", 5]]

Out[19]= {T, h, e, , W, --, l, f, r, a, m, --, --, --, n, g, u, a, g, --}

A veces se desea que desaparezcan de una lista ciertas partes dadas. Esto puede hacerse sustituyéndolas con Nothing.

Nothing sencillamente borra:

In[20]:= **{1, 2, Nothing, 4, 5, Nothing}**

Out[20]= {1, 2, 4, 5}

Sustituya las partes 1 y 3 con Nothing:

In[21]:= **ReplacePart[{a, b, c, d, e, f, g}, {1 → Nothing, 3 → Nothing}]**

Out[21]= {b, d, e, f, g}

Tome 50 palabras del inglés al azar, eliminando aquellas que tengan más de 5 caracteres e invierta el orden de las que queden:

In[22]:= **If[StringLength[#] > 5, Nothing, StringReverse[#]] &/@ RandomSample[WordList[], 50]**

Out[22]= {yllud, yciuj, poons, tsioh}

Take elige un número especificado de los elementos de una lista con base en sus posiciones. TakeLargest y TakeSmallest elige los elementos con base en sus tamaños.

Obtener los 5 elementos más grandes de una lista:

In[23]:= **TakeLargest[Range[20], 5]**

Out[23]= {20, 19, 18, 17, 16}

TakeLargestBy y TakeSmallestBy elige los elementos de acuerdo con la aplicación de alguna función.

Proporcione los 100 primeros números romanos, tome los 5 que tengan las mayores longitudes de cadena de sus caracteres:

In[24]:= **TakeLargestBy[Array[RomanNumeral, 100], StringLength, 5]**

Out[24]= {LXXXVIII, LXXXIII, XXXVIII, LXXVIII, LXXXVII}

Vocabulario

Part[*lista*, *n*]	parte *n* de una lista
lista[[*n*]]	notación abreviada para la parte *n* de una lista
lista[[{n_1, n_2, ...}]]	lista de las partes n_1, n_2, ...
lista[[n_1 ;; n_2]]	extensión (secuencia) de las partes n_1 hasta n_2
lista[[*m*, *n*]]	elemento en la fila *m*, columna *n* de un arreglo
lista[[**All**, *n*]]	todos los elementos de la columna *n*
Take[*lista*, *n*]	toma los *n* primeros elementos de una lista
TakeLargest[*lista*, *n*]	toma los *n* elementos más grandes de una lista
TakeSmallest[*lista*, *n*]	toma los *n* elementos más pequeños de una lista
TakeLargestBy[*lista*, *f*, *n*]	toma los elementos más grandes al aplicar *f*
TakeSmallestBy[*lista*, *f*, *n*]	toma los elementos más pequeños al aplicar *f*
Position[*lista*, *x*]	todas las posiciones en que se encuentra *x* en *lista*
ReplacePart[*lista*, *n* → *x*]	sustituye con *x* la parte *n* de *lista*
Nothing	elemento que se elimina automáticamente en una lista

Ejercicios

31.1 Encuentre los 5 últimos dígitos de 2^1000.

31.2 Obtenga las letras de la 10 a la 20 del alfabeto inglés.

31.3 Forme la lista de las letras en las posiciones pares del alfabeto inglés.

31.4 Obtenga el gráfico con los puntos unidos del penúltimo dígito en las 100 primeras potencias de 12.

31.5 Junte las listas de los 20 primeros cuadrados y cubos, y obtenga los 10 elementos más pequeños de la lista combinada.

31.6 Encuentre las posiciones de la palabra "software" en el artículo "computers" en Wikipedia.

31.7 Produzca el histograma de las posiciones donde aparece la letra "e" en las palabras de **WordList**[ ].

31.8 Construya la lista de los 100 primeros cubos, sustituyendo con rojo (**Red** en inglés) aquellos cuya posición sea un cuadrado.

31.9 Forme la lista de los 100 primeros primos, eliminando aquellos cuyo primer dígito sea menor que 5.

31.10 Construya una rejilla, comenzando con **Range**[10] y, entonces, en cada uno de 9 pasos seguidos, eliminar un elemento al azar.

31.11 Encuentre las 10 palabras más largas en **WordList**[ ].

31.12 Encuentre los nombres en inglés más largos de los números enteros del 1 al 100.

31.13 Encuentre los 5 nombres en inglés de los enteros hasta el 100, que contengan en ellos la mayor cantidad de "e"s.

Preguntas y respuestas

¿Cómo se dice en voz alta *lista*[[*n*]]?

Generalmente, como "*lista* parte *n*" o "*lista* sub *n*". La segunda forma (donde "sub" es la abreviatura de "subíndice") proviene de cómo se hace referencia a los componentes de vectores en matemáticas.

¿Qué sucede si se pide una parte que no exista en una lista?

Se recibe un mensaje, y la entrada original se regresa tal cual.

¿Puede obtenerse solamente la primera posición donde aparece alguna cosa en una lista?

Sí. Use FirstPosition.

Notas técnicas

- First y Last equivalen a [[1]] y [[−1]].

- Al especificar partes, 1 ;; −1 equivale a All.

Para explorar más

Guía para partes de listas en Wolfram Language (wolfr.am/eiwl-es-31-more)

32 | Patrones

Los *patrones* son un concepto fundamental en Wolfram Language. El patrón _ ("guion-bajo") representa cualquier cosa.

MatchQ comprueba si algo coincide con un patrón.

{a, x, b} coincide con el patrón {_, x, _}:

In[1]:= **MatchQ[{a, x, b}, {_, x, _}]**

Out[1]= True

{a, b, c} no coincide, ya que tiene una b en medio, y no una x:

In[2]:= **MatchQ[{a, b, c}, {_, x, _}]**

Out[2]= False

Cualquier lista que tenga dos elementos coincide con el patrón {_, _}:

In[3]:= **MatchQ[{a, a}, {_, _}]**

Out[3]= True

Una lista que tenga tres elementos no coincide con el patrón {_, _}:

In[4]:= **MatchQ[{a, a, a}, {_, _}]**

Out[4]= False

MatchQ sirve para cotejar cosas, una por una, con un patrón. Cases elige todos los elementos ("casos") de una lista que coinciden con un patrón dado.

Encuentre todos los elementos que coinciden con el patrón {_, _}:

In[5]:= **Cases[{{a, a}, {b, a}, {a, b, c}, {b, b}, {c, a}, {b, b, b}}, {_, _}]**

Out[5]= {{a, a}, {b, a}, {b, b}, {c, a}}

Encuentre todos los elementos que coinciden con {b, _} (o sea, casos de b seguido de algo):

In[6]:= **Cases[{{a, a}, {b, a}, {a, b, c}, {b, b}, {c, a}, {b, b, b}}, {b, _}]**

Out[6]= {{b, a}, {b, b}}

Ahora se puede ver lo que sucede al cotejar cada elemento con {b, _}:

In[7]:= **MatchQ[#, {b, _}] &/@ {{a, a}, {b, a}, {a, b, c}, {b, b}, {c, a}, {b, b, b}}**

Out[7]= {False, True, False, True, False, False}

Si se usa Select para seleccionar coincidencias, se obtiene el mismo resultado que con Cases:

In[8]:= **Select[{{a, a}, {b, a}, {a, b, c}, {b, b}, {c, a}, {b, b, b}}, MatchQ[#, {b, _}] &]**

Out[8]= {{b, a}, {b, b}}

En un patrón, a | b indica "cualquiera de a o b".

Encuentre todos los casos de cualquiera de a o b, seguido de algo:

In[9]:= **Cases[{{a, a}, {b, a}, {a, b, c}, {b, b}, {c, a}, {b, b, b}}, {a | b, _}]**

Out[9]= {{a, a}, {b, a}, {b, b}}

Otro ejemplo: se crea una lista y luego se eligen los elementos que coinciden con patrones dados.

Cree una lista con los dígitos de los enteros en un tramo:

In[10]:= **IntegerDigits[Range[100, 500, 55]]**

Out[10]= {{1, 0, 0}, {1, 5, 5}, {2, 1, 0}, {2, 6, 5}, {3, 2, 0}, {3, 7, 5}, {4, 3, 0}, {4, 8, 5}}

Encuentre los casos que terminen en 5:

In[11]:= **Cases[IntegerDigits[Range[100, 500, 55]], {_, _, 5}]**

Out[11]= {{1, 5, 5}, {2, 6, 5}, {3, 7, 5}, {4, 8, 5}}

Encuentre los casos que tengan en medio 1 o 2:

In[12]:= **Cases[IntegerDigits[Range[100, 500, 55]], {_, 1 | 2, _}]**

Out[12]= {{2, 1, 0}, {3, 2, 0}}

La notación _ _ ("doble guion-bajo") en un patrón indica una secuencia cualquiera de cosas.

Encuentre los casos que consistan en una secuencia cualquiera que termine en b:

In[13]:= **Cases[{{a, a}, {b, a}, {a, b, c}, {b, b}, {c, a}, {b, b, b}}, {__, b}]**

Out[13]= {{b, b}, {b, b, b}}

Encuentre las secuencias que terminen en a ó b, o que comiencen con c:

In[14]:= **Cases[{{a, a}, {b, a}, {a, b, c}, {b, b}, {c, a}, {b, b, b}}, {__, a | b} | {c, __}]**

Out[14]= {{a, a}, {b, a}, {b, b}, {c, a}, {b, b, b}}

Los patrones no se usan solamente con listas: pueden involucrar cualquier cosa.

Elija los casos que coinciden con el patrón f[_]:

In[15]:= **Cases[{f[1], g[2, 3], {a, b, c}, f[x], f[x, x]}, f[_]]**

Out[15]= {f[1], f[x]}

Entre los muchos usos de los patrones está la definición de sustituciones. /. ("diagonal punto") efectúa una sustitución.

Sustituya b con rojo (Red en inglés) en una lista:

In[16]:= **{a, b, a, a, b, b, a, b} /. b → Red**

Out[16]= {a, ■, a, a, ■, ■, a, ■}

Sustituya todas las instancias de listas de 2 elementos que comiencen con 1:

In[17]:= `{{1, a}, {1, b}, {1, a, b}, {2, b, c}, {2, b}} /. {1, _} → Red`

Out[17]= `{■, ■, {1, a, b}, {2, b, c}, {2, b}}`

Puede proporcionarse una lista de sustituciones:

In[18]:= `{{1, a}, {1, b}, {1, a, b}, {2, b, c}, {2, b}} /. {{1, _} → Red, {__, b} → Yellow}`

Out[18]= `{■, ■, □, {2, b, c}, □}`

El patrón _ "guion–bajo" coincide absolutamente con todo. Esto significa, por ejemplo, que {_, _} coincida con una lista cualquiera de dos elementos. Ahora bien, ¿cómo hacer si se quiere que ambos elementos sean iguales? En ese caso, se usa un patrón del tipo {x_, x_}.

{_, _} coincide con una lista que tenga dos elementos, donde estos sean iguales o no:

In[19]:= `Cases[{{a, a, a}, {a, a}, {a, b}, {a, c}, {b, a}, {b, b}, {c}, {a}, {b}}, {_, _}]`

Out[19]= `{{a, a}, {a, b}, {a, c}, {b, a}, {b, b}}`

{x_, x_} coincide solamente con las listas de 2 elementos que sean idénticos:

In[20]:= `Cases[{{a, a, a}, {a, a}, {a, b}, {a, c}, {b, a}, {b, b}, {c}, {a}, {b}}, {x_, x_}]`

Out[20]= `{{a, a}, {b, b}}`

x_ es ejemplo de un *patrón denominado*. Los patrones denominados son particularmente importantes en las sustituciones, pues con ellos se puede usar partes en lo que se quiere sustituir.

Use el patrón denominado x_ en una sustitución:

In[21]:= `{{1, ■}, {1, ■}, {1, ■, ■}, {2, ■, ■}, {2, ■}} /. {1, x_} → {x, x, Yellow, x, x}`

Out[21]= `{{■, ■, □, ■, ■}, {■, ■, □, ■, ■}, {1, ■, ■}, {2, ■, ■}, {2, ■}}`

La forma *a→b* se conoce generalmente como *regla*. Si x_ aparece en el lado izquierdo de una regla, entonces todo aquello que coincida con x_ se verá como x en el lado derecho.

Use x en el lado derecho de la regla para referirse a aquello que coincida con x_:

In[22]:= `{f[1], g[2], f[2], f[6], g[3]} /. f[x_] → x + 10`

Out[22]= `{11, g[2], 12, 16, g[3]}`

También se pueden usar reglas dentro de Cases.

Seleccione los elementos de la lista que coincidan con f[x_], y obtenga el resultado de sustituirlos por x + 10:

In[23]:= `Cases[{f[1], g[2], f[2], f[6], g[3]}, f[x_] → x + 10]`

Out[23]= `{11, 12, 16}`

Más adelante, se verá la importancia crucial de los patrones denominados cuando se usan en funciones definidas por el usuario en Wolfram Language.

Vocabulario

_	patrón que representa cualquier cosa ("guion–bajo")
__	patrón que representa cualquier secuencia ("doble guion–bajo")
*x*_	patrón denominado *x*
a | *b*	patrón que coincide con *a* o *b*
MatchQ[*expr*, *patrón*]	comprueba si *expr* coincide con un patrón
Cases[*lista*, *patrón*]	encuentra los casos donde aparece un patrón en una lista
lhs → *rhs*	regla que transforma *lhs* en *rhs*
expr /. *lhs* → *rhs*	sustituye *lhs* por *rhs* en *expr*

Ejercicios

32.1 Encuentre las listas de longitud 3 o más, que comiencen con 1 y terminen con 9, en **IntegerDigits**[**Range**[1000]].

32.2 Encuentre las listas con tres elementos idénticos en **IntegerDigits**[**Range**[1000]].

32.3 En las listas de los dígitos de los 1000 primeros cuadrados, encuentre las que comiencen con 9 y terminen con 0 o 1.

32.4 En **IntegerDigits**[**Range**[100]], sustituya todos los 0s por **Gray** y todos los 9s por **Orange**.

32.5 Forme la lista de los dígitos de 2^1000, sustituyendo todos los ceros por rojo (**Red** en inglés).

32.6 Elimine las vocales a, e, i, o y u de la lista de los caracteres en "The Wolfram Language".

32.7 Encuentre una forma más simple para **Select**[**IntegerDigits**[2 ^ 1000], # == 0 || # == 1 &].

32.8 Encuentre una forma más simple para **Select**[**IntegerDigits**[**Range**[100, 999]], **First**[#] == **Last**[#] &].

Preguntas y respuestas

¿Son importantes los nombres de las variables en patrones (x_, etc.)?

No. Solo se pide que sean consistentes dentro de un patrón dado. Diferentes patrones pueden volver a usar los mismos nombres para otros propósitos, y el mismo nombre puede aparecer fuera del patrón.

¿Qué otras cosas se pueden usar en la definición de los patrones?

Se verán algunas en la Sección 41.

¿Qué diferencia existe entre | y ||?

p | q es una forma de patrón, que coincide con cualquiera de p y q. p || q es una forma lógica que comprueba si p o q es True.

¿Cómo se dice a|b?

Como "a o b" o bien como "a barra vertical b".

¿Cómo se interpreta /. ?

Es la función ReplaceAll. Replace intenta sustituir una expresión completa. ReplaceList obtiene la lista de los resultados de todas las formas posibles de coincidir con un patrón dado.

Si /. tiene varias sustituciones, ¿cuál de ellas utilizará?

Usará la primera que sea válida. Si las sustituciones son válidas en varios niveles de una expresión, /. las usará en el nivel más externo.

Notas técnicas

- Los patrones para cadenas de caracteres se tratan en la Sección 42.

- En Wolfram Language, la coincidencia de patrones toma en cuenta los hechos tales como la equivalencia de x+y y y+x, o x+(y+z) y (x+y)+z. Vea la Sección 41.

- Al escribir *lhs* → *rhs*, la *lhs* significa "lado izquierdo" y la *rhs* "lado derecho".

- Los patrones son *formas con ámbito de alcance*, en el sentido de que localizan nombres solamente dentro del ámbito del patrón, tales como la x en x_.

- En el caso poco frecuente de que /. venga seguido de un dígito (como 0), hay que dejar un espacio en blanco antes del dígito, a fin de evitar la confusión con una división.

Para explorar más

Guía para patrones en Wolfram Language (wolfr.am/eiwl-es-32-more)

33 | Expresiones y su estructura

Se ha visto ya una gran diversidad del material contenido en Wolfram Language: listas, gráficos, funciones puras y muchas cosas más. Se está ahora en posición de comenzar a tratar con una cuestión fundamental en Wolfram Language: el hecho de que cada una de esas cosas—y, de hecho, todo aquello con lo que trata el lenguaje—está construida siempre en la misma forma básica. Todo ello es lo que se llama una *expresión simbólica*.

Las expresiones simbólicas son una manera muy general de representar una estructura, potencialmente con un significado asociado a esa estructura. f[x, y] es un ejemplo sencillo de expresión simbólica. Por sí misma, esta expresión simbólica no tiene asociado ningún significado en particular de modo que, al escribirla, Wolfram Language la regresará tal cual, sin cambios.

f[x, y] es una expresión simbólica sin ningún significado particular asociado:

In[1]:= **f[x, y]**

Out[1]= f[x, y]

{x, y, z} es otra expresión simbólica. Aunque internamente es List[x, y, z], se visualiza como {x, y, z}.

La expresión simbólica List[x, y, z] se visualiza como {x, y, z}:

In[2]:= **List[x, y, z]**

Out[2]= {x, y, z}

Frecuentemente, las expresiones simbólicas están anidadas:

In[3]:= **List[List[a, b], List[c, d]]**

Out[3]= {{a, b}, {c, d}}

FullForm muestra la forma interna de cualquier expresión simbólica.

In[4]:= **FullForm[{{a, b}, {c, d}}]**

Out[4]//FullForm= List[List[a, b], List[c, d]]

Graphics[Circle[{0, 0}]] es otra expresión simbólica, que se muestra en pantalla como la imagen de un círculo. FullForm muestra su estructura interna.

Esta expresión simbólica se visualiza como un círculo:

In[5]:= **Graphics[Circle[{0, 0}]]**

Out[5]= ○

FullForm muestra la estructura subyacente de esa expresión simbólica:

In[6]:= **FullForm[**  **]**

Out[6]//FullForm= Graphics[Circle[List[0, 0]]]

A menudo sucede que las expresiones simbólicas no solo se muestran en pantalla de una manera especial, sino que, además, *se evalúan* y producen resultados.

Una expresión simbólica que se evalúa para producir un resultado:

In[7]:= **Plus[2, 2]**

Out[7]= 4

Los elementos de la lista se evalúan, pero la lista misma sigue siendo simbólica:

In[8]:= **{Plus[3, 3], Times[3, 3], Power[3, 3]}**

Out[8]= {6, 9, 27}

He aquí la estructura de la lista como expresión simbólica:

In[9]:= **{Plus[3, 3], Times[3, 3], Power[3, 3]} // FullForm**

Out[9]//FullForm= List[6, 9, 27]

Esto es una expresión simbólica que, además, se evalúa:

In[10]:= **Blur[** 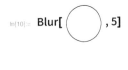 **, 5]**

Out[10]=

Lo anterior podría escribirse de este modo:

In[11]:= **Blur[Graphics[Circle[{0, 0}]], 5]**

Out[11]=

¿Cuáles son los elementos constitutivos más elementales en las expresiones simbólicas? Se les llama *átomos* (por analogía con los elementos constitutivos básicos de los materiales físicos). Los principales tipos de átomos son los números, las cadenas de caracteres y los *símbolos*.

Por ejemplo, x, y, f, Plus, Graphics y Table, son símbolos. Todo símbolo tiene un nombre único. En ocasiones, también lleva asociado un significado. A veces, también estará asociado con una evaluación. Y también puede ser parte de la definición de una estructura que usarán otras funciones. Pero no es necesario que sea nada de eso; simplemente debe tener un nombre.

Una característica crucial de Wolfram Language es que puede manejar símbolos puramente como tales, como símbolos ("simbólicamente"), sin que se tengan que evaluar, para producir números, por ejemplo.

En Wolfram Language, x puede simplemente ser x, sin que tenga que evaluarse como alguna otra cosa:

In[12]:= **x**

Out[12]= x

x no se evalúa, pero la suma se hace de todos modos, según las leyes del álgebra, en este caso:

In[13]:= **x + x + x + 2 y + y + x**

Out[13]= 4 x + 3 y

Dados símbolos tales como x, y y f, se puede construir una infinidad de expresiones con ellos. Así, f[x], y f[y], y f[x, y]. Y también f[f[x]] o f[x, f[x, y]], o, para el caso, x[x][y, f[x]] o lo que sea.

En general, toda expresión corresponde a un árbol, cuyas "hojas" últimas son átomos. Una expresión puede mostrarse en forma de árbol usando TreeForm.

Una expresión exhibida en forma de árbol:

In[14]:= **TreeForm[{f[x, f[x, y]], {x, y, f[1]}}]**

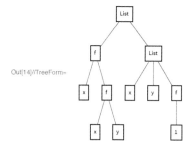

Out[14]//TreeForm=

Aquí se tiene una expresión sobre gráficos mostrada en forma de árbol:

In[15]:= **TreeForm[Graphics[{Circle[{0, 0}], Hue[0.5], Disk[{1, 1}]}]]**

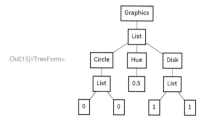

Out[15]//TreeForm=

A fin de cuentas, las expresiones tienen una estructura muy uniforme, así que las operaciones en Wolfram Language operan sobre ellas también de manera muy uniforme.

Por ejemplo, cualquier expresión tiene partes, como las de una lista, que se pueden extraer mediante el uso de [[...]].

Esto es equivalente a {x, y, z}[[2]], y extrae el segundo elemento de una lista:

In[16]:= **List[x, y, z][[2]]**

Out[16]= y

La extracción de partes funciona de igual forma en la siguiente expresión:

In[17]:= **f[x, y, z][[2]]**

Out[17]= y

Esto extrae el círculo del gráfico:

In[18]:= **Graphics[Circle[{0, 0}]][[1]]**

Out[18]= Circle[{0, 0}]

Y, de igual modo, se extraen a continuación las coordenadas de su centro:

In[19]:= **Graphics[Circle[{0, 0}]][[1, 1]]**

Out[19]= {0, 0}

Esto llega exactamente al mismo resultado:

In[20]:= ◯ **[[1, 1]]**

Out[20]= {0, 0}

En f[x, y], a f se le llama *encabezado* de la expresión. x y y se llaman *argumentos*. La función Head extrae el encabezado de una expresión.

El encabezado de una lista es List:

In[21]:= **Head[{x, y, z}]**

Out[21]= List

Toda parte de una expresión tiene un encabezado, incluyendo sus átomos.

El encabezado de un entero es Integer:

In[22]:= **Head[1234]**

Out[22]= Integer

El encabezado de un número real aproximado es Real:

In[23]:= **Head[12.45]**

Out[23]= Real

El encabezado de una cadena de caracteres es String:

In[24]:= **Head["hello"]**

Out[24]= String

Hasta los símbolos tienen un encabezado, a saber: Symbol:

In[25]:= **Head[x]**

Out[25]= Symbol

Mediante el uso de los patrones se pueden buscar coincidencias de expresiones con encabezados dados. _Integer representa cualquier entero, _String cualquier cadena de caracteres y así sucesivamente.

_Integer es un patrón que coincide únicamente con objetos que tengan el encabezado Integer:

In[26]:= **Cases[{x, y, 3, 4, z, 6, 7}, _Integer]**

Out[26]= {3, 4, 6, 7}

Los patrones denominados pueden también tener encabezados especificados:

In[27]:= **Cases[{99, x, y, z, 101, 102}, n_Integer → {n, n}]**

Out[27]= {{99, 99}, {101, 101}, {102, 102}}

Al usar Wolfram Language, la mayor parte de los encabezados que se ven son símbolos. Sin embargo, hay casos importantes donde aparecen encabezados más complicados. Uno de estos casos es el de las funciones puras, donde al aplicar una función pura dicha función pura aparece como encabezado.

He aquí la forma completa de una función pura (# es Slot[1]):

In[28]:= **FullForm[#^2 &]**

Out[28]//FullForm= Function[Power[Slot[1], 2]]

Al aplicar la función pura, esta aparece como encabezado:

In[29]:= **Function[Power[Slot[1], 2]][1000]**

Out[29]= 1 000 000

A medida que uno se vuelve más sofisticado en la programación en Wolfram Language, se van encontrando cada vez más casos de encabezados complicados. De hecho, muchas de las funciones que se han revisado hasta ahora tienen *formas de operador*, donde aparecen como encabezados; y, el usarlas de esta forma, lleva a estilos de programación muy poderosos y elegantes.

Select aparece aquí como encabezado:

In[30]:= **Select[# > 4 &][{1, 2.2, 3, 4.5, 5, 6, 7.5, 8}]**

Out[30]= {4.5, 5, 6, 7.5, 8}

Tanto **Cases** como **Select** aparecen como encabezados en este ejemplo:

```
In[31]:= Cases[_Integer]@Select[# > 4 &]@{1, 2.2, 3, 4.5, 5, 6, 7.5, 8}
Out[31]= {5, 6, 8}
```

Todas las operaciones estructurales básicas para listas que se han visto trabajan exactamente igual en el caso de expresiones arbitrarias.

Length no pone atención en cuál sea el encabezado de una expresión; simplemente cuenta los argumentos:

```
In[32]:= Length[f[x, y, z]]
Out[32]= 3
```

/@ tampoco pone atención en cuál sea el encabezado de una expresión; simplemente aplica una función a sus argumentos:

```
In[33]:= f/@g[x, y, z]
Out[33]= g[f[x], f[y], f[z]]
```

Dado que hay muchas funciones que generan listas, resulta conveniente construir estructuras en forma de listas, aun si al final hay que sustituir las listas por otras funciones.

@@ sustituye el encabezado de la lista por f:

```
In[34]:= f@@{x, y, z}
Out[34]= f[x, y, z]
```

Esto da Plus[1, 1, 1, 1], lo que entonces se evalúa:

```
In[35]:= Plus@@{1, 1, 1, 1}
Out[35]= 4
```

Esto convierte una lista en una regla:

```
In[36]:= #1 → #2 &@@{x, y}
Out[36]= x → y
```

Aquí se ve una alternativa más sencilla, sin hacer explícita la función pura:

```
In[37]:= Rule@@{x, y}
Out[37]= x → y
```

Una situación insospechadamente común se da cuando se tiene una lista de listas, donde se quiere sustituir las listas interiores por alguna función. Eso puede efectuarse con **@@** y **/@**. Sin embargo, **@@@** es una forma directa y más conveniente para ese propósito.

Sustituya las listas interiores por f:

```
In[38]:= f@@@{{1, 2, 3}, {4, 5, 6}}
Out[38]= {f[1, 2, 3], f[4, 5, 6]}
```

Convierta en reglas las listas interiores:

In[39]:= **Rule @@@ {{1, 10}, {2, 20}, {3, 30}}**

Out[39]= $\{1 \to 10, 2 \to 20, 3 \to 30\}$

He aquí un ejemplo de cómo se puede utilizar @@@ para construir un grafo a partir de una lista de parejas.

Esto genera una lista de parejas de caracteres:

In[40]:= **Partition[Characters["antidisestablishmentarianism"], 2, 1]**

Out[40]= {{a, n}, {n, t}, {t, i}, {i, d}, {d, i}, {i, s}, {s, e}, {e, s}, {s, t}, {t, a}, {a, b}, {b, l}, {l, i}, {i, s}, {s, h}, {h, m}, {m, e}, {e, n}, {n, t}, {t, a}, {a, r}, {r, i}, {i, a}, {a, n}, {n, i}, {i, s}, {s, m}}

Convierta lo anterior en una lista de reglas:

In[41]:= **Rule @@@ Partition[Characters["antidisestablishmentarianism"], 2, 1]**

Out[41]= $\{a \to n, n \to t, t \to i, i \to d, d \to i, i \to s, s \to e, e \to s, s \to t, t \to a, a \to b, b \to l, l \to i, i \to s, s \to h, h \to m, m \to e, e \to n, n \to t, t \to a, a \to r, r \to i, i \to a, a \to n, n \to i, i \to s, s \to m\}$

Forme un *gráfico de transiciones* que muestre cómo cada letra es la sucesiva de cada otra:

In[42]:= **Graph[Rule @@@ Partition[Characters["antidisestablishmentarianism"], 2, 1], VertexLabels → All]**

Out[42]=

Vocabulario

FullForm[*expr*]	muestra la forma interna completa
TreeForm[*expr*]	muestra la estructura de árbol
Head[*expr*]	extrae el encabezado de una expresión
_ *encabezado*	busca la coincidencia de una expresión con un encabezado particular
f **@@** *lista*	sustituye el encabezado de *lista* con *f*
f **@@@** {*lista*$_1$, *lista*$_2$, ...}	sustituye los encabezados de *lista*$_1$, *lista*$_2$, ... con *f*

Ejercicios

33.1 Encuentre el encabezado de la salida de un **ListPlot**.

33.2 Use **@@** para calcular el resultado de multiplicar todos los enteros hasta el 100.

33.3 Use **@@@** y **Tuples** para generar {f[a, a], f[a, b], f[b, a], f[b, b]}.

33.4 Haga una lista con las formas de árbol de 4 aplicaciones sucesivas de #^#& comenzando con x.

33.5 Encontrar los casos, sin repeticiones, para los que $i \wedge 2/(j \wedge 2+1)$ es un entero, donde i y j toman valores hasta el 20.

33.6 Crear un grafo que conecte parejas sucesivas de números en **Table[Mod[n^2 + n, 100], {n, 100}]**.

33.7 Generar un grafo que muestre qué palabra sigue a cuál en las 200 primeras palabras del artículo en Wikipedia sobre "computers".

33.8 Encontrar una forma más simple para f@@#&/@ {{1, 2}, {7, 2}, {5, 4}}.

Preguntas y respuestas

¿Cómo se interpretan @@ y @@@?

f @@ *expr* es Apply[*f*, *expr*]. *f* @@@ *expr* es Apply[*f*, *expr*, {1}]. Por lo general, se leen como "doble arroba" y "triple arroba".

¿Son árboles todas las expresiones en Wolfram Language?

En un nivel estructural, sí. Sin embargo, cuando se tienen variables con valores asignados (ver la Sección 38), se comportan más bien como grafos dirigidos. Y, por supuesto, se puede usar **Graph** para representar cualquier grafo como una expresión en Wolfram Language.

Notas técnicas

- El concepto básico de los lenguajes simbólicos procede directamente de los trabajos sobre lógica matemática, que se remontan a los años 1930 y anteriores pero, aparte de Wolfram Language, son muy raros los que lo han implementado en la práctica.

- Las expresiones en Wolfram Language se parecen un poco a las de XML (y se pueden convertir de unas a otras). Pero, a diferencia de las expresiones en XML, las de Wolfram Language pueden evaluarse, de tal modo que cambien su estructura automáticamente.

- Cosas como **Select[*f*]**, que se han establecido para aplicarse a expresiones, se llaman *formas de operador*, por analogía con los operadores en matemáticas. El usar **Select[*f*][*expr*]** en vez de **Select[*expr*, *f*]** se llama generalmente *currificación*, por el especialista en lógica Haskell Curry.

- Los símbolos como x pueden usarse para representar variables algebraicas o "incógnitas". Esto es de importancia central para hacer cosas muy diversas en matemáticas con Wolfram Language.

- **LeafCount** da el número total de átomos en las hojas de un árbol de expresión. **ByteCount** da el número de bytes necesarios para almacenar dicha expresión.

Para explorar más

Guía para expresiones en Wolfram Language (wolfr.am/eiwl-es-33-more)

34 | Asociaciones

Las *asociaciones* son un tipo de generalización de las listas, donde cada elemento tiene una clave, además de un valor. Counts es una función típica que produce una asociación.

Counts produce una asociación que informa cuántas veces aparece cada elemento diferente:

In[1]:= **Counts[{a, a, b, c, a, a, b, c, c, a, a}]**

Out[1]= <| a → 6, b → 2, c → 3 |>

Se obtiene el valor asociado con una clave usando [...].

Encuentre el valor asociado con c en la asociación:

In[2]:= **<| a → 6, b → 2, c → 3 |>[c]**

Out[2]= 3

Las operaciones para trabajar con listas también funcionan con las asociaciones, aunque se aplican solamente a los valores y no a las claves.

Aquí se suma 500 a cada valor de la asociación:

In[3]:= **<| a → 6, b → 2, c → 3 |> + 500**

Out[3]= <| a → 506, b → 502, c → 503 |>

/@ aplica una función a cada uno de los valores en la asociación:

In[4]:= **f /@ <| a → 6, b → 2, c → 3 |>**

Out[4]= <| a → f[6], b → f[2], c → f[3] |>

Total da el total de los valores:

In[5]:= **Total[<| a → 6, b → 2, c → 3 |>]**

Out[5]= 11

Sort opera sobre los valores:

In[6]:= **Sort[<| a → 6, b → 2, c → 3 |>]**

Out[6]= <| b → 2, c → 3, a → 6 |>

KeySort opera sobre las claves:

In[7]:= **KeySort[<| c → 1, b → 2, a → 4 |>]**

Out[7]= <| a → 4, b → 2, c → 1 |>

Las funciones Keys y Values extraen las claves y los valores en una asociación.

Obtenga la lista de las claves en la asociación:

In[8]:= **Keys[<| a → 6, b → 2, c → 3 |>]**

Out[8]= {a, b, c}

Obtenga la lista de los valores en la asociación:

In[9]:= **Values[<| a → 6, b → 2, c → 3 |>]**

Out[9]= {6, 2, 3}

Normal convierte una asociación en una lista normal de reglas. Association produce una asociación a partir de una lista de reglas.

In[10]:= **Normal[<| a → 6, b → 2, c → 3 |>]**

Out[10]= {a → 6, b → 2, c → 3}

In[11]:= **Association[{a → 6, b → 2, c → 3}]**

Out[11]= <| a → 6, b → 2, c → 3 |>

LetterCounts cuenta las veces que aparecen las letras en una cadena de caracteres.

Cuente cuántas veces aparece cada letra en el artículo de Wikipedia sobre "computers":

In[12]:= **LetterCounts[WikipediaData["computers"]]**

Out[12]= <| e → 4833, t → 3528, a → 3207, o → 3059, r → 2907, i → 2818, n → 2747, s → 2475, c → 1800, l → 1673, m → 1494, h → 1473, u → 1357, d → 1329, p → 1153, g → 818, f → 766, y → 594, b → 545, w → 456, v → 391, k → 174, T → 150, A → 110, I → 101, C → 84, M → 82, x → 77, S → 68, P → 64, q → 58, U → 55, B → 45, H → 43, E → 42, R → 41, L → 41, z → 38, O → 38, D → 37, W → 30, N → 29, F → 28, j → 25, G → 23, J → 17, K → 14, V → 10, Z → 8, Q → 4, ū → 4, ī → 4, ö → 2, ā → 2, Y → 1, X → 1, é → 1, â → 1 |>

KeyTake elige los elementos de una asociación que aparezcan en la lista de claves que se especifique. Aquí se toman los elementos cuyas claves sean letras en el alfabeto inglés (en minúsculas).

Tome solo aquellos elementos de la asociación cuyas claves aparezcan como letras del alfabeto inglés:

In[13]:= **KeyTake[LetterCounts[WikipediaData["computers"]], Alphabet[]]**

Out[13]= <| a → 3207, b → 545, c → 1800, d → 1329, e → 4833, f → 766, g → 818, h → 1473, i → 2818, j → 25, k → 174, l → 1673, m → 1494, n → 2747, o → 3059, p → 1153, q → 58, r → 2907, s → 2475, t → 3528, u → 1357, v → 391, w → 456, x → 77, y → 594, z → 38 |>

BarChart grafica los valores en una asociación. Si se especifica ChartLabels → Automatic, se usarán las claves como etiquetas.

Haga un diagrama de barras con el número de veces que aparece cada letra; la más común es la "e":

In[14]:= `BarChart[KeyTake[LetterCounts[WikipediaData["computers"]], Alphabet[]], ChartLabels → Automatic]`

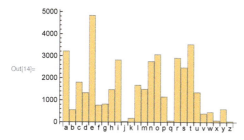

He aquí una forma directa de aplicar una función pura a una asociación.

Aplique una función pura a una asociación:

In[15]:= `f[#["apples"], #["oranges"]] &[ <| "apples" → 10, "oranges" → 12, "pears" → 4 |> ]`

Out[15]= `f[10, 12]`

Es muy frecuente que las claves sean cadenas de caracteres, y Wolfram Language se vale de esto en una forma especial cuando se usan funciones puras: simplemente se usa #clave cuando se haga referencia a un elemento cuya clave sea "clave".

Use la notación simplificada para los elementos de la asociación cuyas claves sean cadenas de caracteres:

In[16]:= `f[#apples, #oranges] &[ <| "apples" → 10, "oranges" → 12, "pears" → 4 |> ]`

Out[16]= `f[10, 12]`

Un ejemplo más realista sería aplicar una función pura que extraiga el valor de "e" del conteo de las letras, y lo divida por el total. La N da el resultado en forma decimal.

Calcule la fracción de las letras que sean "e" en el artículo "computers":

In[17]:= `#e/Total[#] & @ LetterCounts[WikipediaData["computers"]] // N`

Out[17]= `0.11795`

Vocabulario

<| $clave_1$ → $value_1$, $clave_2$ → $value_2$, ... |>	una asociación
Association[*reglas*]	convierte una lista de reglas en una asociación
assoc[*clave*]	extrae un elemento de una asociación
Keys[*assoc*]	lista de las claves de una asociación
Values[*assoc*]	lista de valores en una asociación
Normal[*assoc*]	convierte una asociación en una lista de reglas
KeySort[*assoc*]	ordena una asociación según sus claves
KeyTake[*assoc*, *claves*]	toma elementos con claves dadas
#*clave*	ranura de función para un elemento con clave "*clave*"
Counts[*lista*]	una asociación con los conteos de los elementos que sean diferentes
LetterCounts[*cadena*]	una asociación con los conteos de las letras que sean diferentes

Ejercicios

34.1 Forme la lista, ordenada, del número de veces que aparece cada uno de los dígitos del 0 al 9 en 3^100.

34.2 Construya un diagrama de barras, con etiquetas, del número de veces que aparece cada uno de los dígitos del 0 al 9 en 2^1000.

34.3 Produzca un diagrama de barras, con etiquetas, del número de veces que aparece cada una de las letras iniciales en las palabras obtenidas de WordList[ ].

34.4 Construir una asociación que muestre las 5 letras iniciales más frecuentes en las palabras obtenidas de WordList[ ], junto con sus conteos.

34.5 Encuentre la razón numérica del número de veces que ocurren la "q" y la "u" en el artículo de Wikipedia sobre "computers".

34.6 Encuentre las 10 palabras más frecuentes en ExampleData[{"Text", "AliceInWonderland"}].

Preguntas y respuestas

¿Por qué se llaman así las "asociaciones"?
Porque *asocian* valores con claves. Otras denominaciones para lo mismo son: arreglos asociativos, diccionarios, hashmaps, structs, mapas clave-valor y listas indexadas simbólicamente.

¿Cómo se escribe en el teclado una asociación?
Se comienza con <| (< seguido de |), y luego se escribe –> para cada →. Alternativamente, se puede usar Association[a –> 1, b –> 2].

En una asociación, ¿puede haber varios elementos con la misma clave?
No. En una asociación las claves son únicas.

¿Qué pasa si se pide una clave que no esté en una asociación?

Por lo general, se obtiene Missing[...]. Sin embargo, si se usa Lookup para buscar la clave, puede especificarse la respuesta que se quiere ver cuando la clave no existe.

¿Cómo se pueden realizar operaciones con las claves de una asociación?

Se usa KeyMap, o funciones tales como KeySelect y KeyDrop. AssociationMap crea una asociación mapeando una función sobre un conjunto de claves.

¿Cómo pueden combinarse varias asociaciones en una sola?

Se usa Merge. Se requiere dar una función que indique qué hacer cuando aparezca la misma clave en múltiples asociaciones.

¿Puede usarse [[...]] para extraer una parte de una asociación, del mismo modo que se extraen partes de una lista?

Sí, si se dice explícitamente $assoc$[[Key[$clave$]]]. Por ejemplo, $assoc$[[2]] extrae el segundo elemento de $assoc$, cualquiera que sea la clave que tenga. $assoc$[[$clave$]] es un caso especial que funciona de igual manera que $assoc$[$clave$].

¿Qué sucede en el caso de funciones puras cuando las claves en una asociación no son cadenas de caracteres?

En ese caso, no puede usarse #key; tiene que usarse explícitamente #[key].

Notas técnicas

- La mayoría de las funciones operan efectivamente con asociaciones como si estuvieran operando con las listas de sus valores. Generalmente, las funciones que se enhebran con listas hacen lo mismo con asociaciones.
- Las asociaciones son como tablas en una base de datos relacional. JoinAcross hace lo análogo de juntar bases de datos.

Para explorar más

Guía para asociaciones en Wolfram Language (wolfr.am/eiwl-es-34-more)

35 | Comprensión del lenguaje natural

Anteriormente se vio cómo utilizar `ctrl =` para ingresar una entrada en lenguaje natural. Ahora se describirá cómo establecer funciones que puedan comprender el lenguaje natural.

Interpreter es la clave para mucho de este tema. Se le dice al intérprete qué tipo de cosa se desea obtener y, entonces, este toma cualquier cadena de caracteres que se le den y trata de interpretarla.

Interprete la cadena "nyc" como ciudad:

In[1]:= **Interpreter["City"]["nyc"]**

Out[1]= New York City

"The big apple" es un apodo de la ciudad de Nueva York:

In[2]:= **Interpreter["City"]["the big apple"]**

Out[2]= New York City

Interprete la cadena "hot pink" como color:

In[3]:= **Interpreter["Color"]["hot pink"]**

Out[3]= ■

Interpreter convierte lenguaje natural en expresiones de Wolfram Language con las que se pueden efectuar procesos de cómputo. He aquí un ejemplo relacionado con montos de dinero.

Interprete diversos montos de dinero:

In[4]:= **Interpreter["CurrencyAmount"][
    {"4.25 dollars", "34 russian rubles", "5 euros", "85 cents"}]**

Out[4]= { $4.25 , ру634 , €5 , 85¢ }

Calcule el total en dólares, haciendo la conversión con los tipos de cambio del momento:

In[5]:= **Total[{ $4.25 , ру634 , €5 , 85¢ }]**

Out[5]= $11.07

Aquí está otro ejemplo, que se refiere a ubicaciones.

Interpreter da la ubicación geográfica de la Casa Blanca:

In[6]:= **Interpreter["Location"]["White House"]**

Out[6]= GeoPosition[{38.8977, −77.0366}]

Puede funcionar también a partir de un domicilio:

In[7]:= **Interpreter["Location"]["1600 Pennsylvania Avenue, Washington, DC"]**

Out[7]= GeoPosition[{38.8977, −77.0366}]

Interpreter maneja centenares de diferentes tipos de objetos.

Interprete los nombres de universidades (de cuál "U of I" se trate depende de la localización geográfica):

In[8]:= **Interpreter["University"][{"Harvard", "Stanford", "U of I"}]**

Out[8]= { Harvard University , Stanford University , University of Illinois at Urbana-Champaign }

Interprete los nombres de sustancias químicas:

In[9]:= **Interpreter["Chemical"][{"H2O", "aspirin", "CO2", "wolfram"}]**

Out[9]= { water , aspirin , carbon dioxide , tungsten }

Interprete nombres de animales y, luego, obtenga sus imágenes:

In[10]:= **EntityValue[Interpreter["Animal"][{"cheetah", "tiger", "elephant"}], "Image"]**

Interpreter interpreta cadenas completas de caracteres. TextCases, en cambio, intenta elegir, de una cadena, los casos que se piden.

Elija los sustantivos en una porción de texto:

In[11]:= **TextCases["A sentence is a linguistic construct", "Noun"]**

Out[11]= {sentence, construct}

Elija cantidades de dinero:

In[12]:= **TextCases["Choose between $5, €5 and ¥5000", "CurrencyAmount"]**

Out[12]= {$5, €5, ¥5000}

Se puede usar TextCases para elegir tipos particulares de cosas en una porción de texto. Por ejemplo, aquí se eligen los casos que sean nombres de países en cierto artículo de Wikipedia.

Genere la nube de palabras de los nombres de países que aparecen en el artículo de Wikipedia sobre la Unión Europea:

In[13]:= `WordCloud[TextCases[WikipediaData["EU"], "Country"]]`

TextStructure muestra la estructura completa de una porción de texto.

Vea cómo puede analizarse sintácticamente en unidades gramaticales una oración en inglés:

In[14]:= `TextStructure["You can do so much with the Wolfram Language."]`

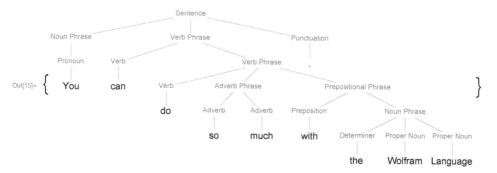

Representación alternativa en forma de gráfico:

In[15]:= `TextStructure["You can do so much with the Wolfram Language.", "ConstituentGraphs"]`

WordList[ ] da una lista de palabras comunes del inglés. WordList["Noun"], etc. da las listas de palabras que pueden usarse como partes particulares del lenguaje.

Busque los 20 primeros casos de la lista de verbos comunes del inglés:

In[16]:= `Take[WordList["Verb"], 20]`

Out[16]= {aah, abandon, abase, abash, abate, abbreviate, abdicate, abduct, abet, abhor, abide, abjure, ablate, abnegate, abolish, abominate, abort, abound, abrade, abridge}

Es muy fácil estudiar algunas de las propiedades de las palabras. Aquí se presentan los histogramas que comparan las distribuciones de la longitud de sustantivos, verbos y adjetivos en la lista de palabras comunes del inglés.

Haga los histogramas de las longitudes de los sustantivos, verbos y adjetivos en inglés:

In[17]:= **Histogram[StringLength[WordList[#]]] &/@{"Noun", "Verb", "Adjective"}**

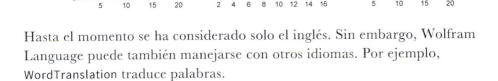

Hasta el momento se ha considerado solo el inglés. Sin embargo, Wolfram Language puede también manejarse con otros idiomas. Por ejemplo, WordTranslation traduce palabras.

Traduzca "hello" al francés:

In[18]:= **WordTranslation["hello", "French"]**

Out[18]= {bonjour, hello, holà, ohé}

Traduzca al coreano:

In[19]:= **WordTranslation["hello", "Korean"]**

Out[19]= {여보세요, 안녕하세요}

Traducir al coreano y después transliterar al alfabeto inglés:

In[20]:= **Transliterate[WordTranslation["hello", "Korean"]]**

Out[20]= {yeoboseyo, annyeonghaseyo}

Si se quiere hacer la comparación entre muchas lenguas diferentes, se da la opción All para la lengua en WordTranslation. Como resultado se obtiene una asociación que da las traducciones a diferentes idiomas, listados más o menos de acuerdo con su grado de uso en el mundo.

De la traducción de "hello" en las 5 lenguas más usadas en el mundo:

In[21]:= **Take[WordTranslation["hello", All], 5]**

Out[21]= ⟨| Mandarin → {表示問候的叫聲}, Hindi → {हैलो, नमस्ते}, Spanish → {buenos días, hola}, Russian → {привет, приветствие, Здравствуйте}, Indonesian → {halo} |⟩

Se toman ahora las 100 lenguas de uso más común, y se encuentra el primer caracter de la primera de las traducciones que hay para "hello". Ahora se muestra la nube de palabras, que muestra que en esas lenguas la "h" es la que aparece como inicial más frecuente en las traducciones de "hello".

Considerando los 100 primeros lenguajes, cree una nube de palabras con las letras iniciales de la palabra "hello":

In[22]:= `WordCloud[Values[StringTake[First[#], 1] &/@Take[WordTranslation["hello", All], 100]]]`

Out[22]=

Vocabulario

Interpreter["*tipo*"]	especifica una función para interpretar lenguaje natural
TextCases["*texto*", "*tipo*"]	encuentra los casos de un tipo dado de objeto en *texto*
TextStructure["*texto*"]	encuentra la estructura gramatical de *texto*
WordTranslation["*palabra*", "*lengua*"]	traduce una palabra a otra lengua

Ejercicios

35.1 Use **Interpreter** para encontrar la ubicación de la torre Eiffel.

35.2 Use **Interpreter** para encontrar una universidad a la que se suele llamar "U of T".

35.3 Use **Interpreter** para encontrar las sustancias químicas a las que se refieren como C2H4, C2H6 y C3H8.

35.4 Use **Interpreter** para interpretar la fecha "20140108".

35.5 Encuentre aquellas universidades que puedan ser llamadas como "U of X", donde x es cualquier letra del alfabeto.

35.6 Busque cuáles de los nombres de las capitales de los estados de EE. UU. pueden interpretarse como títulos de películas (usar **CommonName** para obtener las versiones de los nombres de entidades como cadenas de caracteres).

35.7 Busque cuáles nombres de ciudades son permutaciones de las letras a, i, l y m.

35.8 Haga la nube de palabras de los nombres de países que aparecen en el artículo de Wikipedia sobre "gunpowder".

35.9 Busque todos los sustantivos en "She sells seashells by the sea shore."

35.10 Use **TextCases** para encontrar el número de sustantivos, verbos y adjetivos en los primeros 1000 caracteres del artículo de Wikipedia sobre "computers".

35.11 Encuentre la estructura gramatical de la primera oración del artículo de Wikipedia sobre "computers".

35.12 Encuentre los 10 sustantivos más comunes en ExampleData[{"Text", "AliceInWonderland"}].

35.13 Muestre la representación del grafo de comunidades de la estructura textual de la primera oración del artículo de Wikipedia sobre "language".

35.14 Haga la lista de los totales de sustantivos, verbos, adjetivos y adverbios que existen en WordList en inglés.

35.15 Genere la lista de las traducciones de los números 2 al 9 al francés.

Preguntas y respuestas

Qué tipos posibles de intérpretes hay?
Es una lista larga. Consulte la documentación o evalúe $InterpreterTypes para ver la lista.

¿Se necesita tener una conexión a la red para usar Interpreter?
En casos sencillos, tales como fechas o divisas básicas, no se requiere. Pero sí es necesaria para trabajar con entradas de lenguaje natural completo.

Al decir "4 dollars", ¿cómo puede saberse si se trata de dólares estadounidenses o de otro tipo?
Puede intentar deducirse de qué tipo de dólares se está hablando con base en la ubicación geográfica.

¿Puede el Interpreter trabajar con lenguaje natural arbitrario?
Si algo puede expresarse en Wolfram Language, entonces Interpreter debería poder interpretarlo. Interpreter["SemanticExpression"] toma cualquier entrada e intenta entender su significado, de tal modo que pueda obtener una expresión de Wolfram Language que lo capture. En esencia, lo que hace sería la primera etapa de lo que hace Wolfram|Alpha.

¿Pueden incorporarse intérpretes hechos por el usuario?
Sí. GrammarRules permite construir una gramática propia, usando cualesquiera intérpretes que se quiera.

¿Puede buscarse el significado de una palabra?
WordDefinition da las definiciones de diccionario.

Dada una palabra, ¿puede encontrarse a qué categoría gramatical corresponde?
PartOfSpeech da *todas* las categorías gramaticales a las que puede corresponder una palabra. Así, para "fish" da sustantivo y nombre. Cuál de ellas sea la correcta depende de cómo se esté usando la palabra en una oración, y de esto se encarga TextStructure.

Además de palabras, ¿pueden traducirse oraciones completas?
TextTranslation lo hace con algunos lenguajes y, generalmente, recurre a algún servicio externo.

¿Qué lenguajes maneja WordTranslation?
Puede traducir una buena cantidad de palabras de algunos centenares de los lenguajes más comunes. Y traduce al menos unas cuantas palabras de más de un millar de lenguajes. LanguageData da información acerca de más de 10 000 lenguajes.

Notas técnicas

- TextStructure requiere de un texto gramaticalmente completo, pero Interpreter usa muchas técnicas diferentes para trabajar también con fragmentos de texto.

- Al usar `ctrl =` se puede resolver interactivamente la ambigüedad en la entrada. Con Interpreter hay que hacerlo programáticamente, usando la opción AmbiguityFunction.

Para explorar más

Guía para intérpretes de lenguaje natural en Wolfram Language (wolfr.am/eiwl-es-35-more)

36 | Construcción de sitios web y aplicaciones

Con Wolfram Language es relativamente sencillo subir a la web cualquier cosa que haya uno creado.

Cree algún objeto gráfico:

In[1]:= **GeoGraphics[GeoRange → All, GeoProjection → "Albers"]**

Out[1]=

Despliegue en la nube:

In[2]:= **CloudDeploy[GeoGraphics[GeoRange → All, GeoProjection → "Albers"]]**

Out[2]= CloudObject[https://www.wolframcloud.com/objects/9e1f3855-df3f-4d63-96f0-49c6bcd14138]

A menos que se indique lo contrario, CloudDeploy crea una nueva página web, con una dirección única. Si uno se dirige a esa página, ahí encontrará su gráfico.

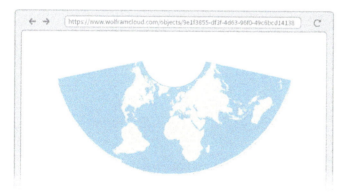

Si se quiere, también se puede dar acceso público a lo que se creó (siempre y cuando se pueda acceder a Wolfram Cloud).

Despliegue en Wolfram Cloud, con el permiso para que cualquiera pueda ver lo que se hizo:

In[3]:= **CloudDeploy[Graphics[{Red, Disk[]}], Permissions → "Public"]**

Out[3]= CloudObject[https://www.wolframcloud.com/objects/b76ab315-ee3a-4400-bed8-66c3c9b07c22]

Quienquiera que tenga la dirección en la web (URL) puede entrar ahí y ver lo que se ha hecho. URLShorten construye un URL abreviado que es más fácil de comunicar a otras personas.

Obtenga un URL abreviado para la página web construida:

In[4]:= **URLShorten[CloudDeploy[Graphics[{Red, Disk[]}], Permissions → "Public"]]**

Out[4]= https://wolfr.am/7vm~o2zC

Se puede también poner en la web contenido activo, tal como Manipulate.

In[5]:= **CloudDeploy[Manipulate[**
    Graphics[Table[Circle[{0, 0}, r], {r, min, max}]], {min, 1, 30, 1}, {max, 1, 30, 1}]]

Out[5]= CloudObject[https://www.wolframcloud.com/objects/f113bc73-f933-4dc2-8359-7198c178a06b]

Se obtiene así una página web con deslizadores activos y ese tipo de cosas, que pueden usarse con cualquier navegador convencional; sin embargo, debe tomarse en cuenta que la comunicación se hace a través de internet, lo que implica que su funcionamiento será más lento que si se hace en la computadora.

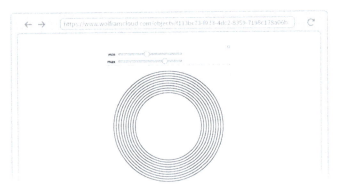

CloudDeploy primero efectúa todo el proceso de cómputo que pueda y, a continuación, sube el resultado a la web. Esto significa, por ejemplo, que CloudDeploy[Now] desplegará una página web que siempre muestra la hora a la que fue desplegada. Si, en cambio, se quiere desplegar una página que muestre la hora presente cada vez que se entre a ella, habrá que utilizar CloudDeploy[Delayed[Now]].

Use Delayed para diseñar un reloj que se regenere cada vez que se entre a la página correspondiente:

In[6]:= **CloudDeploy[Delayed[ClockGauge[Now]]]**

Out[6]= CloudObject[https://www.wolframcloud.com/objects/94aaf4ad-daea-4fe5-a50f-97b146a8b6ff]

Ahora sí, cada vez que se entre a esa página, el reloj que está en Wolfram Cloud se regenera, y mostrará la versión de la hora del momento.

Puede crearse un "tablero en tiempo real" especificando un intervalo de actualización.

Especifique que la página creada se actualice automáticamente cada 2 segundos:

In[7]:= **CloudDeploy[Delayed[ClockGauge[Now], UpdateInterval → 2]]**

Out[7]= CloudObject[https://www.wolframcloud.com/objects/88e8fb8a-6d50-4474-b52a-6458a9aacca1]

Se ha hablado hasta ahora de temas en términos de páginas web. Ahora bien, todo ello funciona también en dispositivos móviles donde, por ejemplo, pueden hacerse muchas cosas usando la aplicación Wolfram Cloud.

¿Es posible desarrollar aplicaciones propias en la red o en un dispositivo móvil? Con Wolfram Language es sencillo desarrollar, por ejemplo, una aplicación basada en un formulario.

La idea básica es establecer una FormFunction que defina la estructura del formulario, así como la acción a tomar una vez que se envía el formulario.

Para ejemplificar, se diseña un formulario con campo llamado name que espera que se le indique el nombre de un animal, y entonces genera la imagen de ese animal y, por último, despliega esto en la web.

Establezca una aplicación basada en un formulario, con un único campo de entrada donde se ingresa el nombre de algún animal:

In[8]:= **CloudDeploy[FormFunction[{"name" → "Animal"}, #name["Image"] &]]**

Out[8]= CloudObject[https://www.wolframcloud.com/objects/6925826b−776e−429a−bb0a−629be4594f35]

Si se accede a esa dirección en la web, se obtiene un formulario:

Al enviar el formulario, se obtiene una foto de un tigre:

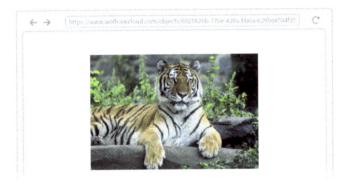

El formulario puede generar cualquier cosa incluyendo, por ejemplo, un Manipulate activo.

Genere un Manipulate con un formulario:

In[9]:= **CloudDeploy[FormFunction[{"name" → "Animal"},**
    Manipulate[Rotate[#name["Image"], θ], {θ, 0, 360 °}] &]]

Out[9]= CloudObject[https://www.wolframcloud.com/objects/0870f086-37b1-4e3c-b078-510b9e95938b]

Puede construirse el formulario con un número cualquiera de campos. En cada uno de ellos se especifica que tipo de entrada puede aceptar, usando las mismas especificaciones que para Interpreter.

Despliegue en la red un formulario que acepte dos números:

In[10]:= **CloudDeploy[FormFunction[{"x" → "Number", "y" → "Number"}, #x + #y &]]**

Out[10]= CloudObject[https://www.wolframcloud.com/objects/464eeeff-c7a0-4f93-b132-6721302a6048]

Si se intenta ingresar en el formulario algo que no sea un número, se obtendrá un error:

Los campos del formulario pueden admitir cadenas de caracteres ("**String**"), enteros ("**Integer**") o fechas ("**Date**"), entre cientos de cosas diversas.

Cuando haya entradas de tipo "mundo real", tales como "**Animal**" o "**City**", CloudDeploy integra *campos inteligentes* en el formulario, de manera automática, que se indican mediante 🌸, y que recurren a la comprensión de lenguaje natural para interpretar el contenido que se ingrese en ellas. Para tipos más abstractos de entrada, tales como números, se puede escoger, por ejemplo, entre "**Number**", "**SemanticNumber**" o "**ComputedNumber**".

"**Number**" admite solo números explícitos, tal como 71. "**SemanticNumber**" admite también números en lenguaje natural, tal como "seventy-one". "**ComputedNumber**" también acepta números que necesiten calcularse, tales como "20th prime number".

Admite números especificados en lenguaje natural:

In[11]:= **CloudDeploy[**
    FormFunction[{"x" → "SemanticNumber", "y" → "SemanticNumber"}, ♯x + ♯y &]]

Out[11]= CloudObject[https://www.wolframcloud.com/objects/662dc9bd–89ff–4c58–85c9–43ae1276082b]

"Seventy-one" funciona como un número semántico; en cambio, para encontrar el primo se requiere un número calculado:

Si se especifica un tipo de entrada como "Image", hay controles especiales para capturar la imagen, tales como el acceso directo a la cámara o a la galería de fotos en un dispositivo móvil.

Despliegue en la nube una aplicación para detectar bordes en imágenes:

In[12]:= **CloudDeploy[FormFunction[{"photo" → "Image"}, EdgeDetect[#photo] &]]**

Out[12]= CloudObject[https://www.wolframcloud.com/objects/727c12b9-6e42-496f-aa1d-0c5630c0fc5c]

En un dispositivo móvil, se puede obtener la imagen de la cámara:

FormFunction es para construir formularios de "un solo paso". Se llena el formulario, se oprime Submit y se obtiene un resultado. En caso de que se desee otro resultado, hay que regresar al formulario y enviarlo de nuevo. FormPage permite construir páginas que incluyen el formulario junto con la respuesta, como haría, por ejemplo, Wolfram|Alpha o un motor de búsqueda.

Cree una página de formulario que muestre el mapa de una ciudad:

In[13]:= **CloudDeploy[FormPage[{"city" → "City"}, GeoGraphics[#city] &]]**

Out[13]= CloudObject[https://www.wolframcloud.com/objects/0330658f−294c−43be−9d1f−3b7c1c455624]

Se puede cambiar el campo y enviar el formulario otra vez para obtener un nuevo resultado:

Vocabulario

CloudDeploy[*expr*]	despliega en la nube
Delayed[*expr*]	difiere el procesamiento hasta que sea requerido
FormFunction[*form*, *function*]	representa una forma desplegable
FormPage[*form*, *function*]	representa una forma desplegable+página resultante
URLShorten[*url*]	obtiene la forma abreviada de un URL de web

Ejercicios

36.1 Despliegue en la web un mapa de la ubicación actual.

36.2 Despliegue en la nube un mapa que muestre la ubicación presente inferida del usuario.

36.3 Despliegue en la nube un sitio web que muestre un número aleatorio nuevo, hasta el 1 000, en tamaño 100, cada vez que se visite.

36.4 Despliegue en la nube un formulario al que se le ingrese un número x y de como resultado x ^ x.

36.5 Despliegue en la nube un formulario que calcule x ^ y cuando se le den los números x y y.

36.6 Despliegue un formulario en la nube que reciba el tópico de una página de Wikipedia y regrese la nube de palabras para esa página.

36.7 Despliegue en la nube una página de formulario que reciba una cadena de caracteres y regrese repetidamente su versión en orden inverso, en tamaño 50.

36.8 Despliegue en la nube una página de formulario que reciba un entero n y genere repetidamente la imagen de un polígono de n lados y con color aleatorio.

36.9 Despliegue en la nube una página de formulario que reciba una ubicación y un número n, y regrese repetidamente un mapa de los n volcanes más próximos a esa ubicación.

Preguntas y respuestas

¿Por qué son tan largas las direcciones web?

Son UUID (*identificadores universales únicos*), suficientemente largos como para asegurar que la probabilidad de que se creen dos idénticos, en la historia del universo, sea abrumadoramente pequeña.

¿Cómo se despliega en la red con un formato específico?

Se pide el formato usando ExportForm (o bien especificándolo dentro de FormFunction). Los formatos más comunes incluyen "GIF", "PNG", "JPEG", "SVG", "PDF" y "HTMLFragment". (Nótese que "form" en ExportForm se refiere a una "forma o tipo de salida", y no a "formulario para rellenar").

¿Cómo puede embeberse una página web generada con CloudDeploy?

Se usa EmbedCode para generar el código HTML necesario.

¿Cómo se especifica una etiqueta para un campo en un formulario?

Simplemente se dice, por ejemplo, {"s", "Enter a string here"} → "String". Por defecto, la etiqueta para un campo es el nombre que se usó para la variable correspondiente a dicho campo. Puede usarse cualquier etiqueta para un campo, incluyendo gráficos, etc.

¿Cómo se especifican los valores iniciales, o por defecto, en un campo de formulario?

Se dice, p. ej., "n" → "Integer" → 100.

¿Cómo se imponen restricciones a los valores que se pueden ingresar en algún campo particular de un formulario?

Se usa Restricted. Por ejemplo, Restricted["Number", {0, 10}] especifica que un número esté entre 0 y 10.

Restricted["Location", 🇮🇹 italy] especifica una ubicación en Italia.

¿Cómo se especifica el aspecto de un formulario?

Para empezar, se pueden usar opciones tales como FormTheme. Para tener mayor control, puede colocarse un FormObject dentro de una FormFunction, y ahí dar instrucciones con todo detalle. Se pueden incluir cualesquier encabezados, textos o estilos como los que aparecerían en un cuaderno.

Los formularios, ¿pueden tener casillas de verificación, deslizadores, etc.?

Sí. Pueden usarse los mismos controles que Manipulate, incluyendo casillas de verificación, botones de radio, menús emergentes, deslizadores, selectores de color, etc.

¿Se pueden hacer formularios expandibles y en varias páginas?

Sí. Las especificaciones para los campos pueden incluir temas como RepeatingElement y CompoundElement. Los formularios pueden consistir en listas de páginas, incluyendo las que se puedan generar sobre la marcha. (Si la lógica se vuelve muy complicada, probablemente haya que usar AskFunction mejor que FormFunction).

Cuando se despliega algo en la nube, ¿dónde exactamente se realizan las operaciones?

En la nube ☺. O, en la práctica: en computadoras ubicadas en lugares en todo el mundo.

¿Cómo crear una aplicación para móvil?

Al desplegar algo en la nube, se tiene inmediatamente una aplicación para móvil a la que se puede acceder desde la aplicación en Wolfram Cloud. Puede especificarse un ícono personalizado para la aplicación usando IconRules.

¿Qué hay sobre API?

APIFunction trabaja de manera parecida a FormFunction, excepto que crea una API de web que puede llamarse dando los parámetros en una consulta de URL. EmbedCode permite tomar una APIFunction, y generar el código para llamar la API desde muchos lenguajes y ambientes de programación externos.

Notas técnicas

- Hyperlink["*url*"] o Hyperlink[*etiqueta*, "*url*"] representa un hipervínculo para desplegar en la nube. La etiqueta puede ser cualquier cosa, inclusive una imagen. GalleryView sirve para hacer un arreglo de hipervínculos.

- Los gráficos 3D se despliegan, por defecto, con capacidades de rotación y zoom.

- AutoRefreshed hace que una página web se actualice automáticamente de acuerdo con un programa, de modo que esté lista cuando se requiera.

- Pueden darse permisos con todo detalle para especificar quién puede tener acceso a algo que se haya desplegado en la nube, y lo que pueda hacerse con ello. Con $Permissions se especifica por defecto una selección de permisos.

Para explorar más

Guía para crear páginas web y aplicaciones en Wolfram Language (wolfr.am/eiwl-es-36-more)

37 | Composición y visualización

Anteriormente se vio el uso de Framed para enmarcar algo que se muestra.

Genere un número y enmarcarlo:

In[1]:= **Framed[2^100]**

Out[1]= 1 267 650 600 228 229 401 496 703 205 376

Pueden darse opciones a Framed.

Especifique un color de fondo y un estilo para el marco:

In[2]:= **Framed[2^100, Background → LightYellow, FrameStyle → LightGray]**

Out[2]= 1 267 650 600 228 229 401 496 703 205 376

Labeled sirve para poner etiquetas.

Agregue una etiqueta al número enmarcado:

In[3]:= **Labeled[Framed[2^100], "a big number"]**

Out[3]= 1 267 650 600 228 229 401 496 703 205 376
a big number

Ahora se agrega una etiqueta a un número que tiene ya un estilo de fondo amarillo:

In[4]:= **Labeled[Style[2^100, Background → Yellow], "a big number"]**

Out[4]= 1 267 650 600 228 229 401 496 703 205 376
a big number

Con esto se agrega un estilo a la etiqueta:

In[5]:= **Labeled[Style[2^100, Background → Yellow], Style["a big number", Italic, Orange]]**

Out[5]= 1 267 650 600 228 229 401 496 703 205 376
a big number

También puede usarse Labeled en gráficos.

Haga un diagrama circular con algunos de los sectores etiquetados:

In[6]:= **PieChart[
    {Labeled[1, "one"], Labeled[2, "two"], Labeled[3, Red], Labeled[4, Orange], 2, 2}]**

Grafique puntos etiquetados:

In[7]:= **ListPlot[
    {Labeled[1, "one"], Labeled[2, "two"], Labeled[3, Pink], Labeled[4, Yellow], 5, 6, 7}]**

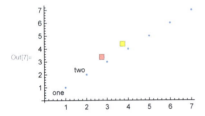

Grafique la lista de los primeros primos etiquetados con sus valores:

In[8]:= **ListPlot[Table[Labeled[Prime[n], Prime[n]], {n, 15}]]**

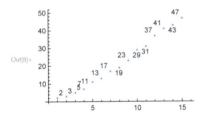

Labeled señala alguna cosa poniéndole una etiqueta al lado. A veces se ve bien usar "líneas guía", con unas líneas pequeñas apuntando a aquello a lo que se refieren. Para este propósito se usa Callout mejor que Labeled.

Callout crea "líneas guía" con líneas pequeñas:

In[9]:= **ListPlot[Table[Callout[Prime[n], Prime[n]], {n, 15}]]**

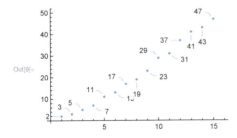

Hay una gran variedad de maneras de poner anotaciones en gráficos. Style inserta estilos directamente. Tooltip genera sugerencias interactivas que se hacen visibles cuando el ratón ronda sobre el gráfico. Legended coloca etiquetas en una leyenda al lado del gráfico.

Especifique estilos para los tres primeros sectores del diagrama circular:

In[10]:= **PieChart[{Style[3, Red], Style[2, Green], Style[1, Yellow], 1, 2}]**

Use palabras y colores como leyendas para los sectores circulares:

In[11]:= **PieChart[{Legended[1, "one"], Legended[2, "two"],
Legended[3, Pink], Legended[4, Yellow], 2, 2}]**

Por defecto, el tema de representación para la web lleva colores más brillantes:

In[12]:= **PieChart[{1, 2, 3, 4, 2, 2}, PlotTheme → "Web"]**

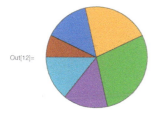

En caso de que desee que Wolfram Language haga la selección automática de las anotaciones, simplemente se dan estas con reglas (→).

En ListPlot, las anotaciones especificadas con reglas se implementan con "líneas guía":

In[13]:= **ListPlot[{1 → "one", 2 → "two", 3 → Pink, 4 → Yellow, 5, 6, 7}]**

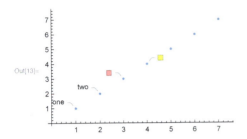

En PieChart, se presupone que las cadenas de caracteres son etiquetas y que los colores son estilos:

In[14]:= **PieChart[{1 → "one", 2 → "two", 3 → Blue, 4 → Red}]**

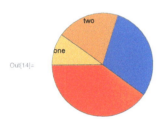

A veces se desea combinar objetos diferentes en una presentación. Row, Column y Grid son útiles para ese propósito.

Presente en una fila una lista de objetos:

In[15]:= **Row[{Yellow, Pink, Cyan}]**

Out[15]=

Presente objetos en una columna:

In[16]:= **Column[{Yellow, Pink, Cyan}]**

Se usan GraphicsRow, GraphicsColumn y GraphicsGrid para disponer objetos de modo que quepan dentro de un espacio total dado.

Genere un arreglo de diagramas circulares aleatorios, de modo que todos ellos quepan en el espacio:

In[17]:= `GraphicsGrid[Table[PieChart[RandomReal[10, 5]], 3, 6]]`

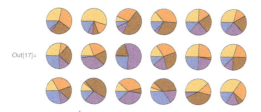

Haga lo mismo, colocando un marco en todos los casos:

In[18]:= `GraphicsGrid[Table[PieChart[RandomReal[10, 5]], 3, 6], Frame → All]`

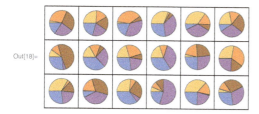

Vocabulario

Framed[*expr*]	coloca un marco
Labeled[*expr*, *lab*]	pone una etiqueta
Callout[*expr*, *lab*]	agrega una línea guía
Tooltip[*expr*, *lab*]	agrega una sugerencia interactiva
Legended[*expr*, *lab*]	agrega una leyenda
Row[{*expr*$_1$, *expr*$_2$, ...}]	dispone como fila
Column[{*expr*$_1$, *expr*$_2$, ...}]	dispone como columna
GraphicsRow[{*expr*$_1$, *expr*$_2$, ...}]	dispone en fila de modo que pueda ajustarse el tamaño
GraphicsColumn[{*expr*$_1$, *expr*$_2$, ...}]	dispone en columna de modo que pueda ajustarse el tamaño
GraphicsGrid[*array*]	dispone en una rejilla de modo que pueda ajustarse el tamaño

Ejercicios

37.1 Forme una lista de los números hasta el 100, donde los pares aparezcan en amarillo y los impares en gris claro.

37.2 Construya una lista de los números hasta el 100 enmarcando los primos.

37.3 Disponga una lista de los números hasta el 100 con los primos enmarcados y etiquetados en gris claro con sus valores módulo 4.

37.4 Construya un **GraphicsGrid** de 3×6 con discos coloreados al azar.

37.5 Genere un diagrama circular de los PIB (GDP en inglés) de los países miembros del G5, con cada sector etiquetado.

37.6 Dibuje un diagrama circular de las poblaciones de los países miembros del G5 con una leyenda para cada sector.

37.7 Construya un **GraphicsGrid** de 5×5 con los sectores circulares que dan las frecuencias relativas de los dígitos de 2 ^ n, con n a partir de 1.

37.8 Construya una fila de gráficos de la nube de palabras para los artículos de Wikipedia sobre cada uno de los países miembros del G5.

Preguntas y respuestas

¿Se pueden redondear las esquinas en Framed?
Sí. Hay que usar la opción **RoundingRadius** → 0.2, por ejemplo.

¿Qué tipo de cosas se pueden poner en una etiqueta?
Cualquier cosa que se desee. Puede ser texto, una gráfico o, incluso, un cuaderno completo.

¿Puede usarse Labeled para poner etiquetas en otras partes, además de en la parte inferior?
Sí. Puede usarse, por ejemplo, Labeled[*expr*, *label*, Left] o Labeled[*expr*, *label*, Right].

¿Cómo se determina dónde va una leyenda?
Use Placed.

La visualización, ¿puede ser animada o dinámica?
Sí. **ListAnimate** crea una animación. Hay muchas posibilidades, desde **Tooltip** hasta **Manipulate**, para construir visualizaciones dinámicas.

Notas técnicas

- Wolfram Language busca colocar las etiquetas de manera que no interfieran con los datos que se grafican.
- Se puede redimensionar cualquier gráfica usando Show[*gráfica*, ImageSize → *ancho*] o Show[*gráfica*, ImageSize → {*ancho*, *alto*}]. ImageSize → Tiny, etc. también funcionan.
- PlotTheme → "BlackBackground" puede ser útil para personas con visión disminuida.
  PlotTheme → "Monochrome" evita el uso de colores.
- ListPlot, PieChart, etc. trabajan con asociaciones (<| ... |>) automáticamente, tomando las claves como coordenadas cuando sea lo apropiado y, cuando no, tratándolas como anotaciones.
- Hay muchos tipos de leyendas diferentes: LineLegend, BarLegend, etc.

Para explorar más

Guía para poner etiquetas y anotaciones en Wolfram Language (wolfr.am/eiwl-es-37-more)

38 | Asignación de nombres a cosas

Con frecuencia, en Wolfram Language conviene usar % para referirse al resultado más reciente que se haya obtenido, principalmente cuando se está en una etapa inicial de la resolución de algún problema.

Efectúe un cómputo sencillo:

In[1]:= **Range[10]**

Out[1]= {1, 2, 3, 4, 5, 6, 7, 8, 9, 10}

% presenta el resultado del último cómputo:

In[2]:= **%**

Out[2]= {1, 2, 3, 4, 5, 6, 7, 8, 9, 10}

Esto eleva al cuadrado el resultado más reciente:

In[3]:= **%^2**

Out[3]= {1, 4, 9, 16, 25, 36, 49, 64, 81, 100}

Si posteriormente se va a hacer referencia a un resultado, se le puede asignar un nombre. Por ejemplo, puede escribirse thing = Range[10] para asignar thing como nombre del resultado de Range[10].

Asigne thing como nombre del resultado de Range[10]:

In[4]:= **thing = Range[10]**

Out[4]= {1, 2, 3, 4, 5, 6, 7, 8, 9, 10}

Cada vez que surja la palabra thing, se sustituirá por el resultado de Range[10]:

In[5]:= **thing**

Out[5]= {1, 2, 3, 4, 5, 6, 7, 8, 9, 10}

Eleve al cuadrado el valor de thing:

In[6]:= **thing^2**

Out[6]= {1, 4, 9, 16, 25, 36, 49, 64, 81, 100}

Puede asignarse un nombre al resultado de un cómputo aún cuando no se muestre el resultado. Para evitar que se vea el resultado, se termina la entrada con ; (punto y coma).

Asigne un nombre a la lista de un millón de elementos, pero sin mostrar la lista:

In[7]:= **millionlist = Range[1 000 000];**

Encuentre el total de todos los elementos de la lista:

In[8]:= **Total[millionlist]**

Out[8]= 500 000 500 000

Al asignar un nombre a alguna cosa, dicho nombre sigue vigente hasta que se borre explícitamente.

Asigne x al valor 42:

In[9]:= **x = 42**

Out[9]= 42

En lo que sigue, podría pensarse que el resultado sería {x, y, z}, pero x tiene el valor 42:

In[10]:= **{x, y, z}**

Out[10]= {42, y, z}

Para borrar una asignación se usa Clear.

Borre cualquier asignación que se haya hecho a x:

In[11]:= **Clear[x]**

Así, x no se sustituye, tal como sucede con y y z:

In[12]:= **{x, y, z}**

Out[12]= {x, y, z}

El asignar un *valor global* a x, tal como x = 42, es algo potencialmente importante, ya que puede afectar a todo lo que uno haga en una sesión (al menos, hasta que se borre x). Es mucho más seguro, y de gran utilidad, asignar a x un valor temporal que sea local, dentro de un *módulo*.

Lo siguiente asigna a x el valor Range[10] dentro de Module:

In[13]:= **Module[{**x = Range[10]**},** x^2**]**

Out[13]= {1, 4, 9, 16, 25, 36, 49, 64, 81, 100}

x no tiene asignado ningún valor fuera del módulo:

In[14]:= **x**

Out[14]= x

Dentro de un módulo se pueden tener tantas *variables locales* como se desee.

Defina las variables locales x y n, y calcular x ^ n usando los valores que se les haya asignado:

In[15]:= **Module[{x = Range[10], n = 2}, x ^ n]**

Out[15]= {1, 4, 9, 16, 25, 36, 49, 64, 81, 100}

En el estilo de programación *funcional* usado hasta ahora en casi todo el libro, se realizan secuencias de operaciones mediante la aplicación de secuencias de funciones. Este estilo de programación es muy directo y poderoso, y además excepcionalmente adecuado para Wolfram Language.

Una vez que se ha visto como definir variables, puede usarse un estilo diferente, donde no se pasan los resultados directamente de una función a otra, sino que se asignan como valores de variables a ser usadas posteriormente. Este tipo de programación se denomina *programación procedimental*, y se ha usado en lenguajes de bajo nivel desde las épocas tempranas de la computación.

A veces esto tiene cierta utilidad en Wolfram Language, aunque ha sido eclipsada por la programación funcional, de uno u otro modo, así como por la *programación basada en patrones*, que se verá posteriormente.

Para especificar secuencias de acciones en Wolfram Language simplemente se separan con un punto y coma (;). (El poner un punto y coma al final es equivalente a especificar una acción vacía, lo que tiene por efecto que el resultado no se muestre en la pantalla.)

Realice una secuencia de operaciones; el resultado es lo producido por la última operación:

In[16]:= **x = Range[10]; y = x ^ 2; y = y + 10 000**

Out[16]= {10 001, 10 004, 10 009, 10 016, 10 025, 10 036, 10 049, 10 064, 10 081, 10 100}

En ejemplo anterior se definieron valores globales para x e y; no hay que olvidarse de borrarlas:

In[17]:= **Clear[x, y]**

Dentro de Module se pueden usar signos de punto y coma para realizar secuencias de operaciones.

Lo siguiente realiza una secuencia de operaciones, mientras se mantiene a x y y como variables locales:

In[18]:= **Module[{x, y}, x = Range[10]; y = x ^ 2; y = y + 10 000]**

Out[18]= {10 001, 10 004, 10 009, 10 016, 10 025, 10 036, 10 049, 10 064, 10 081, 10 100}

Pueden mezclarse variables locales que tengan valores iniciales con otras que no los tengan:

In[19]:= **Module[{x, y, n = 2}, x = Range[10]; y = x ^ n; y = y + 10 000]**

Out[19]= {10 001, 10 004, 10 009, 10 016, 10 025, 10 036, 10 049, 10 064, 10 081, 10 100}

Se pueden anidar módulos; esto es muy útil cuando se elaboran programas muy grandes en los que se quiere trabajar aislando diferentes secciones del código.

Vocabulario

%	el resultado más reciente que se haya obtenido
$x = valor$	asigna un valor
Clear[x]	borra un valor
Module[{$x = valor$}, ...]	establece una variable temporal
$expr$;	realiza una labor de cómputo, sin mostrar el resultado al final
$expr_1$; $expr_2$; ...	efectúa una secuencia de procesos de cómputo

Ejercicios

38.1 Use Module para calcular x ^ 2 + x donde x es Range[10].

38.2 Use Module para generar una lista de 10 enteros aleatorios hasta el 100, y cree una columna con la lista original más los resultados de aplicarle Sort, Max y Total.

38.3 Use Module para generar un *collage* de imágenes con la foto de una jirafa, más los resultados de aplicarle Blur, EdgeDetect y ColorNegate.

38.4 Dentro de un Module, sea r = Range[10], y entonces obtenga una gráfica con los puntos unidos de r juntado con el reverso de r juntado con r y juntado con r en orden inverso.

38.5 Encuentre una forma más simple de {Range[10] + 1, Range[10] − 1, Reverse[Range[10]]}.

38.6 Encuentre una forma más simple de Module[{u = 10}, Join[{u}, Table[u = Mod[17 u + 2, 11], 20]]].

38.7 Genere 10 cadenas de caracteres aleatorios que consten de 5 letras, donde las consonantes estén alternadas con las vocales (aeiou).

Preguntas y respuestas

Habiendo llegado a la Sección 38, ¿cómo es que apenas hasta ahora se introducen las asignaciones de variables?
Porque, como se ha visto, en Wolfram Language se puede llegar muy lejos sin necesidad de introducirlas. Además, un programa sin asignaciones resulta mucho más limpio.

Puede asignarse un nombre a cualquier cosa?
Sí. Ya sean gráficas, arreglos, imágenes, funciones puras, lo que sea.

¿Cómo se dice, en voz alta, x = 4?
"x igual a 4", o, menos frecuentemente, "asignar x a 4", o "dar a x el valor 4".

¿Qué principios pueden ser buenos para los nombres globales?
Use nombres específicos y explícitos. No hay que preocuparse de que sean demasiado largos; se autocompletarán al escribirlos. Para nombres "informales", iniciarlos con letras minúsculas. En el caso de nombres pensados cuidadosamente, podrían usarse iniciales mayúsculas, como en las funciones nativas.

% se refiere al resultado anterior. Y, ¿en el caso del penúltimo y los que están antes?
%% da el penúltimo, %%% da el antepenúltimo, etc. % *n* da el resultado en la línea *n* (esto es, el resultado con etiqueta Out[*n*]).

¿Puede asignarse a varias variables al mismo tiempo?

Sí. x = y = 6 asigna a x y a y el 6. {x, y} = {3, 4} asigna x a 3 y y a 4. {x, y} = {y, x} intercambia los valores de x y y.

¿Qué sucede si se escapa una variable de un Module sin que le haya sido asignado un valor?

¡Inténtelo! Verá que hay una nueva variable a la que se le ha dado un nombre único.

¿Y qué hay con otras instrucciones de la programación procedimental, tales como Do y For?

También existen en Wolfram Language. A veces puede ser útil utilizar Do, especialmente cuando hay efectos secundarios, tales como la asignación de variables o la exportación de datos. Casi siempre, For es una mala idea y puede sustituirse por código mucho más limpio usando funciones como Table.

Notas técnicas

- El resultado de x = 2 + 2 es simplemente 4, pero se está haciendo una asignación para x como un efecto secundario.

- En la programación funcional pura y simple, el único efecto de un cómputo es dar el resultado. En cuanto se empieza a asignar valores hay, en efecto, un estado oculto establecido por dichas asignaciones.

- x =. es una forma alternativa de Clear[x].

- Module efectúa un *ámbito léxico*, es decir, efectivamente limita a un ámbito el alcance de los nombres de las variables. Block efectúa un *ámbito dinámico*, es decir, delimita el ámbito de los valores, pero no los nombres de las variables. Ambas cosas son útiles en diferentes circunstancias. De hecho, Table usa Block.

- x ++ es equivalente a x = x + 1. x += n es equivalente a x = x + n. AppendTo[x, n] es equivalente a x = Append[x, n] o x = Join[x, {n}].

39 | Valores inmediatos y diferidos

En Wolfram Language hay dos formas de hacer una asignación: la *asignación inmediata* (=), y la *asignación diferida* (:=).

En la asignación inmediata, el valor se calcula tan pronto como se hace la asignación y ya no vuelve a recalcularse. En la diferida, el cálculo del valor se deja pendiente pero se lleva a cabo cada vez que se requiere.

Por ejemplo, considere la distinción entre value = RandomColor[] y value := RandomColor[].

En la asignación inmediata (=), se genera inmediatamente un color aleatorio:

In[1]:= **value = RandomColor[ ]**

Out[1]= ■

Y cada vez que se solicita value, se obtiene el mismo color:

In[2]:= **value**

Out[2]= ■

En cambio, en la asignación diferida (:=) no se genera de inmediato el color aleatorio:

In[3]:= **value := RandomColor[ ]**

Pero cada vez que se solicita value, se efectúa RandomColor[], y se genera nuevamente el color:

In[4]:= **value**

Out[4]= ▢

Por lo regular, el color será distinto en cada ocasión:

In[5]:= **value**

Out[5]= ■

Es muy común que se use := si no se tiene ya todo listo al estar definiendo un valor.

Puede hacerse una asignación diferida para círculos aun cuando no se tenga listo el valor de n:

In[6]:= **circles := Graphics[Table[Circle[{x, 0}, x/2], {x, n}]]**

Ahora, se le da un valor a n:

In[7]:= **n = 6**

Out[7]= 6

Entonces, se pide circles y será entonces cuando se usen los valores que se le hayan dado a n:

In[8]:= **circles**

Out[8]=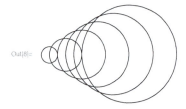

La idea de la asignación diferida es directamente análoga al concepto Delayed que se vio en el despliegue de páginas web. En la asignación diferida no se calcula un valor hasta que se necesita. De la misma manera, al usar CloudDeploy con Delayed no se computa el contenido de una página web hasta el momento que alguien la solicita.

Existe también la noción de reglas diferidas. $x \to rhs$ calcula inmediatamente rhs. En cambio, en el caso de la regla diferida $x :\to rhs$ (escrito como :>), rhs se recalcula cada vez que se solicita.

Aquí se tiene una regla inmediata, donde se calcula inmediatamente un valor específico de RandomReal[ ]:

In[9]:= **x → RandomReal[ ]**

Out[9]= x → 0.522293

Se puede hacer la sustitución de cuatro x, pero todas resultan ser iguales:

In[10]:= **{x, x, x, x} /. x → RandomReal[ ]**

Out[10]= {0.821639, 0.821639, 0.821639, 0.821639}

Ahora se tiene una regla diferida, donde el cálculo de RandomReal[] se difiere:

In[11]:= **x :→ RandomReal[ ]**

Out[11]= x :→ RandomReal[]

RandomReal[] se calcula separadamente cada vez que se hace la sustitución de cada x, lo que resulta en cuatro valores diferentes:

In[12]:= **{x, x, x, x} /. x :→ RandomReal[ ]**

Out[12]= {0.536115, 0.84214, 0.242933, 0.514131}

Vocabulario

$x := value$	asignación diferida, que se evalúa cada vez que se solicita x
$x :\to value$	regla diferida, que se evalúa cada vez que se encuentra x (se escribe como :>)

Ejercicios

39.1 Sustituya x en {x, x + 1, x + 2, x ^ 2} por el mismo número aleatorio del 0 al 100.

39.2 Sustituya cada x en {x, x + 1, x + 2, x ^ 2} por un número aleatorio del 0 al 100, escogido por separado.

Preguntas y respuestas

¿Por qué no usar siempre :=?

Porque no siempre se quiere recalcular algo, a menos que sea necesario. Es más eficiente calcular en una sola ocasión y luego usar el mismo resultado una y otra vez.

¿Cómo se enuncian en voz alta := y :>?

:= se dice, por lo general, "dos puntos igual" aunque, a veces, "asignación diferida". :> casi siempre "dos puntos mayor" pero, también, "regla diferida".

¿Qué sucede si se quiere calcular x = x + 1, pero x no tiene un valor asignado?

Se inicia un bucle infinito que será interrumpido por el sistema en algún momento. Con x = {x} sucede lo mismo.

¿Qué significan las etiquetas In[n] := para las entradas, y Out[n] = para las salidas?

Indican que las entradas se asignan a In[n] y las salidas a Out[n]. El := para la entrada significa que la asignación es diferida, de manera tal que si se solicita In[n] se recalcula el resultado.

Notas técnicas

- El proceso de computar los resultados en Wolfram Language se llama usualmente *evaluación*, ya que involucra encontrar el valor de algo.
- En Wolfram Language hay distintas formas de controlar la evaluación. Por ejemplo, la función Hold mantiene una expresión "retenida" hasta que se la "libera".
- La forma interna de x = y es Set[x, y]. x := y es SetDelayed[x, y]. x :→ y es RuleDelayed[x, y].

40 | Funciones definidas por el usuario

Como se ha podido ver hasta ahora, es muchísimo lo que se puede hacer con las funciones nativas que existen dentro de Wolfram Language. Sin embargo, se puede llegar aún más lejos si hay la posibilidad de que el usuario defina, además, sus propias funciones. En Wolfram Language esto se hace de una manera muy flexible.

Para comenzar, considere un ejemplo típico y sencillo de definición de una función.

Aquí se define la función pinks, que admite un argumento cualquiera:

In[1]:= **pinks[n_] := Table[Pink, n]**

Ahora se usa la definición de la función:

In[2]:= **pinks[5]**

Out[2]= {■, ■, ■, ■, ■}

In[3]:= **pinks[10]**

Out[3]= {■, ■, ■, ■, ■, ■, ■, ■, ■, ■}

¿Cómo trabaja esta definición de función? La idea es que := define un valor para el patrón pinks[*n*_]. Al solicitar pinks[5], se encuentra que coincide con el patrón pinks[*n*_], y se usa entonces el valor definido para este.

Sin embargo, esto es solo el comienzo del asunto en lo que toca a la definición de funciones al usar Wolfram Language. Y es que, en Wolfram Language, puede darse una definición para cualquier cosa.

He aquí una lista de expresiones:

In[4]:= **{f[Red], f[Yellow], f[Green], f[Orange], f[Magenta]}**

Out[4]= {f[■], f[■], f[■], f[■], f[■]}

Se definen ahora valores para f[Red] y f[Green]:

In[5]:= **f[Red] = 1000; f[Green] = 2000;**

Ahora f[Red] y f[Green] se sustituyen por los valores definidos, mientras que los otros quedan igual:

In[6]:= **{f[Red], f[Yellow], f[Green], f[Orange], f[Blue]}**

Out[6]= {1000, f[■], 2000, f[■], f[■]}

A continuación, se añade una definición para el patrón f[*x*_]. Esta será utilizada por Wolfram Language cuando no sean aplicables las definiciones especiales, dadas previamente, para f[Red] y f[Green].

Se define un valor para f con un argumento cualquiera:

In[7]:= **f[x_] := Framed[Column[{x, ColorNegate[x]}]]**

Si los casos especiales no son aplicables, entonces se usa la definición más general:

In[8]:= **{f[Red], f[Yellow], f[Green], f[Orange], f[Blue]}**

Out[8]= { 1000, ▢, 2000, ▢, ▢ }

Se borran las definiciones, para evitar posibles confusiones después:

In[9]:= **Clear[f]**

Otro ejemplo: se considera el ejercicio, muy utilizado en las ciencias de la computación, de definir la función factorial. Se comienza diciendo que factorial[1] = 1. A continuación, se define cómo calcular recursivamente factorial[*n_*], en términos de otro caso de factorial.

Proporcione una definición recursiva del factorial:

In[10]:= **factorial[1] = 1; factorial[n_Integer] := n ∗ factorial[n − 1]**

Pida factorial[50]:

In[11]:= **factorial[50]**

Out[11]= 30 414 093 201 713 378 043 612 608 166 064 768 844 377 641 568 960 512 000 000 000 000

Existe también una función factorial nativa, que da el mismo resultado:

In[12]:= **50 !**

Out[12]= 30 414 093 201 713 378 043 612 608 166 064 768 844 377 641 568 960 512 000 000 000 000

En lugar de dar separadamente las definiciones de factorial[1] y factorial[*n_*], se podría haber dado una sola definición y usar If. Pero al dar las definiciones por separado se facilita su lectura y su comprensión.

Una definición alternativa usando If:

In[13]:= **factorial[n_Integer] := If[n == 1, 1, n ∗ factorial[n − 1]]**

Se ve bien el dar por separado los casos especiales, pero la contundencia real de la posibilidad de hacer definiciones para cualquier cosa va más allá de los casos simples tipo *función*[*argumentos*].

Como un ejemplo sencillo de la afirmación anterior, considere una definición de plusminus[{*x_*, *y_*}].

Se define un valor para un patrón:

In[14]:= **plusminus[{x_, y_}] := {x + y, x − y}**

Ahora, se usa esa definición:

In[15]:= **plusminus[{4, 1}]**

Out[15]= {5, 3}

Una forma menos elegante de hacer lo mismo, basada en la definición tradicional tipo *función[argumento]*:

In[16]:= **plusminus[v_] := {v[[1]]+v[[2]], v[[1]]-v[[2]]}**

Frecuentemente se quiere definir una función que se aplique solamente a objetos con una estructura determinada. Esto es muy sencillo si se usan patrones. He aquí un ejemplo.

Una lista con algunos objetos enmarcados (Framed):

In[17]:= **{a, Framed[b], c, Framed[{d, e}], 100}**

Out[17]= $\{a, \boxed{b}, c, \boxed{\{d, e\}}, 100\}$

Ahora, se define una función que sea solamente aplicable a objetos enmarcados:

In[18]:= **highlight[Framed[x_]] := Style[Labeled[x, "+"], 20, Background → LightYellow]**

Resalte con "highlight" cada uno de los elementos de la lista; la función sabe lo que debe hacer cuando se encuentra con un elemento enmarcado:

In[19]:= **highlight /@ {a, Framed[b], c, Framed[{10, 20}], 100}**

Out[19]= $\{\text{highlight}[a], \underset{+}{b}, \text{highlight}[c], \underset{+}{\{10, 20\}}, \text{highlight}[100]\}$

La definición que sigue se aplica a cualquier cosa que tenga el encabezado List:

In[20]:= **highlight[list_List] := highlight /@ list**

Y ya no es necesario usar /@:

In[21]:= **highlight[{a, Framed[b], c, Framed[{10, 20}], 100}]**

Out[21]= $\{\text{highlight}[a], \underset{+}{b}, \text{highlight}[c], \underset{+}{\{10, 20\}}, \text{highlight}[100]\}$

De un caso general para usarse cuando no es aplicable ninguno de los casos especiales:

In[22]:= **highlight[x_] := Style[Rotate[x, -30 Degree], 20, Orange]**

Lo anterior usa los casos especiales cuando se puede y, cuando no es así, se aplica el caso general:

In[23]:= **highlight[{a, Framed[b], c, Framed[{10, 20}], 100}]**

Out[23]= $\{a, \underset{+}{b}, c, \underset{+}{\{10, 20\}}, 100\}$

Ejercicios

Nota: En estos ejercicios se definen funciones, así que no hay que olvidarse de usar Clear para borrar las definiciones al terminar cada ejercicio.

40.1   Defina una función f que calcule el cuadrado de su argumento.

40.2   Defina una función poly que tome un entero y presente la imagen de un polígono regular, con ese número de lados y de color naranja.

40.3   Defina una función f que tome una lista de dos elementos y los ponga en orden inverso.

40.4   Cree una función f que tome dos argumentos y dé el resultado de multiplicarlos y dividir su producto por su suma.

40.5   Defina una función f que tome una lista de dos elementos y genere la lista de su suma, su diferencia y la razón entre ellos.

40.6   Defina una función evenodd que dé Black si su argumento es par, y White si no lo es, y además que resulte en Red si su argumento es 0.

40.7   Defina una función f de tres argumentos, donde los últimos dos se sumen cuando el primero es 1; se multipliquen si es 2, y se eleven a una potencia si es 3.

40.8   Defina una función Fibonacci f, con f[0] y f[1] iguales a 1 y, para n entero, f[n] sea la suma de f[n − 1] y f[n − 2].

40.9   Cree una función llamada animal que tome una cadena de caracteres, y proporcione la foto de un animal con ese nombre.

40.10 Defina una función nearwords que tome una cadena de caracteres y un entero n, y dé las n palabras de WordList[ ] más cercanas a la cadena dada.

Preguntas y respuestas

¿Qué tipo de patrón puede usarse en la definición de una función?

Absolutamente el patrón que se desee, incluyendo aquellos cuyo encabezado también sea un patrón.

¿Se pueden ver las definiciones que se hayan hecho para un patrón específico?

Use ?f para ver las definiciones de f.

¿Cómo se puede modificar una definición ya existente para alguna función?

Simplemente se da una definición nueva para el mismo patrón. Y se usa Clear para desechar todas las definiciones.

¿Cómo se ordenan las diferentes definiciones que pueda haber de una función determinada?

Normalmente, de las más específicas a las menos específicas. Si hay definiciones que no puedan ordenarse de acuerdo con eso, se ponen antes las que se hayan hecho antes. Al usar las definiciones, las que se hicieron primero se prueban primero. ?f muestra cómo están ordenadas las definiciones hechas para f.

¿Se pueden redefinir las funciones nativas, tales como Max o Plus?

Por lo general, sí. Sin embargo, casi siempre hay que especificar Unprotect[Max], por ejemplo. Así, las definiciones que se añadan, se usarán con preferencia sobre las nativas. Algunas funciones, tales como Plus, son tan fundamentales que el sistema las bloquea y mantiene en estado protegido. Aun en ese caso, pueden hacerse definiciones con "valor ascendente" asociadas con estructuras determinadas de los argumentos.

¿Se puede hacer programación orientada a objetos en Wolfram Language?

Se puede hacer una generalización simbólica de la programación orientada a objetos. Dado un objeto "tipo" t, se quieren hacer definiciones, p.ej., para f[t[…]] y g[t[…]]. Pueden asociarse esas definiciones con t diciendo t /: f[t[…]] =… En Wolfram Language, esto se conoce como la *definición de un valor ascendente para t*.

¿Puede usarse = en vez de := para definir funciones?

En algunas ocasiones. f[n_] = n^2 funciona correctamente, ya que el lado derecho no se evalúa al hacer la asignación. f[n_] = Now y f[n_] := Now darán resultados diferentes. Y, en muchos casos, el lado derecho no puede evaluarse correctamente hasta que se den los argumentos específicos.

¿Cómo se pueden compartir definiciones de funciones con otras personas?

¡Simplemente se les envía el código! Una manera conveniente de hacerlo es a través de la nube, usando CloudSave y CloudGet, como se verá en la Sección 43.

Notas técnicas

- Muchos lenguajes de bajo nivel requieren que los argumentos de las funciones tengan *tipos estáticos* de argumentos (ej., enteros, reales, cadenas de caracteres). Otros lenguajes permiten la *asignación dinámica de tipos*, donde los argumentos pueden ser cualquiera de algún conjunto determinado de tipos. Esto se ha generalizado en Wolfram Language permitiendo que los argumentos estén definidos mediante estructuras simbólicas arbitrarias.

- El tener un patrón tal como {x_, y_} en la definición de una función permite una *desestructuración* inmediata y conveniente del argumento de la función.

- Las definiciones pueden asociarse con el encabezado de una función ("valores descendentes"), con los encabezados de sus argumentos("valores ascendentes") o con el encabezado del encabezado, etc. ("subvalores"). Los valores ascendentes son, de hecho, una generalización de los *métodos* en los lenguajes orientados a objetos.

- f = (#^2&) y f[n_] := n^2 son dos formas de definir una función que dan, por ejemplo, el mismo resultado para f[10]. Las definiciones de funciones puras suelen ser más fáciles de combinarse con otras, aunque sean más burdas en el manejo de las estructuras de los argumentos.

Para explorar más

Guía para definir funciones en Wolfram Language (wolfr.am/eiwl-es-40-more)

41 | Más información sobre los patrones

Existe todo un sublenguaje de patrones en Wolfram Language. Hasta ahora se han visto ya algunos de sus elementos más importantes.

_ ("guion-bajo") representa cualquier cosa. x_ ("x guion-bajo") representa cualquier cosa, pero la denomina x. _h representa cualquier cosa que tenga encabezado h. Y, por último, x_h representa cualquier cosa que tenga encabezado h, y le da el nombre x.

Defina una función cuyo argumento sea un entero llamado n:

In[1]:= **digitback[n_Integer] := Framed[Reverse[IntegerDigits[n]]]**

La función se evalúa cuando el argumento es entero:

In[2]:= **{digitback[1234], digitback[6712], digitback[x], digitback[{4, 3, 2}], digitback[2^32]}**

Out[2]= { |{4, 3, 2, 1}| , |{2, 1, 7, 6}| , digitback[x], digitback[{4, 3, 2}], |{6, 9, 2, 7, 6, 9, 4, 9, 2, 4}| }

En ocasiones, se desea imponer alguna condición a un patrón. Para esto, se usa /; ("diagonal punto y coma"). n_Integer /; n > 0 quiere decir cualquier entero mayor que 0.

Dé una definición que se aplique solo cuando n > 0:

In[3]:= **pdigitback[n_Integer /; n > 0] := Framed[Reverse[IntegerDigits[n]]]**

La definición dada no se aplica a números negativos:

In[4]:= **{pdigitback[1234], pdigitback[−1234], pdigitback[x], pdigitback[2^40]}**

Out[4]= { |{4, 3, 2, 1}| , pdigitback[−1234], pdigitback[x], |{6, 7, 7, 7, 2, 6, 1, 1, 5, 9, 9, 0, 1}| }

El /; puede ponerse donde sea, incluso al final de toda la definición.

Defina diferentes casos para la función check:

In[5]:= **check[x_ , y_] := Red /; x > y**

In[6]:= **check[x_ , y_] := Green /; x ≤ y**

He aquí algunos ejemplos de la función check:

In[7]:= **{check[1, 2], check[2, 1], check[3, 4], check[50, 60], check[60, 50]}**

Out[7]= {■, ■, ■, ■, ■}

__ ("doble guion-bajo") representa cualquier secuencia de uno o más argumentos.
___ ("triple guion-bajo") representa cero o más.

Defina una función que busque negro y blanco (en ese orden) en una lista.

El patrón coincide con negro seguido de blanco, con cualquier elemento anterior a, entre, o después de ellos:

In[8]:= **blackwhite[{ ___, Black, m___ , White, ___ }] := {1, m, 2, m, 3, m, 4}**

Elija la secuencia (la más corta) entre un negro y un blanco:

In[9]:= **blackwhite[{■, ■, ■, ■, ■, □, ■, □}]**

Out[9]= {1, ■, ■, ■, 2, ■, ■, ■, 3, ■, ■, ■, 4}

Por defecto, __ y ___ eligen las coincidencias más cortas que funcionen. Puede usarse Longest para que elijan, en vez de eso, las más largas.

Especifique que la secuencia entre negro y blanco sea lo más larga posible:

In[10]:= **blackwhitex[{___, Black, Longest[m___], White, ___}] := {1, m, 2, m, 3, m, 4}**

Ahora, m elige todos los elementos hasta el último blanco:

In[11]:= **blackwhitex[{■, ■, ■, ■, ■, □, ■, □}]**

Out[11]= {1, ■, ■, ■, □, ■, 2, ■, ■, ■, ■, 3, ■, ■, ■, □, ■, 4}

x | y | z indica las coincidencias con x, y o z. x .. coincide con cualquier número de repeticiones de x.

bwcut corta, en efecto, la secuencia más larga que contenga solo negro y blanco:

In[12]:= **bwcut[{a___, Longest[(Black | White)..], b___}] := {{a}, Red, {b}}**

In[13]:= **bwcut[{■, ■, ■, □, □, ■, ■, ■}]**

Out[13]= {{■, ■}, ■, {■}}

El patrón x_ es, de hecho, la abreviatura de x : _, que significa "coincide con cualquier cosa (o sea, _) y al resultado le llama x". También se puede usar la notación del tipo x : para patrones más complicados.

Forme un patrón denominado m que coincida con una lista de dos parejas:

In[14]:= **grid22[m:{{_, _}, {_, _}}] := Grid[m, Frame → All]**

In[15]:= **{grid22[{{a, b}, {c, d}}], grid22[{{12, 34}, {56, 78}}],
  grid22[{{123, 456}], grid22[{{1, 2, 3}, {4, 5, 6}}]}**

Out[15]= { | a | b | | 12 | 34 | , grid22[{{123, 456}], grid22[{{1, 2, 3}, {4, 5, 6}}]}
         | c | d | | 56 | 78 |

Denominar a la secuencia de negro y blanco, de modo que pueda usarse en el resultado:

In[16]:= **bwcut[{a___, r:Longest[(Black | White)..], b___}] := {{a}, Framed[Length[{r}]], {b}}**

In[17]:= **bwcut[{■, ■, ■, □, □, ■, ■, ■}]**

Out[17]= {{■, ■}, 5, {■}}

Como último ejemplo, se usarán patrones para implementar el algoritmo clásico de ciencias de la computación para ordenar una lista, que intercambia repetidamente parejas de elementos sucesivos que estén fuera de orden. No es difícil escribir cada paso del algoritmo como una sustitución para el patrón.

Sustituya los primeros elementos que no estén en orden por los que si lo estén:

In[18]:= `{5, 4, 1, 3, 2} /. {x___, b_, a_, y___} /; b > a → {x, a, b, y}`

Out[18]= `{4, 5, 1, 3, 2}`

Se repite la misma operación 10 veces, al término de las cuales la lista queda completamente ordenada:

In[19]:= `NestList[(# /. {x___, b_, a_, y___} /; b > a → {x, a, b, y}) &, {4, 5, 1, 3, 2}, 10]`

Out[19]= `{{4, 5, 1, 3, 2}, {4, 1, 5, 3, 2}, {1, 4, 5, 3, 2}, {1, 4, 3, 5, 2}, {1, 3, 4, 5, 2},`
`{1, 3, 4, 2, 5}, {1, 3, 2, 4, 5}, {1, 2, 3, 4, 5}, {1, 2, 3, 4, 5}, {1, 2, 3, 4, 5}, {1, 2, 3, 4, 5}}`

Al comienzo, no se sabe cuántas iteraciones tardará en completar el ordenamiento de una lista dada. Así pues, lo mejor es usar FixedPointList, que es como NestList, salvo que no es necesario especificar el número de pasos y, en vez de eso, sigue hasta que el resultado llega a un *punto fijo*, donde ya no hay cambio.

Repita la operación hasta alcanzar un punto fijo:

In[20]:= `FixedPointList[(# /. {x___, b_, a_, y___} /; b > a → {x, a, b, y}) &, {4, 5, 1, 3, 2}]`

Out[20]= `{{4, 5, 1, 3, 2}, {4, 1, 5, 3, 2}, {1, 4, 5, 3, 2}, {1, 4, 3, 5, 2},`
`{1, 3, 4, 5, 2}, {1, 3, 4, 2, 5}, {1, 3, 2, 4, 5}, {1, 2, 3, 4, 5}, {1, 2, 3, 4, 5}}`

Se transpone el resultado para ver la lista de los elementos que van apareciendo en primer, segundo, etc., lugares, en los pasos sucesivos:

In[21]:= `Transpose[%]`

Out[21]= `{{4, 4, 1, 1, 1, 1, 1, 1, 1}, {5, 1, 4, 4, 3, 3, 3, 2, 2},`
`{1, 5, 5, 3, 4, 4, 2, 3, 3}, {3, 3, 3, 5, 5, 2, 4, 4, 4}, {2, 2, 2, 2, 2, 5, 5, 5, 5}}`

ListLinePlot grafica cada lista en color diferente, mostrando como procede el ordenamiento:

In[22]:= `ListLinePlot[%]`

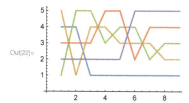

He aquí el resultado para ordenar una lista aleatoria de longitud 20:

In[23]:= `ListLinePlot[Transpose[FixedPointList[`
`(# /. {x___, b_, a_, y___} /; b > a → {x, a, b, y}) &, RandomSample[Range[20]]]]]`

Vocabulario

patt /; *cond*	un patrón que coincide sujeto a una condición
___	un patrón para cualquier secuencia de cero o más elementos ("triple guion–bajo")
patt ..	un patrón para una o más repeticiones de *patt*
Longest[*patt*]	un patrón que elige la secuencia más larga con la que coincide
FixedPointList[*f*, *x*]	sigue anidando *f* hasta que el resultado ya no cambie

Ejercicios

41.1 Encuentre la lista de los dígitos de aquellos cuadrados de los números hasta 100 que contengan dígitos sucesivos repetidos.

41.2 En los primeros 100 números romanos, encuentre los que contengan L, I y X, en ese orden.

41.3 Defina una función que pruebe si una lista de enteros es igual a la misma, pero en orden inverso.

41.4 En el artículo de Wikipedia sobre "alliteration", encuentre la lista de las parejas de palabras sucesivas cuyas letras iniciales sean idénticas.

41.5 Use **Grid** para mostrar el proceso de ordenamiento dado en esta sección para {4, 5, 1, 3, 2}, donde los pasos sucesivos se presenten en forma vertical.

41.6 Use **ArrayPlot** para mostrar el proceso de ordenamiento visto en esta sección para una lista de longitud 50, donde los pasos sucesivos aparezcan en forma horizontal.

41.7 Empezando con 1.0, aplicar repetidamente la función del "*método de Newton*", (#+2/#)/2 & hasta que el resultado ya no cambie.

41.8 Implemente el *algoritmo de Euclides* para el máximo común divisor, donde {a, b} se sustituya repetidamente por {b, Mod[a, b]} hasta que b sea 0, y aplicar el algoritmo a 12 345, 54 321.

41.9 Defina *combinadores* usando las reglas s[x_][y_][z_] → x[z][y[z]], k[x_][y_] → x, y luego generar una lista empezando con s[s][k][s[s[s]][s]][s] y aplicando dichas reglas hasta que no haya cambios.

41.10 Elimine todos los ceros al final de la lista de dígitos de 100 !.

41.11 Comenzando con {1, 0}, elimine repetidamente los primeros 2 elementos y pegue {0, 1} si el primer elemento es 1, y {1, 0, 0} si es 0, en 200 pasos; obtenga la lista de las longitudes de las secuencias así producidas (*sistema de etiquetas*).

41.12 Comenzando con {0, 0} y por 200 pasos, elimine repetidamente los primeros 2 elementos y pegue {2, 1} si el primer elemento es 0, {0} si el primer elemento es 1, y {0, 2, 1, 2} si es 2; cree una gráfica con los puntos unidos de las longitudes de las secuencias producidas (*sistema de etiquetas*).

Preguntas y respuestas

¿Qué otras funciones que trabajen con patrones hay en Wolfram Language?

Except[*patt*] coincide con cualquier cosa, excepto *patt*. PatternSequence [*patt*] coincide con una secuencia de argumentos en una función. OrderlessPatternSequence[*patt*] coincide con dichos argumentos sin importar el orden. f[x_: v] define a v como valor por defecto, así que en f[ ], x se toma como v.

¿Cómo pueden verse todas las formas en que un patrón podría coincidir con una expresión dada?

Use ReplaceList. Replace obtiene la primera coincidencia; ReplaceList obtiene la lista de todas ellas.

¿Qué hace FixedPointList cuando no hay un punto fijo?

En algún momento se detendrá. Existe, además, una opción para fijar qué tan lejos debe llegar. FixedPointList[f, x, n] se detiene después de un máximo de *n* pasos.

Notas técnicas

- En el caso de un patrón repetitivo *patt* .., recuerde que debe dejarse un espacio, por ejemplo, cuando se tiene 0 .. para evitar la confusión con números decimales.

- Las funciones pueden tener atributos que afecten el funcionamiento de la coincidencia de patrones. Por ejemplo, Plus tiene los atributos Flat y Orderless. Flat significa que b + c puede extraerse de a + b + c + d. Orderless significa que los elementos pueden reordenarse, de tal modo que a + c puede sacarse. (Flat es como la propiedad matemática de la *asociatividad*; Orderless es como la *conmutatividad*).

- El algoritmo que se ha mostrado para efectuar un ordenamiento se conoce usualmente como *ordenamiento de burbuja*. Para una lista de longitud *n*, tomará por lo general alrededor de $n \wedge 2$ pasos. La función nativa de Wolfram Language, Sort, es mucho más rápida y toma apenas un poco más de *n* pasos.

Para explorar más

Guía para patrones en Wolfram Language (wolfr.am/eiwl-es-41-more)

42 | Cadenas de caracteres y plantillas

Los patrones para cadenas de caracteres funcionan de manera muy parecida a los otros patrones en Wolfram Language, salvo que operan con secuencias de caracteres en cadenas en vez de partes de expresiones. En un patrón para cadena, pueden combinarse conceptos de patrones, tales como _, con cadenas de caracteres como "abc" usando ~~.

Con esto se eligen todos los casos de + seguidos de un solo carácter:

In[1]:= **StringCases["+string +patterns are +quite +easy", "+" ~~ _]**

Out[1]= {+s, +p, +q, +e}

Ahora se eligen tres caracteres después de cada +:

In[2]:= **StringCases["+string +patterns are +quite +easy", "+" ~~ _ ~~ _ ~~ _]**

Out[2]= {+str, +pat, +qui, +eas}

Use el nombre x para el carácter después de cada +, y regrese ese carácter enmarcado:

In[3]:= **StringCases["+string +patterns are +quite +easy", "+" ~~ x_ → Framed[x]]**

Out[3]= { s , p , q , e }

En un patrón para cadena de caracteres, _ representa cualquier carácter solo. __ ("doble guión-bajo") representa cualquier secuencia de uno o más caracteres, y ___ ("triple guión-bajo") representa cualquier secuencia de cero o más caracteres. __ y ___ generalmente atraparán tanto como puedan de la cadena.

Elija la secuencia de caracteres entre [y]:

In[4]:= **StringCases["the [important] word", "[" ~~ x__ ~~ "]" → Framed[x]]**

Out[4]= { important }

__ normalmente hace la coincidencia con la secuencia de caracteres más larga que se pueda:

In[5]:= **StringCases["now [several] important [words]", "[" ~~ x__ ~~ "]" → Framed[x]]**

Out[5]= { several] important [words }

Shortest fuerza la coincidencia más corta:

In[6]:= **StringCases["now [several] important [words]",
    "[" ~~ Shortest[x__] ~~ "]" → Framed[x]]**

Out[6]= { several , words }

StringCases elige los casos de un patrón dado en una cadena de caracteres. StringReplace efectúa sustituciones.

Efectuar sustituciones en caracteres de la cadena:

In[7]:= **StringReplace["now [several] important [words]", {"[" → "<<", "]" → ">>"}]**

Out[7]= now <<several>> important <<words>>

Efectúe sustituciones para patrones, usando :→ para calcular ToUpperCase en cada caso:

In[8]:= **StringReplace["now [several] important [words]",
   "[" ~~ Shortest[x__] ~~ "]" :→ ToUpperCase[x]]**

Out[8]= now SEVERAL important WORDS

Use NestList para aplicar repetidamente una sustitución en una cadena:

In[9]:= **NestList[StringReplace[#, {"A" → "AB", "B" → "BA"}] &, "A", 5]**

Out[9]= {A, AB, ABBA, ABBABAAB, ABBABAABBAABABBA, ABBABAABBAABABBABAABABBAABBABAAB}

StringMatchQ prueba si una cadena coincide con un patrón.

Seleccione aquellas palabras comunes del inglés que coincidan con el patrón "comienza con a y termina con b":

In[10]:= **Select[WordList[ ], StringMatchQ[#, "a" ~~ ___ ~~ "b"] &]**

Out[10]= {absorb, adsorb, adverb, alb, aplomb}

Puede usarse | y .. en patrones para cadenas, de la misma forma que en patrones ordinarios.

Elija cualquier secuencia de A o B repetidas:

In[11]:= **StringCases["the AAA and the BBB and the ABABBBABABABA", ("A" | "B")..]**

Out[11]= {AAA, BBB, ABABBBABABABA}

En un patrón para cadena, LetterCharacter representa cualquier carácter que sea una letra, DigitCharacter cualquier carácter que sea un dígito, y Whitespace cualquier secuencia de espacios "en blanco", tales como los espaciadores.

Elija las secuencias de caracteres dígitos:

In[12]:= **StringCases["12 and 123 and 4567 and 0x456", DigitCharacter..]**

Out[12]= {12, 123, 4567, 0, 456}

Elija las secuencias de caracteres dígitos que tengan a cada lado un espacio en blanco:

In[13]:= **StringCases["12 and 123 and 4567 and 0x456",
   Whitespace ~~ DigitCharacter.. ~~ Whitespace]**

Out[13]= { 123 , 4567 }

En situaciones prácticas es común querer cambiar de cadenas de caracteres a listas, o viceversa. Puede separarse una cadena en una lista de porciones utilizando StringSplit.

Separe una cadena en una lista de porciones, usando por defecto los espacios para hacer la separación:

In[14]:= **StringSplit["a string to split"]**

Out[14]= {a, string, to, split}

Ahora se usa un patrón de cadena para decidir dónde hacer la separación:

In[15]:= **StringSplit["you+can+split--at+any--delimiter", "+" | "--"]**

Out[15]= {you, can, split, at, any, delimiter}

Dentro de una cadena de caracteres, hay un carácter especial para un cambio de línea, que indica en qué parte debe cambiar de línea la cadena. Dicho carácter se representa con \n.

Separe en cada cambio de línea:

In[16]:= **StringSplit["first line
second line
third line", "\n"]**

Out[16]= {first line, second line, third line}

StringJoin junta cualquier lista de cadenas de caracteres. Sin embargo, en la práctica hay veces en que se quiere insertar algo entre las cadenas antes de juntarlas. Esto se hace con StringRiffle.

Junte cadenas, intercalando la cadena "---" entre ellas:

In[17]:= **StringRiffle[{"a", "list", "of", "strings"}, "---"]**

Out[17]= a---list---of---strings

Cuando se arma una cadena, frecuentemente se quiere convertir alguna expresión arbitraria de Wolfram Language en una cadena de caracteres. Esto se puede hacer usando TextString.

TextString convierte números y otras expresiones de Wolfram Language en cadenas de caracteres:

In[18]:= **StringJoin["two to the ", TextString[50], " is ", TextString[2^50]]**

Out[18]= two to the 50 is 1125899906842624

Una manera más conveniente de crear cadenas de caracteres a partir de expresiones es el uso de *plantillas para cadenas*. Las plantillas para cadenas trabajan como funciones puras dado que tienen ranuras en las que pueden insertarse argumentos.

En una plantilla para cadena, cada `` ` `` es una ranura para un argumento sucesivo:

In[19]:= **StringTemplate["first `` then ``"][100, 200]**

Out[19]= first 100 then 200

Las ranuras con nombre eligen elementos de una asociación:

In[20]:= **StringTemplate["first: `a`; second `b`; first again `a`"][
  <| "a" → "AAAA", "b" → "BB BBB" |>]**

Out[20]= first: AAAA; second BB BBB; first again AAAA

Se puede insertar cualquier expresión en una plantilla para cadena encerrándola entre <*...*>. El valor de la expresión se calcula al momento de aplicar la plantilla.

Evalúe la <*...*> cuando se aplica la plantilla; no se requieren argumentos:

In[21]:= **StringTemplate["2 to the 50 is <* 2^50 *>"][ ]**

Out[21]= 2 to the 50 is 1125899906842624

Use ranuras en la plantilla (` es el carácter acento invertido):

In[22]:= **StringTemplate["`1` to the `2` is <* #1^#2 *>"][2, 50]**

Out[22]= 2 to the 50 is 1125899906842624

La expresión en la plantilla se evalúa al aplicar la plantilla:

In[23]:= **StringTemplate["the time now is <* Now *>"][ ]**

Out[23]= the time now is Wed 16 Sep 2015 16:50:43

Vocabulario

$patt_1$ ~~ $patt_2$	secuencia de patrones de cadena de caracteres
Shortest[*patt*]	la cadena más corta que coincida
StringCases[*string*, *patt*]	los casos en una cadena de caracteres que coincidan con un patrón
StringReplace[*string*, *patt* → *val*]	sustituye un patrón dentro de una cadena de caracteres
StringMatchQ[*string*, *patt*]	comprueba si una cadena de caracteres coincide con un patrón
LetterCharacter	forma de patrón que coincide con una letra
DigitCharacter	forma de patrón que coincide con un dígito
Whitespace	forma de patrón que coincide con espacios, etc.
\n	carácter que indica cambio de línea
StringSplit[*string*]	separa una cadena de caracteres en una lista de porciones
StringJoin[{*string$_1$*, *string$_2$*, ...}]	junta cadenas de caracteres
StringRiffle [{*string$_1$*, *string$_2$*, ...}, *m*]	junta cadenas de caracteres, insertando *m* entre ellas
TextString[*expr*]	forma una cadena de texto a partir de algo
StringTemplate[*string*]	crea una plantilla de cadena de caracteres para aplicar
`` ` ``	ranura en una plantilla de cadena de caracteres
<*...*>	expresión para ser evaluada dentro de una plantilla de cadena de caracteres

Ejercicios

42.1 Sustituya cada espacio en "1 2 3 4" con "---".

42.2 Obtenga una lista ordenada de todas las secuencias de 4 dígitos (que posiblemente representan fechas) en el artículo de Wikipedia sobre "computers".

42.3 Extraiga los "encabezados" en el artículo de Wikipedia sobre "computers", que se indican mediante cadenas de caracteres que comienzan y terminan con "===".

42.4 Use una plantilla para cadena de caracteres para hacer una rejilla con los resultados de la forma i+j = ... para i y j hasta el 9.

42.5 Encuentre los nombres en inglés de aquellos enteros menores que 50 que contengan una "i" en algún lugar antes de una "e".

42.6 Convierta a mayúsculas las palabras que consten de 2 letras en la primera oración del artículo de Wikipedia sobre "computers".

42.7 Haga una gráfica de barras, con etiquetas, del número de países cuyos nombres, formados con TextString, comiencen con cada letra posible.

42.8 Encuentre un código más simple para
Grid[Table[StringJoin[TextString[i], "^", TextString[j], "=", TextString[i^j]], {i, 5}, {j, 5}]].

Preguntas y respuestas

¿Cómo se dice en voz alta ~~?
Por lo general se dice "tilde tilde". La función subyacente es StringExpression.

¿Cómo se digita `` para insertar una ranura en una plantilla de cadena de caracteres?
Es un par de acentos invertidos que, en muchos teclados, aparecen en el extremo superior izquierdo, junto con la ~ (tilde).

¿Se pueden escribir reglas para la comprensión de lenguaje natural?
Sí, pero el tema no se cubre en el libro. La función clave es GrammarRules.

¿Qué hace TextString cuando se encuentra con algo que no tiene una forma textual obvia?
Trata de lograr algo humanamente legible pero, si no puede, lo devuelve en términos de InputForm.

Notas técnicas

- Existe una correspondencia entre patrones para cadenas de caracteres y patrones para secuencias en listas. SequenceCases es el análogo para listas de StringCases para cadenas.
- La opción Overlaps especifica si se permiten superposiciones en coincidencias de cadenas de caracteres, o si no se permiten. Funciones diferentes tienen diferentes valores por defecto.
- Por defecto, los patrones para cadenas de caracteres dan coincidencia con las secuencias más largas; entonces, hay que especificar Shortest si se desea lo contrario. Por defecto, los patrones para expresiones dan coincidencia con las secuencias más cortas.
- Entre otras funciones para patrones de cadenas de caracteres, se tienen Whitespace, NumberString, WordBoundary, StartOfLine, EndOfLine, StartOfString y EndOfString.
- En cualquier parte de un patrón simbólico para cadena de caracteres, puede usarse RegularExpression para incluir sintaxis de expresiones regulares, tales como $x*$ y $[abc][def]$.

- **TextString** trata de lograr una versión textual de algo, que sea legible por personas, desechando cosas como los detalles de gráficas. **ToString**[**InputForm**[*expr*]] da una versión completa, que pueda usarse para entrada subsecuente.

- Pueden compararse cadenas de caracteres usando operaciones tales como **SequenceAlignment**. Esto es especialmente útil en la bioinformática.

- **FileTemplate**, **XMLTemplate** y **NotebookTemplate** hacen lo análogo de **StringTemplate** para archivos, documentos XML (y HTML) y cuadernos.

- Wolfram Language incluye la función **TextSearch**, para hacer búsquedas de texto en colecciones grandes de archivos.

Para explorar más

Guía para patrones en cadenas de caracteres en Wolfram Language (wolfr.am/eiwl-es-42-more)

43 | Cómo guardar cosas

Wolfram Language facilita el proceso de guardar cosas, ya sea en Wolfram Cloud, o bien localmente en la propia computadora. Se tratará primero lo relativo a Wolfram Cloud.

En Wolfram Cloud, cualquier cosa es un *objeto en la nube*, especificado mediante un UUID (identificador universal único).

A todo objeto en la nube se le asigna de inmediato un UUID:

In[1]:= **CloudObject[ ]**

Out[1]= CloudObject[https://www.wolframcloud.com/objects/388b0fd0-7769-42e4-a992-7d1b9985fe55]

Al momento de crear un objeto en la nube, se le asigna un UUID largo, generado aleatoriamente. Lo interesante de los UUIDs es que puede asegurarse que nunca habrá dos iguales asignados a objetos diferentes. (Hay más de 300 billones (10^12) de billones de billones concebibles como UUIDs Wolfram.)

Ponga en la nube una expresión de Wolfram Language:

In[2]:= **CloudPut[{**  **}]**

Out[2]= CloudObject[https://www.wolframcloud.com/objects/715b04e7-e589-4ebb-8b88-dde32fe0718b]

Traiga de regreso de la nube esa expresión:

In[3]:= **CloudGet[%]**

Out[3]= {  }

Las definiciones que se hayan hecho usando = y := pueden guardarse usando `CloudSave`. (Si dichas definiciones dependen de otras definiciones, estas también se guardan). Esas definiciones se recuperan en una nueva sesión usando `CloudGet`.

Haga una definición:

In[4]:= **colorlist[n_Integer] := RandomColor[n]**

Guárdela en la nube mediante CloudGet para recuperarla posteriormente:

In[5]:= **CloudSave[colorlist]**

Out[5]= CloudObject[https://www.wolframcloud.com/objects/b274c11e-88c2-44d9-b805-599dbf7f898e]

CloudPut permite guardar expresiones individuales de Wolfram Language. ¿Y cómo acumular expresiones progresivamente, ya sea de Wolfram Language o, por ejemplo, de un dispositivo o sensor externo?

Wolfram Data Drop sirve exactamente para este propósito. Se comienza por crear un *databin*, lo que se hace usando CreateDatabin en Wolfram Language.

Cree un *databin*:

In[6]:= **bin = CreateDatabin[ ]**

Out[6]=

Se añade información a este *databin* desde cualquier tipo de dispositivo o servicio externos, al igual que usando la función DatabinAdd en Wolfram Language.

Añada algo a un *databin*:

In[7]:= **DatabinAdd[bin, {1, 2, 3, 4}]**

Out[7]=

Añada algo más al mismo *databin*:

In[8]:= **DatabinAdd[bin, {a, b, c}]**

Out[8]=

Traiga los valores guardados en el *databin*:

In[9]:= **Values[bin]**

Out[9]=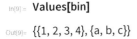

He aquí un *databin* que ha acumulado datos provenientes de un sensor en el escritorio del autor. DateListPlot grafica la serie cronológica de dichos datos.

Use un identificador abreviado referido a un *databin* conectado con sensores en el escritorio:

In[10]:= **Databin["7m3ujLVf"]**

Out[10]=

Grafique las series cronológicas del *databin*:

In[11]:= **DateListPlot[Databin["7m3ujLVf"]]**

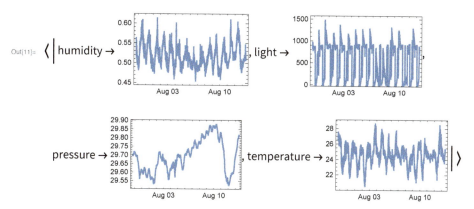

Al igual que CloudPut y CloudSave, Wolfram Data Drop guarda información en la nube. Pero quizá se desee guardar las cosas en una computadora local, sobre todo si no se está conectado con la nube. Si ya se sabe en qué parte del sistema de archivos se desea que queden los archivos, puede usarse Put, Save y Get para guardarlos y recuperarlos posteriormente.

Wolfram Language también puede decidir automáticamente sobre una ubicación local "anónima". Esto se hace mediante LocalObject.

Genere una ubicación "anónima" para Put, Save, etc.:

In[12]:= **LocalObject[]**

Out[12]= LocalObject[file:///Users/sw/Library/Wolfram/Objects/365e034d-9830-4842-8681-75d3714b3d19]

Coloque una imagen en esa ubicación:

In[13]:= **Put[, %]**

Out[13]= LocalObject[file:///Users/sw/Library/Wolfram/Objects/365e034d-9830-4842-8681-75d3714b3d19]

Traiga la imagen de regreso:

In[14]:= **Get[%]**

Out[14]=

Vocabulario

CloudObject[ ]	crea un objeto en la nube
CloudPut[*expr*]	pone en la nube
CloudGet[*obj*]	trae de la nube
CloudSave[*s*]	guarda definiciones en la nube
Databin["*id*"]	un *databin* con información acumulada
CreateDatabin[ ]	crea un nuevo *databin*
DatabinAdd[*obj*, *valor*]	añade algo a un *databin*
DateListPlot[*data*]	construye un gráfico de una lista de fechas
LocalObject[ ]	crea un objeto local
Put[*expr*, *obj*]	pone en un objeto local
Get[*obj*]	trae desde un objeto local

Preguntas y respuestas

¿Qué significan las letras y números en los UUIDs?

Son dígitos en hexadecimal (base 16); las letras de la "a" a la "f" son los dígitos hex del 10 al 15. Cada UUID tiene 32 dígitos hex, que corresponden a $16^{32} \approx 3 \times 10^{38}$ posibilidades.

¿Cómo se compara el número de UUIDs posibles con otras cosas?

Es más o menos como el número de átomos en un kilómetro cúbico de agua, o como 100 billones (= 100×10^{12}) de veces el número de estrellas en el universo. Si cada una de los 50 mil millones de computadoras en la Tierra generara un UUID a 10 GHz, le tomaría la edad del universo para agotar la disponibilidad de UUIDs.

¿Cómo se relacionan los UUIDs con los IDs abreviados?

Todos los IDs abreviados, en la forma como se generan con URLShorten, se registran explícitamente, y se garantiza que son únicos, más o menos como los nombres de los dominios en internet. Los UUIDs son suficientemente largos como para asumir que son únicos, aun si no hubiera ningún tipo de registro central.

¿Se puede especificar el nombre de un archivo en CloudObject, CloudPut, etc.?

Sí. Y el nombre del archivo estará relacionado con la correspondiente carpeta de usuario en la nube. El archivo recibirá también un URL, que incluye la base de la nube que se esté usando, así como la ID del usuario.

¿Pueden personas ajenas acceder a lo que uno tiene guardado dentro de un objeto en la nube?

Por lo general, no. Claro que, si se habilita la opción Permissions → "Public", entonces cualquiera puede tener acceso, tal y como se dijo respecto de las aplicaciones en la web en la Sección 36. También uno puede especificar a quién se permite el acceso y qué es lo que tiene permiso de hacer.

¿Se puede trabajar con *databin*s sin usar Wolfram Language?

Sí. Puede usarse la web y muchos otros sistemas para crear y añadir cosas a *databin*s.

¿Existe alguna manera de manipular una expresión en la nube, sin traer de ahí la expresión completa?

Sí. Para ello se hace una expresión en la nube (usando CreateCloudExpression). Así, todas la formas usuales de traer y formar partes de la expresión pueden funcionar, aunque la expresión estará persistentemente guardada en la nube.

Notas técnicas

- Cuando se trabaja en la nube, los documentos Wolfram Notebook se guardan automáticamente cada vez que se hace un cambio, a menos que se especifique lo contrario.
- Se pueden guardar objetos grandes de manera más eficiente con DumpSave que con Save, pero el archivo así creado queda en binario, y no en texto.
- LocalCache[CloudObject[...]] es una forma de referirse a un objeto en la nube, pero usando una caché local de su contenido si está disponible (y crearla, si no lo está).
- Los archivos de datos pueden tener *signaturas de datos*, que especifican cómo deben interpretarse los datos que contienen, por ejemplo, en términos de unidades, formatos de fechas, etc.
- Una asignación como x = 3 se mantiene solamente mientras dura una sesión con Wolfram Language. Pero se pueden usar cosas como PersistentValue["x"] = 3 para guardar valores con diferentes grados de persistencia (en una sola computadora; cada vez que se inicia una sesión; por un tiempo determinado; etc.).

Para explorar más

Guía para archivos en Wolfram Language (wolfr.am/eiwl-es-43-more)

Wolfram Data Drop (wolfr.am/eiwl-es-43-more2)

44 | Importar y exportar

Todo lo que se ha visto en este libro hasta ahora se ha hecho dentro de Wolfram Language y la Wolfram Knowledgebase. Pero hay ocasiones en que se requiere traer cosas del exterior. Sobra decir que no estarán siempre tan nítidas y organizadas como se acostumbra dentro de Wolfram Language, además de que pueden ser modificadas sin aviso.

Como un primer ejemplo, se importa el texto de la portada del sitio web de la ONU. Para esto se usa la función Import.

Importe la versión en texto de la portada del sitio web de la ONU (podría haber cambiado ya):

In[1]:= **Import["http://un.org"]**

Out[1]= عالك إنها — المتحدة الأمم
联合国，您的世界！
United Nations — It's your world!
Nations Unies — C'est votre monde!
Организация Объединенных Наций — это ваш мир!
Las Naciones Unidas son su mundo

El resultado es una cadena de caracteres, posiblemente con algunas líneas en blanco. Se comienza dividiendo la cadena de caracteres en los cambios de línea.

Se divide en los cambios de línea para obtener una lista de cadenas:

In[2]:= **StringSplit[Import["http://un.org"], "\n"]**

Out[2]= {عالك إنها — المتحدة الأمم , 联合国，您的世界！ ,
United Nations — It's your world!, Nations Unies — C'est votre monde!,
Организация Объединенных Наций — это ваш мир!,
Las Naciones Unidas son su mundo}

Identifique la lengua en que está escrita cada una de las cadenas (las líneas en blanco se toman como si fueran inglés):

In[3]:= **LanguageIdentify[StringSplit[Import["http://un.org"], "\n"]]**

Out[3]= { Arabic , Chinese , English , French , Russian , Spanish }

Import se usa para importar una gran variedad de elementos diferentes. "Hyperlinks" trae los hipervínculos que aparecen en una página web; "Images" trae imágenes.

Traiga una lista de los hipervínculos en la portada del sitio web de las NU:

In[4]:= **Import["http://un.org", "Hyperlinks"]**

Out[4]= {//www.un.org/ar/index.html, //www.un.org/zh/index.html, //www.un.org/en/index.html,
//www.un.org/fr/index.html, //www.un.org/ru/index.html, //www.un.org/es/index.html}

Traiga las imágenes que aparecen en la portada de Wikipedia:

In[5]:= **Import["http://wikipedia.org", "Images"]**

Para ver un ejemplo más sofisticado, se presenta aquí el grafo de los hipervínculos en una porción de mi sitio web. Para mantener un tamaño manejable, se toman solo los 5 primeros hipervínculos en cada nivel, y se ven solo 3 niveles.

Compute una porción del grafo de hipervínculos del sitio web del autor:

In[6]:= **NestGraph[Take[Import[#, "Hyperlinks"], 5] &, "http://stephenwolfram.com", 3]**

Wolfram Language puede importar centenares de formatos, incluyendo hojas de cálculo, imágenes, sonidos, geometría, bases de datos, archivos de registro y más. Import se basa automáticamente en la extensión de archivo (.png, .xls, etc.) para determinar de qué se trata.

Importe una foto de mi sitio web:

In[7]:= **Import[
    "http://www.stephenwolfram.com/img/homepage/stephen-wolfram-portrait.png"]**

¡Wolfram Language me reconoce!

In[8]:= **Classify["NotablePerson", %]**

Out[8]= Stephen Wolfram

De la misma forma que se importan de la web, Import también puede importar de los archivos propios del usuario, ya sea que estén guardados en su computadora o en Wolfram Cloud.

Wolfram Language no solo permite trabajar con páginas web y sus archivos, sino también con *servicios* o *APIs*. Por ejemplo, SocialMediaData hace posible traer datos de servicios de medios sociales, al menos cuando se les haya autorizado a enviar sus datos.

Encuentre la red los amigos en Facebook que permiten el acceso a sus datos de conexión:

In[9]:= **SocialMediaData["Facebook", "FriendNetwork"]**

Out[9]=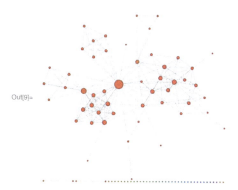

Otro servicio externo al que se puede acceder con Wolfram Language es la búsqueda en la web.

Busque en la web con las palabras clave "colorful birds" o pájaros de colores vivos:

In[10]:= **WebImageSearch["colorful birds"]**

Out[10]=

Thumbnail	PageTitle	PageHyperlink
	Colorful Birds Wallpapers 1024x768	http://free1024wallpapers
	Life is Better with a Cute Outfit: Colorful Birds Wallpapers	http://lifeisbetterwithacut
	Colorful Birds Wallpapers 1024x768	http://free1024wallpapers
	... colorful birds beautiful colorful birds beautiful colorful birds	http://lifeiz4fun.blogspot.c
	these colorful birds were great posers for photography. And they are ...	http://trans-pond.blogspo
	GALLERY FUNNY GAME: Beautiful Colorful Birds gallery	http://galleryfunnygame.t
	AJORBAHMAN'S COLLECTION: COLORFUL BIRDS	http://ajorbahman.blogs
	The Pate Potpourri: Colorful Birds Make Ava Happy Too!	http://thepatepotpourri.t
	Colorful Birds Wallpapers 1024x768	http://free1024wallpapers
	Cool Daily Pics: Beautiful Colorful Birds	http://cooldailypics.blogsp

Solicite miniaturas de las imágenes:

In[11]:= **WebImageSearch["colorful birds", "Thumbnails"]**

Out[11]=

Se reconocen como tipos diferentes de pájaros:

In[12]:= **ImageIdentify /@ %**

Out[12]= { indigo bunting , blue peafowl , mandarin duck , european goldfinch , rainbow lorikeet , ring-necked parakeet , bluebird , rainbow lorikeet , scrub-bird , rainbow lorikeet }

Una fuente muy importante de información externa para su uso en Wolfram Language es el Wolfram Data Repository. La información en este repositorio proviene de muchas partes, pero todo ello está armado de tal manera que se facilite su uso con Wolfram Language.

Se puede ver lo que hay ahí explorando el contenido del Wolfram Data Repository.

Una vez que se haya localizado alguna cosa que interese, simplemente se usa ResourceData["*name*"] para traerlo a Wolfram Language.

Obtenga el texto completo de *On the Origin of Species*, de Darwin, y construya la nube de palabras correspondiente:

In[13]:= **WordCloud[ResourceData["On the Origin of Species"]]**

Además de traer cosas a Wolfram Language, pueden enviarse al exterior. Por ejemplo, SendMail envía correo electrónico desde Wolfram Language.

Envíe un mensaje a uno mismo por correo electrónico:

In[14]:= **SendMail["Hello from the Wolfram Language!"]**

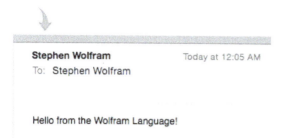

Envíe un correo electrónico a una cuenta de prueba, con el asunto "Wolf" y la foto de un lobo adjunta:

In[15]:= **SendMail["test@wolfram.com", {"Wolf", "Here's a wolf...",** **}]**

Cuando se quiere interactuar con programas y servicios externos, se hará necesario muchas veces *exportar* cosas desde Wolfram Language.

Exporte la gráfica de un círculo a la nube, en formato PDF:

In[16]:= **CloudExport[Graphics[Circle[]], "PDF"]**

Out[16]= CloudObject[https://www.wolframcloud.com/objects/6d93f2de–6597–4d9f–9edb–7cdc342571b8]

Se puede también exportar a archivos locales usando Export.

Exporte una tabla de primos y sus potencias a un archivo local en hoja de cálculo:

In[17]:= **Export["primepowers.xls", Table[Prime[m]^n, {m, 10}, {n, 4}]]**

Out[17]= primepowers.xls

Aquí está una parte del archivo resultante:

	A	B	C	D	E	F
1	2	4	8	16		
2	3	9	27	81		
3	5	25	125	625		
4	7	49	343	2401		
5	11	121	1331	14641		
6	13	169	2197	28561		
7	17	289	4913	83521		
8	19	361	6859	130321		
9	23	529	12167	279841		
10	29	841	24389	707281		
11						
12						

Importe de regreso el contenido de ese archivo a Wolfram Language:

In[18]:= **Import["primepowers.xls"]**

Out[18]= {{{2., 4., 8., 16.}, {3., 9., 27., 81.}, {5., 25., 125., 625.}, {7., 49., 343., 2401.},
{11., 121., 1331., 14 641.}, {13., 169., 2197., 28 561.}, {17., 289., 4913., 83 521.},
{19., 361., 6859., 130 321.}, {23., 529., 12 167., 279 841.}, {29., 841., 24 389., 707 281.}}}

Wolfram Language tiene la capacidad para importar y exportar en centenares de formatos de diferente tipo.

Exporte geometría en 3D en un formato adecuado para impresión en 3D:

In[19]:= **Export["spikey.stl",** ▣ rhombic hexecontahedron **["Image"]]**

Out[19]= spikey.stl

He aquí el resultado de una impresión en 3D del archivo spikey.stl:

Crear geometría en 3D, en forma apropiada para su impresión, puede ser un asunto bastante complicado. La función **Printout3D** realiza todos los pasos automáticamente, y puede también enviar la geometría resultante a un servicio de impresión en 3D (o a la impresora 3D propia, si se cuenta con una).

Haga un grupo aleatorio de esferas:

In[20]:= **Graphics3D[Sphere[RandomReal[5, {30, 3}]]]**

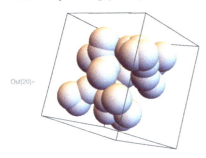

Envíe esto al servicio Sculpteo para imprimir en 3D:

In[21]:= **Printout3D[%, "Sculpteo"]**

Vocabulario

Import[*lugar***]**	importa desde una ubicación externa *lugar*
SocialMediaData[...**]**	obtiene información de redes sociales
WebImageSearch[*"keyword"***]**	hace una búsqueda de imagen en la red
ResourceData[*"name"***]**	obtiene información del Wolfram Data Repository
SendMail[*expr***]**	envía un correo electrónico
CloudExport[*expr*, *format***]**	exporta a la nube en un formato dado
Export[*file*, *expr***]**	exporta a un archivo
Printout3D[*source*, *"service"***]**	envía *source* a un servicio de impresión 3D

Ejercicios

44.1 Importe las imágenes de http://google.com.

44.2 Haga un *collage* de discos con los colores dominantes en las imágenes de http://google.com.

44.3 Haga una nube de palabras con el texto de http://bbc.co.uk.

44.4 Haga un *collage* de imágenes con las imágenes en http://nps.gov.

44.5 Use ImageInstanceQ para encontrar fotos de aves en https://en.wikipedia.org/wiki/Ostrich.

44.6 Use TextCases con "Country" para encontrar los casos de nombres de países en http://nato.int, y cree una nube de palabras con ellos.

44.7 Encuentre el número de vínculos en https://en.wikipedia.org.

44.8 Envíe un mensaje a uno mismo con el mapa de la ubicación donde se encuentre.

44.9 Envíe un mensaje a uno mismo con un ícono de la fase actual de la luna.

Preguntas y respuestas

¿Por qué se obtienen resultados diferentes al ejecutar los ejemplos relativos a sitios web?

¡Porque los sitios web han cambiado! Lo que se obtiene es lo que contienen al momento de entrar.

¿Por qué Import no recupera algunos elementos que se ven al visitar una página web con un navegador?

Probablemente porque no están directamente presentes en la fuente HTML de la página web, que es lo que ve Import. Probablemente, se añaden de manera dinámica usando JavaScript.

¿Se puede importar un archivo local desde la computadora si se está usando la nube?

Sí. Use el botón upload ⇧ en el sistema en la nube para subir el archivo al sistema propio de archivos en la nube y, luego, use Import.

¿Qué formatos maneja Import?

Vea la lista en wolfr.am/ref-importexport o evalúe $ImportFormats.

¿Cómo determinan Import y Export cuál es el formato que deben usar?

Se puede hacer explícito o, de lo contrario, se determina de las extensiones de los archivos, tales como .gif o .mbox.

¿Dónde pone Export los archivos que crea?

Si no se da el directorio en el nombre del archivo que se especifica, se va al directorio activo. Se puede abrir como lo haría el sistema operativo, usando SystemOpen, y se borra con DeleteFile.

¿Qué es una API?

Es una interfaz de programación de aplicación; una interfaz que un programa expone a otros programas, más que a una persona. Wolfram Language tiene varias APIs, y permite crear las propias mediante el uso de APIFunction.

¿Cómo se autoriza la conexión a una cuenta externa del usuario?

Cuando se usa SocialMediaData o ServiceConnect, por lo regular se pide que se autorice la aplicación Wolfram Connection para ese servicio determinado.

Notas técnicas

- **ImportString** permite que uno "importe" de una cadena de caracteres en lugar de un archivo externo o de un URL. **ExportString** "exporta" a una cadena de caracteres.

- **SendMail** usa las preferencias de servidor de correo establecidas, o bien un proxy en Wolfram Cloud.

- Wolfram Language da soporte a muchos servicios externos. Normalmente usa mecanismos tales como OAuth para autentificarlos.

- Otra forma de traer (y enviar) información es mediante la conexión directa de la computadora a un sensor, Arduino, etc. Wolfram Language tiene un marco de trabajo para manejar ese tipo de cosas, incluyendo funciones tales como **DeviceReadTimeSeries**.

- Si se está ejecutando todo en un equipo local, se puede pedir a Wolfram Language la ejecución de programas externos e intercambiar con ellos información usando, por ejemplo, **RunProcess**. En casos simples se puede simplemente entubar información directamente de un programa, por ejemplo, con Import["!program", …].

- Wolfram Language permite lectura y escritura asíncrona de información. Un caso sencillo es **URLSubmit**, pero **ChannelListen**, etc. permiten armar un sistema completo de *publicación-suscripción* manejado externamente.

Para explorar más

Guía para importar y exportar en Wolfram Language (wolfr.am/eiwl-es-44-more)

45 | Conjuntos de datos

Muchas veces, las actividades relacionadas con la computación están orientadas al manejo de grandes volúmenes de información estructurada, particularmente, en las organizaciones de gran tamaño. Wolfram Language cuenta con una forma muy eficaz de manejar información estructurada, mediante lo que se llama *conjuntos de datos*.

Un ejemplo simple de conjunto de datos se forma a partir de una asociación de asociaciones.

Cree un conjunto de datos simple, que contenga 2 filas y 3 columnas:

In[1]:= **data = Dataset[**
            <| "a" → <| "x" → 1, "y" → 2, "z" → 3 |>, "b" → <| "x" → 5, "y" → 10, "z" → 7 |> |>]

Out[1]=

	x	y	z
a	1	2	3
b	5	10	7

Casi siempre, Wolfram Language muestra los conjuntos de datos en forma tabular. Se pueden extraer partes de un conjunto de datos de la misma manera que se haría con una asociación.

Extraiga el elemento en la "fila b" y la "columna z":

In[2]:= **data["b", "z"]**

Out[2]= 7

O podría extraerse primero la "fila b" completa y, de ahí, extraer el elemento "z":

In[3]:= **data["b"]["z"]**

Out[3]= 7

También podría extraerse la "fila b" completa del conjunto de datos. El resultado es un nuevo conjunto de datos, que en este caso se muestra en forma de columna para facilitar su lectura.

Genere un nuevo conjunto de datos a partir de la "fila b" del conjunto de datos original:

In[4]:= **data["b"]**

Out[4]=

x	5
y	10
z	7

Aquí se muestra el conjunto de datos correspondiente a la "columna z" para todos las "filas".

Genere un conjunto de datos que conste de la "columna z" para todas las filas:

In[5]:= **data[All, "z"]**

Out[5]=

a	3
b	7

La extracción de partes de un conjunto de datos es apenas el comienzo. Dondequiera que se pueda extraer una parte, puede pensarse en una función que se aplique a todas las partes en ese nivel.

Obtenga los totales de cada fila aplicando Total a todas las columnas en cada una de las filas:

In[6]:= **data[All, Total]**

Out[6]=
a	6
b	22

Si se usara f en vez de Total, puede verse de inmediato lo que sucede: dicha función se está aplicando a cada una de las asociaciones "fila".

Aplique la función f a cada fila:

In[7]:= **data[All, f]**

Out[7]=
a	f[<|"x" → 1, "y" → 2, "z" → 3|>]
b	f[<|"x" → 5, "y" → 10, "z" → 7|>]

Aplique una función que efectúe la suma de los elementos x y z que estén en cada una de las asociaciones:

In[8]:= **data[All, #x + #z &]**

Out[8]=
a	4
b	12

Puede usarse cualquier función; aquí se usará PieChart:

In[9]:= **data[All, PieChart]**

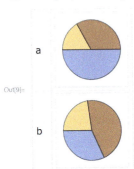

Puede también pensarse en una función que se aplique a todos las filas.

Aquí se extrae el valor de cada "columna z" y, luego, se aplica f a la asociación de los resultados:

In[10]:= **data[f, "z"]**

Out[10]= f[<| a → 3, b → 7 |>]

Se aplica f a los totales de cada una de las columnas:

In[11]:= **data[f, Total]**

Out[11]= f[<| a → 6, b → 22 |>]

Encuentre el mayor de esos totales:

In[12]:= **data[Max, Total]**

Out[12]= 22

Siempre se pueden "encadenar" consultas: por ejemplo, se encuentran primero los totales para cada fila, y luego se elige el resultado de la "fila b".

Encuentre los totales para cada fila, y luego elegir el total de la "fila b":

In[13]:= **data[All, Total]["b"]**

Out[13]= 22

Lo anterior es equivalente a:

In[14]:= **data["b", Total]**

Out[14]= 22

Especialmente cuando se trata de grandes conjuntos de datos, es usual que se quiera escoger partes de acuerdo con algún criterio. La *forma de operador* para Select facilita notablemente este propósito.

Escoja los números mayores que 5 de una lista:

In[15]:= **Select[{1, 3, 6, 8, 2, 5, 9, 7}, # > 5 &]**

Out[15]= {6, 8, 9, 7}

Ahora se muestra una forma diferente de hacer lo mismo, usando Select en su forma de operador:

In[16]:= **Select[# > 5 &][{1, 3, 6, 8, 2, 5, 9, 7}]**

Out[16]= {6, 8, 9, 7}

La forma de operador de Select es una función que puede aplicarse para ejecutar efectivamente la operación de Select.

Forme un conjunto de datos seleccionando únicamente las filas cuya "columna z" sea mayor que 5:

In[17]:= **data[Select[#z > 5 &]]**

Out[17]=

	x	y	z
b	5	10	7

Para cada fila, seleccione las columnas cuyos valores sean mayores que 5, lo que dejará una estructura irregular:

In[18]:= **data[All, Select[# > 5 &]]**

Out[18]=

a		
b	y	10
	z	7

Normal convierte el conjunto de datos en una asociación común y corriente de asociaciones:

In[19]:= **Normal[%]**

Out[19]= <|a → <||>, b → <|y → 10, z → 7|>|>

Muchas de las funciones de Wolfram Language admiten formas de operador.

Ordene de acuerdo con los valores de alguna función aplicada a cada elemento:

In[20]:= **SortBy[{1, 3, 6, 8, 2, 5, 9, 7}, If[EvenQ[#], #, 10+#] &]**

Out[20]= {2, 6, 8, 1, 3, 5, 7, 9}

SortBy tiene una forma de operador:

In[21]:= **SortBy[If[EvenQ[#], #, 10+#] &][{1, 3, 6, 8, 2, 5, 9, 7}]**

Out[21]= {2, 6, 8, 1, 3, 5, 7, 9}

Ordene las filas de acuerdo con el valor de la diferencia entre las columnas x e y:

In[22]:= **data[SortBy[#x − #y &]]**

Out[22]=

	x	y	z
b	5	10	7
a	1	2	3

Ordene las filas y, luego, encuentre el total de cada columna:

In[23]:= **data[SortBy[#x − #y &], Total]**

Out[23]=

b	22
a	6

En ocasiones, se desea aplicar alguna función a cada uno de los elementos del conjunto de datos.

Aplique f a cada uno de los elementos del conjunto de datos:

In[24]:= **data[All, All, f]**

Out[24]=

	x	y	z
a	f[1]	f[2]	f[3]
b	f[5]	f[10]	f[7]

Ordene las filas antes de totalizar los cuadrados de sus elementos:

In[25]:= **data[SortBy[#x − #y &], Total, #^2 &]**

Out[25]=

b	174
a	14

Los conjuntos de datos pueden contener mezclas arbitrarias de listas y asociaciones. Aquí se ve uno, que puede verse como si fuera una *lista de registros* con *campos* denominados.

Un conjunto de datos formado a partir de una lista de asociaciones:

In[26]:= **Dataset[{ <|"x" → 2, "y" → 4, "z" → 6|>, <|"x" → 11, "y" → 7, "z" → 1|>}]**

Out[26]=

x	y	z
2	4	6
11	7	1

No hay problema si faltan algunas entradas:

In[27]:= **Dataset[{ <|"x" → 2, "y" → 4, "z" → 6|>, <|"x" → 11, "y" → 7|>}]**

Out[27]=

x	2
y	4
3 total ›	
x	11
y	7

Después de estos sencillos ejemplos, puede pasarse a algo ligeramente más realista. Se importa un conjunto de datos que contiene propiedades de planetas y lunas. El conjunto de datos tiene una estructura jerárquica, donde cada planeta tiene una masa y un radio propios, así como también una colección de lunas, cada una de las cuales tiene, a su vez, sus propiedades particulares. En la práctica es muy común esta estructura general (ej., alumnos y calificaciones, clientes y pedidos, etc.).

Se trae de la nube un conjunto de datos jerárquico, sobre planetas y lunas:

In[28]:= **planets = CloudGet["http://wolfr.am/7FxLgPm5"]**

Out[28]=

	Mass	Radius	Moons		
				Mass	Radius
Mercury	3.30104×10^{23} kg	2439.7 km			
Venus	4.86732×10^{24} kg	6051.9 km			
Earth	5.9721986×10^{24} kg	6371.0088 km	Moon	7.3459×10^{22} kg	1737.5 km
Mars	6.41693×10^{23} kg	3386. km	Deimos	1.5×10^{15} kg	6.2 km
			Phobos	1.072×10^{16} kg	11.1 km
Jupiter	1.89813×10^{27} kg	69911 km	Adrastea	$7. \times 10^{15}$ kg	8.2 km
			Aitne	$4. \times 10^{13}$ kg	1.5 km
			67 total ›		
Saturn	5.68319×10^{26} kg	57316. km	Aegaeon		0.25 km
			Aegir		3.0 km
			62 total ›		
Uranus	8.68103×10^{25} kg	25266. km	Ariel	1.35×10^{21} kg	578.9 km
			Belinda	3.57×10^{17} kg	40.3 km
			27 total ›		
Neptune	1.02410×10^{26} kg	24553. km	Despina	2.1×10^{18} kg	75. km
			Galatea	3.7×10^{18} kg	88. km
			14 total ›		

Obtenga el radio de cada uno de los planetas:

In[29]:= **planets[All, "Radius"]**

Mercury	2439.7 km
Venus	6051.9 km
Earth	6371.0088 km
Mars	3386. km
Jupiter	69 911 km
Saturn	57 316. km
Uranus	25 266. km
Neptune	24 553. km

Haga un diagrama de barras con los radios de los planetas:

In[30]:= **BarChart[planets[All, "Radius"], ChartLabels → Automatic]**

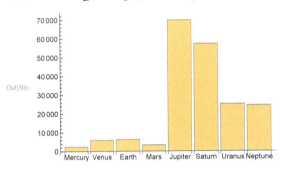

Si se piden las lunas de Marte se obtiene un conjunto de datos, al que se pueden hacer consultas ulteriores.

Obtenga un conjunto de datos de las lunas de Marte:

In[31]:= **planets["Mars", "Moons"]**

	Mass	Radius
Deimos	1.5×10^{15} kg	6.2 km
Phobos	1.072×10^{16} kg	11.1 km

Se "escarba más" para hacer una tabla con los radios de las lunas de Marte:

In[32]:= **planets["Mars", "Moons", All, "Radius"]**

Deimos	6.2 km
Phobos	11.1 km

Se pueden efectuar cómputos relativos a las lunas de todos los planetas. Para empezar, se ve cuántas lunas aparecen en la lista para cada planeta.

Haga un conjunto de datos para el número de lunas listadas para cada planeta:

In[33]:= **planets[All, "Moons", Length]**

Out[33]=
Mercury	0
Venus	0
Earth	1
Mars	2
Jupiter	67
Saturn	62
Uranus	27
Neptune	14

Obtenga la masa total de todas las lunas de cada planeta:

In[34]:= **planets[All, "Moons", Total, "Mass"]**

Out[34]=
Mercury	0
Venus	0
Earth	7.3459×10^{22} kg
Mars	1.22×10^{16} kg
Jupiter	3.9301×10^{23} kg
Saturn	1.4051×10^{23} kg
Uranus	9.14×10^{21} kg
Neptune	2.1487×10^{22} kg

Obtenga el mismo resultado, pero solamente para aquellos planetas con más de 10 lunas:

In[35]:= **planets[Select[Length[#Moons] > 10 &], "Moons", Total, "Mass"]**

Out[35]=
Jupiter	3.9301×10^{23} kg
Saturn	1.4051×10^{23} kg
Uranus	9.14×10^{21} kg
Neptune	2.1487×10^{22} kg

Haga el diagrama circular del resultado anterior:

In[36]:= **PieChart[%, ChartLegends → Automatic]**

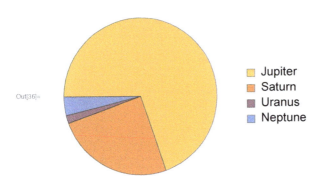

Haga un conjunto de datos con las lunas que tengan más del 1% de la masa de la Tierra.

Para cada una de las lunas, seleccione aquellas cuya masa sea mayor que 0.01 veces la masa de la Tierra:

In[37]:= **planets[All, "Moons", Select[#Mass > .01 earth masses &]]**

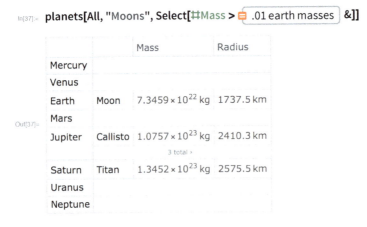

Obtenga la lista de claves (esto es, los nombres de las lunas) en la asociación que resulta para cada planeta:

In[38]:= **planets[All, "Moons", Select[#Mass > .01 earth masses &]][All, Keys]**

Obtenga la asociación subyacente:

In[39]:= **Normal[%]**

Out[39]= <| Mercury → {}, Venus → {}, Earth → {Moon}, Mars → {},
       Jupiter → {Callisto, Ganymede, Io}, Saturn → {Titan}, Uranus → {}, Neptune → {} |>

Junte, o "concatene", las listas para todas las claves:

In[40]:= **Catenate[%]**

Out[40]= {Moon, Callisto, Ganymede, Io, Titan}

Aquí aparece, en una sola fila, el cómputo completo:

In[41]:= **planets[All, "Moons", Select[#Mass > .01 earth masses &]][Catenate, Keys] // Normal**

Out[41]= {Moon, Callisto, Ganymede, Io, Titan}

Un ejemplo más: se encuentra el logaritmo de la masa de cada luna y se hace, para cada planeta, una gráfica de recta numérica para dichos valores.

Haga las gráficas de recta numérica para los logaritmos de las masas de las lunas de cada planeta:

In[42]:= **planets[All, "Moons", NumberLinePlot[Values[#]] &, Log[#Mass/ 1 earth mass] &]**

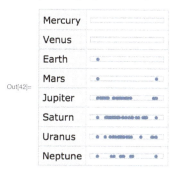

Como otro ejemplo, se hace la nube de palabras con los nombres de las lunas, con los tamaños dependiendo de las masas respectivas. Para este fin, se requiere una sola asociación que asocie el nombre de cada luna con su masa.

Cuando se da una asociación, WordCloud determina los tamaños de acuerdo con los valores en la asociación:

In[43]:= **WordCloud[<| "A" → 5, "B" → 4, "C" → 3, "D" → 2, "E" → 1 |>]**

La función Association combina asociaciones:

In[44]:= **Association[<| "a" → 1, "b" → 2 |>, <| "c" → 3 |>]**

Out[44]= <| a → 1, b → 2, c → 3 |>

Genere la nube de palabras de las masas de las lunas:

In[45]:= **planets[WordCloud[Association[Values[#]]] &, "Moons", All, "Mass"]**

Out[45]=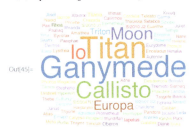

Considerando todo lo que hace, el código usado es sorprendentemente sencillo. Puede mejorarse aún más si se usa @* o /*.

Se vio anteriormente que es posible escribir algo tipo f[g[x]] como f @ g @ x o x // g // f. Puede también escribirse f[g[#]] &[x]. Pero, ¿y qué hay con f[g[#]] &? ¿Hay alguna forma abreviada de escribirlo? Sí, la hay, en términos de los *operadores de composición de funciones* @* y /*.

f @* g @* h representa una composición de funciones que se aplica de derecha-a-izquierda:

In[46]:= **(f @* g @* h)[x]**

Out[46]= f[g[h[x]]]

h /* g /* f representa una composición de funciones que se aplican de izquierda-a-derecha:

In[47]:= **(h /* g /* f)[x]**

Out[47]= f[g[h[x]]]

Aquí se presenta el código anterior reescrito en términos de la composición @*:

In[48]:= **planets[WordCloud @* Association @* Values, "Moons", All, "Mass"]**

Out[48]=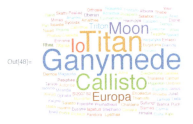

O bien, usando la composición por la derecha /*:

In[49]:= **planets[Values /* Association /* WordCloud, "Moons", All, "Mass"]**

Out[49]=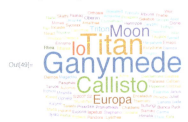

Como último ejemplo, se considera otro conjunto de datos, que ahora procede directamente del Wolfram Data Repository. Aquí aparece una página web (sobre meteoros grandes) del repositorio:

Para traer el conjunto de datos principal que se menciona aquí, se usa simplemente ResourceData.

Obtenga el conjunto de datos, simplemente dando su nombre a ResourceData:

In[50]:= **fireballs = ResourceData["Fireballs and Bolides"]**

Out[50]=

	PeakBrightness	Coordinates	NearestCity	Altitude	Velocity	VelocityX
	Thu 8 Oct 2009 02:57:00	4.2°S 120.6°E	Bone	19.1 km	19.2 km/s	14 km/s
	Sat 21 Nov 2009 20:53:00	22.°S 29.2°E	Kobojango	38 km	32.1 km/s	3 km/s
	Sat 25 Dec 2010 23:24:00	38.°N 158.°E	Kurilsk	26 km	18.1 km/s	18 km/s
	Sat 21 Apr 2012 16:08:23	15.8°S 174.8°W	Hihifo			
	Mon 23 Apr 2012 22:01:10	36.2°N 107.4°E	Pingliang	25.2 km		
	Fri 4 May 2012 21:54:49	76.7°N 10.6°W	Illoqqortoormiut			
	Tue 15 May 2012 11:04:17	61.8°S 135.5°E	Owenga	33.3 km		−0.8 km/s
	Fri 25 May 2012 11:31:24	41.8°S 36.2°W	Grytviken			

showing 1–8 of **92**

Extraiga el campo de las coordenadas de cada fila, y grafique los resultados:

In[51]:= **GeoListPlot[fireballs[All, "Coordinates"]]**

Haga un histograma de las altitudes:

In[52]:= **Histogram[fireballs[All, "Altitude"]]**

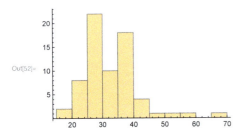

Vocabulario

Dataset[*data***]**	un conjunto de datos
Normal[*dataset***]**	convierte un conjunto de datos en listas y asociaciones normales
Catenate[{*assoc$_1$***, …}]**	concatena asociaciones, combinando sus elementos
f **@*** *g*	composición de funciones (*f*[*g*[*x*]] al aplicarla a *x*)
f **/*** *g*	composición por la derecha (*g*[*f*[*x*]] al aplicarla a *x*)

Ejercicios

Nota: Estos ejercicios usan el conjunto de datos planets = CloudGet["http: // wolfr.am/7FxLgPm5"].

- **45.1** Haga una nube de palabras de los planetas, con los pesos determinados por el número de lunas que tienen.
- **45.2** Haga un diagrama de barras del número de lunas de cada planeta.
- **45.3** Construya un conjunto de datos con las masas de los planetas, ordenados por el número de sus lunas.
- **45.4** Forme un conjunto de datos de cada planeta y la masa de su luna más masiva.
- **45.5** Genere un conjunto de datos con las masas de los planetas, ordenados de acuerdo con la masa de la mayor de sus lunas.

45.6 Forme un conjunto de datos con las medianas de las masas de las lunas de cada planeta.

45.7 Para cada uno de los planetas, construya una lista de las lunas cuyas masas sean mayores que 0.0001 veces la masa de la Tierra.

45.8 Haga una nube de palabras de los países centroamericanos, con los nombres proporcionales a las longitudes de sus respectivos artículos en Wikipedia.

45.9 Encuentre la altitud máxima observada en el conjunto de datos Fireballs & Bolides.

45.10 Encuentre el conjunto de datos de las 5 mayores altitudes observadas en el conjunto de datos Fireballs & Bolides.

45.11 Haga un histograma con las diferencias entre tiempos sucesivos del brillo pico en el conjunto de datos Fireballs & Bolides.

45.12 Grafique las ciudades más próximas para los 10 primeros casos en el conjunto de datos Fireballs & Bolides, con etiquetas para cada ciudad.

45.13 Presente gráficamente las ciudades más próximas para los 10 casos con mayores altitudes en el conjunto de datos Fireballs & Bolides, con etiquetas para cada ciudad.

Preguntas y respuestas

¿Qué tipo de información pueden contener los conjuntos de datos?

Cualquier tipo. No solo números y texto, sino también imágenes, gráficos, y muchas otras cosas. Además, no es necesario que todos los elementos de una fila o columna dada sean del mismo tipo.

¿Se pueden convertir hojas de cálculo a conjuntos de datos?

Sí. Y una buena forma de hacerlo es con SemanticImport.

¿Qué son las bases de datos y cómo se relacionan con Dataset?

Las bases de datos son la forma tradicional de guardar información estructurada en un sistema de cómputo y, por lo general, están diseñadas para permitir tanto la lectura como la escritura de información. **Dataset** es una forma de representar la información guardada en una base de datos de modo tal que pueda manipularse con Wolfram Language.

¿Cómo se compara la información en Dataset con la existente en una base de datos SQL relacional?

Las bases de datos SQL se basan estrictamente en tablas de datos acomodados en filas y columnas de tipos determinados, con datos adicionales vinculados mediante "claves externas". **Dataset** puede tener una mezcla cualquiera de tipos de información, con cualquier número de niveles de anidación y cualquier estructura jerárquica, que tiene un poco más de analogía con una base de datos NoSQL, pero con operaciones adicionales que se posibilitan debido a la naturaleza simbólica del lenguaje.

¿Pueden usarse conjuntos de datos para armar entidades y valores asociados con ellas?

Sí. Si se tiene un conjunto de datos que sea una asociación de asociaciones, cuyas claves exteriores sean entidades y cuyas interiores sean propiedades, entonces es suficiente con poner esto dentro de EntityStore, y con esto se tiene prácticamente todo armado.

Notas técnicas

- **Dataset** maneja un nuevo tipo de *estructura simbólica de base de datos,* que generaliza tanto las *bases de datos relacionales* como las *jerárquicas*.

- **Dataset** tiene muchos otros mecanismos y capacidades adicionales que no se vieron en esta sección.

- Todo lo que pueda hacerse con consultas a conjuntos de datos puede hacerse también usando funciones tales como **Map** y **Apply** en las listas y asociación subyacentes; pero, por lo general, es más simple hacerlo mediante consultas al conjunto de datos.

- Wolfram Language puede conectarse directamente con bases de datos SQL, y hacer consultas con la sintaxis de SQL, usando **DatabaseLink**.

Para explorar más

Guía para computación con conjuntos de datos estructurados en Wolfram Language
(wolfr.am/eiwl-es-45-more)

46 | Cómo escribir código de buena calidad

En cierto modo, escribir código de buena calidad es parecido a escribir prosa de buena calidad: hay que tener las ideas claras y, además, expresarlas con corrección. Quien se inicia en la programación frecuentemente piensa en español, o cualquiera que sea su lengua, lo que quiere que haga su programa. Sin embargo, a medida que se adquiere desenvoltura en el uso de Wolfram Language, se hará un hábito pensar directamente en términos de código, lo que hará más fácil escribir un programa que describir su intención.

Mi objetivo como diseñador de Wolfram Language ha sido que la expresión de cualquier cosa sea lo más fácil posible. Los nombres de las funciones en Wolfram Language son muy semejantes a las palabras en lenguaje natural, y he hecho grandes esfuerzos para escogerlos de manera adecuada.

Funciones tales como Table o NestList o FoldList existen en Wolfram Language porque se refieren a acciones que se efectúan frecuentemente. Tal y como pasa con el lenguaje natural, suele haber diferentes maneras de expresar lo mismo, pero si se quiere lograr código de buena calidad hay que encontrar la que resulte más directa y más sencilla.

Así, para crear una tabla con los 10 primeros cuadrados hay, en Wolfram Language, una porción obvia de buen código que no usa más que la función Table.

Código en Wolfram Language, sencillo y de buena calidad, para formar la tabla de los 10 primeros cuadrados:

```
In[1]:= Table[n^2, {n, 10}]
```

```
Out[1]= {1, 4, 9, 16, 25, 36, 49, 64, 81, 100}
```

¿Qué necesidad habría de escribir algo diferente? Frecuentemente, no se piensa en la "tabla completa", sino en los pasos que habría que seguir para construirla. En las primeras épocas de la era de la computación, las máquinas necesitaban de toda la ayuda que el programador pudiera darles, y la única opción era mediante un código que describiera paso a paso lo que tenían que hacer.

Aquí se ve un código, mucho menos pulcro, que construye la tabla paso a paso:

```
In[2]:= Module[{list, i}, list = {}; For[i = 1, i ≤ 10, i++, list = Append[list, i^2]]; list]
```

```
Out[2]= {1, 4, 9, 16, 25, 36, 49, 64, 81, 100}
```

Wolfram Language permite expresar las cosas a un nivel más alto, y crear código que atrape la idea lo más directamente que se pueda. Una vez que se conoce el lenguaje, será mucho más eficiente operar en ese nivel y, así, escribir código más fácil de entender, tanto por las computadoras como por los seres humanos.

Para escribir código de buena calidad, es muy importante preguntarse con frecuencia, "¿cuál es el escenario completo de lo que este código pretende lograr?" Muchas veces, cuando se comienza a tratar con algún problema, se entiende solo una parte, y se escribe el código específicamente para eso. Y luego, poco a poco, se extiende, añadiéndose más y más porciones. En cambio, al reflexionar en términos del escenario completo, de pronto se da uno cuenta de que existe alguna función poderosa, como Fold, a la que se puede recurrir para simplificar y hacer que el código sea otra vez pulcro y sencillo.

Escriba un código para convertir los dígitos de {*centenas*, *decenas*, *unidades*} en un solo entero:

```
In[3]:= fromdigits[{h_, t_, o_}] := 100 h + 10 t + o
```

Ejecute el código:

```
In[4]:= fromdigits[{5, 6, 1}]
Out[4]= 561
```

Ahora, se generaliza lo anterior a una lista de cualquier longitud, usando Table:

```
In[5]:= fromdigits[list_List] := Total[Table[10^(Length[list] - i) * list[[i]], {i, Length[list]}]]
```

Este nuevo código funciona:

```
In[6]:= fromdigits[{5, 6, 1, 7, 8}]
Out[6]= 56178
```

A continuación, se simplifica el código multiplicando la lista completa de potencias de 10 al mismo tiempo:

```
In[7]:= fromdigits[list_List] := Total[10^Reverse[Range[Length[list]] - 1] * list]
```

Se borran las definiciones previas y se intenta un nuevo enfoque de tipo recursivo:

```
In[8]:= Clear[fromdigits]
In[9]:= fromdigits[{k_}] := k
In[10]:= fromdigits[{digits___, k_}] := 10 * fromdigits[{digits}] + k
```

Este nuevo enfoque también funciona:

```
In[11]:= fromdigits[{5, 6, 1, 7, 8}]
Out[11]= 56178
```

Pero en este punto se da uno cuenta de que, en efecto, ¡se trata de un simple Fold!

```
In[12]:= Clear[fromdigits]
In[13]:= fromdigits[list_] := Fold[10 * #1 + #2 &, list]
In[14]:= fromdigits[{5, 6, 1, 7, 8}]
Out[14]= 56178
```

Y, por supuesto, también hay una función nativa que hace lo mismo:

```
In[15]:= FromDigits[{5, 6, 1, 7, 8}]
Out[15]= 56178
```

¿Por qué conviene que el código de buena calidad sea simple? Primero, porque es más probable que esté correcto. Es mucho más fácil que algún error se produzca en un código complicado que en uno simple. Además, un código simple es casi siempre más general y, por tanto, tiende a cubrir casos que ni siquiera se habían considerado al principio y, así, se evitará tener que incorporar más y más código. Y, por último, un código simple es mucho más fácil de leer y entender. (Más simple no es sinónimo de más breve y, de hecho, hay códigos muy breves que pueden ser muy complicados de entender).

Una versión excesivamente abreviada de fromdigits, que ya es un poco difícil de entender:

In[16]:= **fromdigits = Fold[{10, 1}.{⌗⌗} &, ⌗] & ;**

Aunque, claro, sí que funciona:

In[17]:= **fromdigits[{5, 6, 1, 7, 8}]**

Out[17]= 56 178

Si lo que se quiere hacer es complicado, es muy posible que el código sea también complicado. Sin embargo, un código de buena calidad se puede subdividir en funciones y definiciones tan simples y autocontenidas cuanto sea posible. Y, así, aun en programas muy largos escritos en Wolfram Language, casi no se encontrarán definiciones que requieran más allá de unas cuantas líneas.

He aquí una sola definición en la que se combinan varios casos:

In[18]:= **fib[n_] := If[! IntegerQ[n] || n < 1, "Error", If[n == 1 || n == 2, 1, fib[n − 1] + fib[n − 2]]]**

Es mucho mejor subdividirla en varias definiciones más simples:

In[19]:= **fib[1] = fib[2] = 1;**

In[20]:= **fib[n_Integer] := fib[n − 1] + fib[n − 2]**

Una cuestión muy importante al escribir código de buena calidad es la buena selección de nombres para las funciones. En las funciones nativas de Wolfram Language he hecho grandes esfuerzos, a lo largo de varias décadas, para escoger bien sus nombres, y captar en forma breve la esencia de lo que hacen y de cómo se piensa en ellas.

Al estar escribiendo algún programa, sucede que hay que definir una nueva función porque se necesita en un contexto muy específico. Pero siempre vale la pena tratar de darle un nombre que se entienda fuera de ese contexto. Porque muchas veces, si no se le encuentra un buen nombre, es señal de que quizá no sea la función que haya que definir.

Una indicación de que el nombre de una función es bueno es que, al toparse con él en algún código, inmediatamente se puede saber lo que hace. Y, ciertamente, una característica importante de Wolfram Language es que a menudo es más fácil seguir y entender directamente un código bien escrito, que cualquier descripción textual que se quiera hacer del mismo.

¿Cómo describir lo siguiente en lenguaje llano?

In[21]:= **Graphics[**
    {White, Riffle[NestList[Scale[Rotate[#, 0.1], 0.9] &, Rectangle[], 40], {Pink, Yellow}]}]

Al escribir algún programa en Wolfram Language, puede presentarse el dilema entre usar una función nativa, tal vez algo rara, pero que hace exactamente lo que uno quiere, o bien, llegar a la misma funcionalidad, pero utilizando varias funciones más conocidas. Y, sí, a veces he tratado en este libro de evitar el uso de funciones raras para minimizar el vocabulario. Pero el código de mejor calidad tiende a usar funciones únicas siempre que se pueda, puesto que el nombre de la función explica su intención de mejor manera de lo que se lograría si se usan varias diferentes.

Use un código breve para invertir los dígitos de un entero:

In[22]:= **FromDigits[Reverse[IntegerDigits[123 456]]]**

Out[22]= 654 321

Pero hay una función nativa cuyo nombre describe más claramente su intención:

In[23]:= **IntegerReverse[123 456]**

Out[23]= 654 321

El código de buena calidad debe ser correcto y fácil de entender. Pero también debe ser eficiente al ejecutarse. Y, en Wolfram Language, usualmente el código simple es también mejor en ese aspecto; y la razón es que, al explicar las intenciones con mayor claridad, Wolfram Language puede optimizar con más facilidad los cómputos que debe hacer internamente.

En cada nueva versión, Wolfram Language ha ido mejorando su capacidad para encontrar automáticamente la manera de ejecutar un código con mayor rapidez. Aunque, claro, siempre ayuda que los algoritmos que se vayan a usar tengan una buena estructuración.

Timing reporta el tiempo utilizado en un cómputo (en segundos), además del resultado:

In[24]:= **Timing[fib[20]]**

Out[24]= {0.021843, 6765}

Grafique el tiempo usado en el cómputo de fib[n] según las definiciones dadas anteriormente.

Con las definiciones de arriba para fib, el tiempo utilizado crece muy rápidamente:

In[25]:= `ListLinePlot[Table[First[Timing[fib[n]]], {n, 20}]]`

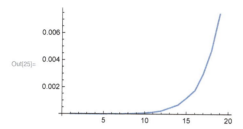

Sucede que el algoritmo utilizado realiza una cantidad exponencial de trabajo innecesario, pues recalcula una y otra vez lo que ha sido calculado previamente. Esto puede evitarse si se hace una asignación para fib[n] cuando se hace la definición de fib[n_], de tal modo que se vaya almacenando el resultado de cada cómputo intermedio.

Redefina la función fib de modo tal que recuerde cada valor que vaya calculando:

In[26]:= `fib[1] = fib[2] = 1;`

In[27]:= `fib[n_Integer] := fib[n] = fib[n-1] + fib[n-2]`

En este caso, hasta el 1000, se ve que cada nuevo valor se obtiene en unos cuantos microsegundos:

In[28]:= `ListLinePlot[Table[First[Timing[fib[n]]], {n, 1000}]]`

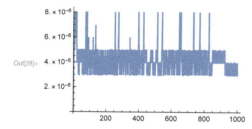

Vocabulario

FromDigits[*lista***]**	arma un entero a partir de sus dígitos
IntegerReverse[*n***]**	invierte el orden de los dígitos de un entero
Timing[*expr***]**	efectúa un cálculo, e incluye el tiempo que toma en hacerlo

Ejercicios

46.1 Encuentre una forma más simple para
Module[{a, i}, a = 0; For[i = 1, i ≤ 1000, i++, a = i * (i + 1) + a]; a].

46.2 Encuentre una forma más simple para Module[{a, i}, a = x; For[i = 1, i ≤ 10, i++, a = 1 / (1 + a)]; a].

46.3 Encuentre una forma más simple para
Module[{i, j, a}, a = {}; For[i = 1, i ≤ 10, i++, For[j = 1, j ≤ 10, j++, a = Join[a, {i, j}]]];.
  a]

46.4 Obtenga el gráfico con los puntos unidos del tiempo usado para realizar en el cálculo de n^n, para n hasta 10 000.

46.5 Produzca la gráfica con los puntos unidos del tiempo usado por Sort para ordenar Range[n] en orden aleatorio, para n hasta 200.

Preguntas y respuestas

¿Qué significa i ++?

Es la notación abreviada para i = i + 1. Es la misma notación utilizada por C y muchos otros lenguajes de bajo nivel para indicar esta operación de incremento.

¿Qué hace la función For?

Se trata del análogo directo del comando for (...) en C. For[*start*, *test*, *step*, *body*] ejecuta, primero, *start*, luego hace la prueba *test*, enseguida ejecuta *step*, y luego *body*. Hace esto repetidamente hasta *test* ya no da True.

¿Por qué algunas porciones abreviadas de código pueden ser difíciles de entender?

Lo más frecuente es que se han ido eliminando variables, y aun funciones, de manera que al final quedan muy pocos nombres para leerse, que son los que podrían dar alguna indicación de lo que supuestamente intenta hacer el código.

¿Cuál es el mejor IDE (entorno de desarrollo integrado) para escribir código en Wolfram Language?

Para la programación cotidiana, lo mejor es usar los cuadernos de Wolfram. Es importante usar secciones, texto y ejemplos junto con el código. En proyectos grandes de software, con múltiples desarrolladores, Wolfram Workbench contiene un IDE basado en Eclipse.

¿Qué es lo que mide Timing?

Mide el tiempo de CPU usado dentro de Wolfram Language para el cómputo del resultado. No toma en cuenta el tiempo usado para mostrar en pantalla el resultado. Tampoco incluye el tiempo usado en operaciones externas, tal como traer información de la nube. Si se quiere el tiempo total absoluto, el que mediría un reloj común y corriente, habrá que usar AbsoluteTiming.

¿Cómo se obtienen mediciones de tiempo más precisas en el caso de códigos que corren muy rápido?

Use RepeatedTiming, que corre el mismo código muchas veces y promedia los tiempos resultantes. (Esto no funciona cuando el código se modifica a sí mismo, como en la última definición de fib que se dio más arriba).

¿Qué trucos hay para acelerar el código?

Además de esforzarse por mantener el código simple, uno de ellos es no recalcular nada que ya haya sido calculado. También puede mencionarse que, cuando se tienen muchos números, puede ser una buena idea usar N para que los números estén en forma aproximada. En algunos algoritmos internos se puede escoger el PerformanceGoal deseado y lograr un equilibrio entre velocidad y exactitud. Existen, además, funciones tales como Compile que tienen como propósito que gran parte del trabajo asociado a la optimización se realice por separado, de manera mucho más rápida que si se hiciera durante el cómputo propiamente.

Notas técnicas

- Pueden generarse comportamientos muy complicados, aun usando código muy simple; de eso trata mi libro, de 1280 páginas, *A New Kind of Science*. Ahí se puede encontrar un buen ejemplo de lo anterior: CellularAutomaton[30, {{1}, 0}].

- La función fib efectúa el cálculo de Fibonacci[*n*]. La definición original siempre lleva un proceso recurrente a través de un árbol de valores descendentes $O(\phi^n)$, donde $\phi \approx 1.618$ es la razón áurea (GoldenRatio).

- La capacidad de recordar valores que hayan sido calculados previamente por alguna función se llama a veces *memoización*, a veces programación dinámica y, a veces, simplemente cacheado.

- La función IntegerReverse se introdujo en la Version 10.3.

- Cuando se trata de programas grandes, Wolfram Language tiene un marco estructural para poder aislar funciones dentro de *contextos* y *paquetes*.

- If[# 1 > 2, 2 # 0[# 1 − # 0[# 1 − 2]], 1] & /@ Range[50] es un ejemplo de código abreviado que presenta un reto serio para entender lo que quiere decir.

47 | Depuración de código

Hasta los programadores más experimentados se ven obligados a pasar por el proceso de depuración de sus códigos; esto es algo inevitable en la programación. Sin embargo, si se siguen unos cuantos principios básicos, la depuración puede ser particularmente fácil en el caso de Wolfram Language.

El primero, y más importante, de tales principios es que hay que probar cada porción del código que se escribe. Y esto se puede ir haciendo de manera casi instantánea, debido a que Wolfram Language es interactivo, a la vez que simbólico. Esto significa que aunque se hagan modificaciones muy pequeñas, el código se puede ejecutar de nuevo para ver si los ejemplos de prueba siguen funcionando. De no ser así, simplemente se arregla esa porción del código y se sigue adelante.

En ocasiones, Wolfram Language puede detectar algún posible error inmediatamente después de que se ingresa algo y, en ese caso, lo señalará marcándolo en rojo.

Una porción de código con problemas, que se señalan en color rojo:

```
WordCloud[Nest[Join[#, Length[ ]+Reverse[#, 1, 2]] &, {0}, m], Spacings → 0]
```

Después de ejecutar alguna porción de código, Wolfram Language puede indicar si algo está obviamente mal, en cuyo caso mostrará en la pantalla un mensaje a tal efecto. Por ejemplo, el código a continuación termina solicitando el primer elemento de una lista de longitud 0.

Algo está obviamente mal si se aplica First a la lista vacía {} generada por Cases:

```
In[1]:= First[Cases[{1, 2, 3, 4}, 777]]
```

... First: {} has zero length and no first element.

```
Out[1]= First[{}]
```

A veces Wolfram Language se topa con algo que no sabe cómo manejar, sin estar seguro de que haya algún problema. En tales casos, simplemente deja la entrada tal cual y la regresa en una forma simbólica que más tarde podría tener algún valor definitivo.

Si no se han dado valores para a, b y c, Wolfram Language simplemente regresa la entrada sin cambios:

```
In[2]:= Graph[{a, b, c}]
```

```
Out[2]= Graph[{a, b, c}]
```

Si se quiere generar una gráfica con partes simbólicas que no se pueden procesar, se produce una caja en color rosa:

```
In[3]:= Graphics[{Circle[{0, 0}], Disk[{a, b}]}]
```

Out[3]=

Cuando se están construyendo funciones, es común que haya fragmentos del código que se desea probar antes de haber completado la función. Esto se puede hacer asignando valores a variables con With, que trabaja de forma parecida a Module, salvo que no permite reasignar los valores.

Use With para asignar m = 4 temporalmente, para probar un fragmento de código:

In[4]:= **With[{m = 4}, Nest[Join[#, Length[#] + Reverse[#]] &, {0}, m]]**

Out[4]= {0, 1, 3, 2, 6, 7, 5, 4, 12, 13, 15, 14, 10, 11, 9, 8}

Si en algún caso la depuración parece tomar demasiado tiempo, esto se debe generalmente a que uno se ha equivocado al juzgar qué es lo que hace el código. En mi experiencia, lo mejor para solventar esto es simplemente analizar de manera sistemática el comportamiento del código, haciendo tablas con los resultados, generando visualizaciones, probando las afirmaciones, y todo eso.

Producir algunas gráficas para ver lo que está haciendo el código:

In[5]:= **ListLinePlot /@ Table[Nest[Join[#, Length[#] + Reverse[#]] &, {0}, m], {m, 6}]**

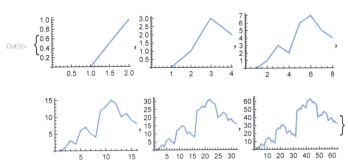

Si este código funciona correctamente, el resultado debe contener todos los números del 0 al 2 ^ m − 1:

In[6]:= **Sort[With[{m = 4}, Nest[Join[#, Length[#] + Reverse[#]] &, {0}, m]]]**

Out[6]= {0, 1, 2, 3, 4, 5, 6, 7, 8, 9, 10, 11, 12, 13, 14, 15}

Se comprueba esto sistemáticamente hasta m = 10:

In[7]:= **Table[
    Sort[Nest[Join[#, Length[#] + Reverse[#]] &, {0}, m]] == Range[0, 2 ^ m − 1], {m, 10}]**

Out[7]= {True, True, True, True, True, True, True, True, True, True}

A veces no basta con ver el resultado final de un fragmento de código; hay que asomarse también a lo que sucede al interior. Puede insertarse la función Echo en cualquier parte para ver en la pantalla resultados o valores intermedios con el código que está corriendo.

Echo muestra valores, pero no interfiere con el resultado:

```
In[8]:= Table[Echo[n]^2, {n, 3}]
```
>> 1
>> 2
>> 3

Out[8]= {1, 4, 9}

Si se está ejecutando un cómputo largo, se puede supervisar el progreso del mismo usando Monitor.

Muestre continuamente (con un marco) el valor de n que se ha alcanzado hasta el momento:

```
In[9]:= Monitor[Table[PrimeQ[2^2^n+1], {n, 15}], Framed[n]]
```

12 13 14 15

Out[9]= {True, True, True, True, False, False, False, False, False, False, False, False, False, False, False}

Echo y Monitor solamente muestran cosas. Si se desea efectivamente capturar los resultados intermedios, puede usarse Sow (sembrar) y Reap (cosechar).

Reap produce el resultado final junto con una lista de todo lo que fue sembrado por Sow:

```
In[10]:= Reap[Total[Table[Sow[n], {n, 5}]]]
```
Out[10]= {15, {{1, 2, 3, 4, 5}}}

Esto siembra valores consecutivos de Length[#], y cosecha los resultados:

```
In[11]:= Last[Reap[Nest[Join[#, Sow[Length[#]] + Reverse[#]] &, {0}, 10]]]
```
Out[11]= {{1, 2, 4, 8, 16, 32, 64, 128, 256, 512}}

Vocabulario

With[{x = *value*}, *expr*]	ejecuta *expr* dando a *x* el valor *value*
Echo[*expr*]	muestra y regresa el valor de *expr*
Monitor[*expr*, *obj*]	muestra continuamente *obj* a lo largo de una ejecución
Sow[*expr*]	siembra el valor de *expr* para cosecharse posteriormente
Reap[*expr*]	colecciona los valores sembrados mientras se ejecuta *expr*

Ejercicios

47.1 Corrija el programa Counts[StringTake[#, 2] & /@ WordList[]] para contar las primeras dos letras en cada palabra, cuando se pueda.

47.2 Use Sow y Reap para obtener los valores intermedios de #1 en Fold[10 #1 + #2 &, {1, 2, 3, 4, 5}].

47.3 Use Sow y Reap para obtener la lista de los casos donde se use #/2 en Nest[If[EvenQ[#], #/2, 3 # + 1] &, 1000, 20].

Preguntas y respuestas

¿Puede surgir algún problema si se trata de ejecutar solamente un fragmento del código?

No, a menos que, por ejemplo, el código esté hecho de modo que vaya a eliminar alguna cosa. Wolfram Language tiene protección contra bucles infinitos "obviamente erróneos" y cosas de ese tipo. Si algo tarda demasiado en terminar, siempre puede abortarse. Si hay alguna preocupación seria respecto del uso de los recursos, se puede usar TimeConstrained y MemoryConstrained.

¿Hay algún error que sea muy frecuente al escribir código en Wolfram Language?

Realmente, no. El diseño del lenguaje es tal que son raros los errores que en otros lenguajes son de lo más común. Por ejemplo, los errores del tipo "faltó uno o sobró uno" son frecuentes en los lenguajes donde hay que meterse a manipular explícitamente las variables de un bucle; en Wolfram Language, esto no suele ocurrir al usar funciones para "toda la lista", como p .ej., Table.

Si no se encuentra lo que está sucediendo mal, ¿vale la pena intentar cosas al azar?

Si se piensa que ya está cerca de descubrir lo que va mal, quizá no sea mala idea hacer en el código pequeños cambios al azar y ver qué sucede. Dado que en Wolfram Language el código simple suele ser el correcto, no es raro que se logre resolver el problema mediante un poco de búsqueda al azar.

¿Hay en Wolfram Language alguna manera de depurar interactivamente, paso a paso?

Sí (al menos con una interfaz basada en una computadora de escritorio), aunque se usa muy poco. Dada la estructura de Wolfram Language, suele ser mejor un enfoque sistemático de captura y análisis de resultados intermedios.

¿Cómo saber qué va mal cuando alguna parte de una gráfica aparece en color rosa?

Puede pasarse el cursor por encima para ver la expresión simbólica subyacente. O bien, oprimir el + para que se muestren los mensajes.

¿Qué código se usa para ver cómo se van haciendo las gráficas tipo fractal?

Mediante un *Gray code*, un ordenamiento de enteros donde solamente un dígito binario cambia en cada paso.

Notas técnicas

- Para el caso de desarrollo de software en gran escala, Wolfram Language cuenta con un marco operativo para la creación y ejecución de pruebas sistemáticas, con funciones tales como VerificationTest y TestReport.
- Un objetivo prioritario en el diseño óptimo de un lenguaje es propiciar que los usuarios escriban código de buena calidad.

Para explorar más

Guía para depuración en Wolfram Language (wolfr.am/eiwl-es-47-more)

Lo que no se vio en el libro

Hay mucho más material en Wolfram Language de lo que se ha presentado en este libro. A continuación, se verá una muestra de algunos de los muchos temas y áreas que no se han abordado.

Construcción de interfaces de usuario

Forme una interfaz con pestañas:

In[1]:= `TabView[Table[ListPlot[Range[20]^n], {n, 5}]]`

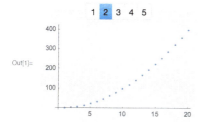

Las interfaces de usuario son simplemente otro tipo de expresión simbólica. Forme una rejilla de deslizadores:

In[2]:= `Grid[Table[Slider[], 4, 3]]`

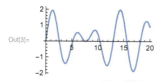

Visualización de funciones

Grafique una función:

In[3]:= `Plot[Sin[x]+Sin[Sqrt[2] x], {x, 0, 20}]`

Un gráfico de contornos en 3D:

In[4]:= `ContourPlot3D[x^3+y^2-z^2, {x, -2, 2}, {y, -2, 2}, {z, -2, 2}]`

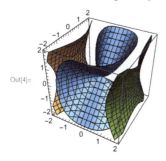

Computación matemática

Realice cálculos simbólicos, con x como variable algebraica:

In[5]:= **Factor[x^10−1]**

Out[5]= $(-1+x)(1+x)\left(1-x+x^2-x^3+x^4\right)\left(1+x+x^2+x^3+x^4\right)$

Obtenga la solución de ecuaciones en forma simbólica:

In[6]:= **Solve[x^3−2x+1 == 0, x]**

Out[6]= $\left\{\{x \to 1\}, \left\{x \to \frac{1}{2}\left(-1-\sqrt{5}\right)\right\}, \left\{x \to \frac{1}{2}\left(-1+\sqrt{5}\right)\right\}\right\}$

Trabaje simbólicamente con temas del cálculo:

In[7]:= **Integrate[Sqrt[x+Sqrt[x]], x]**

Out[7]= $\frac{1}{12}\sqrt{\sqrt{x}+x}\left(-3+2\sqrt{x}+8x\right)+\frac{1}{8}\text{Log}\left[1+2\sqrt{x}+2\sqrt{\sqrt{x}+x}\right]$

Muestre resultados en la forma matemática tradicional:

In[8]:= **Integrate[AiryAi[x], x] // TraditionalForm**

Out[8]//TraditionalForm=
$$-\frac{x\left(\sqrt[3]{3}\ x\,\Gamma\left(\frac{2}{3}\right)^2\ {}_1F_2\left(\frac{2}{3};\frac{4}{3},\frac{5}{3};\frac{x^3}{9}\right)-3\,\Gamma\left(\frac{1}{3}\right)\Gamma\left(\frac{5}{3}\right)\ {}_1F_2\left(\frac{1}{3};\frac{2}{3},\frac{4}{3};\frac{x^3}{9}\right)\right)}{9\times 3^{2/3}\,\Gamma\left(\frac{2}{3}\right)\Gamma\left(\frac{4}{3}\right)\Gamma\left(\frac{5}{3}\right)}$$

Use notación 2D en las entradas:

In[9]:= $\sum_{i=0}^{n}\frac{\text{Binomial}[n,i]\,i!}{(n+1+i)!}$

Out[9]= $\dfrac{\sqrt{\pi}}{2\left(\frac{1}{2}(1+2n)\right)!}$

Cálculos numéricos

Minimice una función al interior de una bola esférica:

In[10]:= **NMinimize[{x^4+y^4−z/(x+1), y > 0}, {x, y, z} ∈ Ball[ ]]**

Out[10]= $\{-7.34516, \{x \to -0.971029, y \to 0.0139884, z \to 0.238555\}\}$

Resuelva una ecuación diferencial para obtener una función aproximada:

In[11]:= **NDSolve[{y''[x] + Sin[y[x]] y[x] == 0, y[0] == 1, y'[0] == 0}, y, {x, 0, 30}]**

Out[11]= $\{\{y \rightarrow \text{InterpolatingFunction}[\;\blacksquare\;\text{Domain: }\{\{0., 30.\}\}\;\text{Output: scalar}\;]\}\}$

Muestre el gráfico con la función aproximada:

In[12]:= **Plot[Evaluate[{y[x], y'[x], y''[x]} /. %], {x, 0, 30}]**

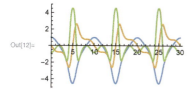

Geometría

El área de un disco (un círculo relleno) de radio r:

In[13]:= **Area[Disk[{0, 0}, r]]**

Out[13]= πr^2

Obtenga una forma geométrica mediante un proceso de "envoltura y contracción" alrededor de 100 puntos aleatorios en 3D:

In[14]:= **ConvexHullMesh[RandomReal[1, {100, 3}]]**

Algoritmos

Encuentre la trayectoria más corta a través de las capitales de Europa (*problema del viajante*):

In[15]:= `With[{c = ▢ europe capital cities coordinates },`
`GeoListPlot[c[[Last@FindShortestTour[c]]], Joined → True]]`

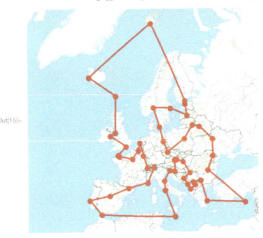

Out[15]=

Factorización de un entero grande:

In[16]:= **FactorInteger[2 ^ 255 − 1]**

Out[16]= {{7, 1}, {31, 1}, {103, 1}, {151, 1}, {2143, 1}, {11 119, 1}, {106 591, 1}, {131 071, 1}, {949 111, 1}, {9 520 972 806 333 758 431, 1}, {5 702 451 577 639 775 545 838 643 151, 1}}

Lógica

Haga una tabla de verdad:

In[17]:= **BooleanTable[p || q && (p || ! q), {p}, {q}] // Grid**

Out[17]=
True True
False False

Encuentre una representación mínima de una función Booleana:

In[18]:= **BooleanMinimize[BooleanCountingFunction[{2, 3}, {a, b, c, d}]] // TraditionalForm**

Out[18]//TraditionalForm= $(a \land b \land \neg d) \lor (a \land \neg b \land c) \lor (a \land \neg c \land d) \lor (\neg a \land b \land d) \lor (b \land c \land \neg d) \lor (\neg b \land c \land d)$

El universo computacional

Ejecute mi ejemplo favorito de un programa muy simple con un comportamiento muy complejo:

In[19]:= **ArrayPlot[CellularAutomaton[30, {{1}, 0}, 200]]**

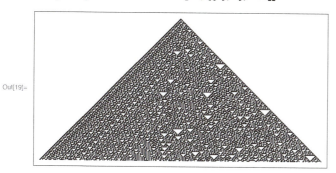

Out[19]=

RulePlot muestra la regla subyacente:

In[20]:= **RulePlot[CellularAutomaton[30]]**

Out[20]= ■■■ ■■□ ■□■ ■□□ □■■ □■□ □□■ □□□
         □   □   □   ■   ■   ■   ■   □

Construcción de APIs

Active en la red una API simple que encuentre la distancia desde una ubicación especificada:

In[21]:= **CloudDeploy[APIFunction[{"loc" → "Location"}, GeoDistance[#loc, Here] &]]**

Out[21]= CloudObject[https://www.wolframcloud.com/objects/0850dc98−e7d7−4fa6−884b−642ce545d3c3]

Cree un código embebible para un programa externo en Java que llame a esa API:

In[22]:= **EmbedCode[%, "Java"]**

Out[22]=

Generación de documentos

Los documentos son expresiones simbólicas, al igual que cualquier otra cosa:

In[23]:= **DocumentNotebook[
       {Style["A Circle", "Section"], Style["How to make a circle"], Graphics[Circle[ ]]}]**

Out[23]=

Control de la evaluación

Mantenga una expresión sin evaluarla:

In[24]:= **Hold[2 + 2 == 4]**

Out[24]= Hold[2 + 2 == 4]

Desbloquee la evaluación:

In[25]:= **ReleaseHold[%]**

Out[25]= True

Operaciones en el nivel del sistema

Ejecute un proceso externo (¡no está permitido hacer esto en la nube!):

In[26]:= **RunProcess["ps", "StandardOutput"]**

Out[26]=
```
  PID TTY        TIME CMD
  374 ttys000   0:00.03 -tcsh
40192 ttys000   0:00.66 ssh pi
60521 ttys001   0:00.03 -tcsh
```

Encripte algo:

In[27]:= **Encrypt["sEcreTkey", "Read this if you can!"]**

Out[27]= EncryptedObject[]

Computación en paralelo

Estoy trabajando en un equipo con 12 procesadores:

In[28]:= **$ProcessorCount**

Out[28]= 12

Compruebe la condición de primalidad secuencialmente, en una sucesión de (grandes) números, dando el tiempo utilizado para ello:

In[29]:= **Table[PrimeQ[2^Prime[n] − 1], {n, 500}] // Counts // AbsoluteTiming**

Out[29]= {4.15402, <| True → 18, False → 482 |>}

Si lo anterior se realiza en paralelo, el tiempo utilizado es considerablemente menor:

In[30]:= **ParallelTable[PrimeQ[2^Prime[n] − 1], {n, 500}] // Counts // AbsoluteTiming**

Out[30]= {0.572106, <| True → 18, False → 482 |>}

Epílogo: ser un programador

¡Quien haya comprendido el contenido de este libro y haya podido resolver los ejercicios puede considerarse un programador en Wolfram Language! Claro que siempre habrá más cosas que aprender, pero ya puede empezar a usarse lo aprendido aquí para hacer programación de verdad.

¿Qué se puede hacer? ¡Muchísimo! De hecho, casi todos los días surgirá algo que pueda atacarse usando la computadora. Sin embargo, si se usa un lenguaje tradicional esto seguramente tomará mucho tiempo. Pero quien conozca Wolfram Language, con los conocimientos que tiene incorporados y su capacidad de automatización, está listo para escribir programas útiles en cuestión de minutos.

Y eso significa que ya se puede escribir programas para todo tipo de cosas. Cosas que quiere uno entender, cosas que uno quiere inventar, cosas que se quiere hacer para otras personas. Algunas veces se escribirá prontamente un programa que se va a correr solamente una vez y nunca más. Pero también sucede que el programa en cuestión se llegará a usar muchas veces, y que quizá se vaya haciendo más sofisticado con el correr del tiempo.

Para la programación cotidiana en Wolfram Language, lo mejor es escribir los programas directamente en Wolfram Notebooks, que permiten mezclar código con resultados y explicaciones textuales, tal y como se hace en este libro. Al poco tiempo se contará con una buena colección de cuadernos Wolfram para hacer una diversidad de cosas.

Muchas veces los programas se ejecutarán directamente en dichos cuadernos. Pero también algunos se activarán en la nube, con el fin de crear sitios web, aplicaciones u otras cosas. Y una de las grandes virtudes de Wolfram Language es la facilidad para hacer todo eso.

Desde luego que con solo unas cuantas líneas de código en Wolfram Language no sería fácil crear algo como un sitio web que goce de gran popularidad y quiera usarlo mucha gente. Más bien, se descubrirá que hay una gran diversidad de detalles que se antojaría añadir, y eso llevará a escribir un programa significativamente más extenso para incluirlos.

De hecho, no hay nada diferente con un programa muy extenso en Wolfram Language. Aun si se tuvieran millones de líneas de código (como, por ejemplo, en el caso de Wolfram|Alpha), localmente todo se ve igual que el código en este libro; simplemente es más largo.

Sin embargo, en cualquier proyecto de programación hay algunas cuestiones que surgen cuando los programas son de gran extensión. Es esencial asegurarse de llevar a cabo pruebas sistemáticamente (en Wolfram Language esto se puede hacer usando `VerificationTest`). Hay que organizar el código en paquetes separados apropiadamente. Y si hay varios programadores participando conjuntamente, se requiere hacer uso de estructuras de gestión tales como control de versión, revisión del código, etc.

Y, más allá de eso, es importante que se haya hecho un buen trabajo en el diseño y la arquitectura. ¿Será comprensible el sistema por los usuarios, y por los programadores? ¿Qué estructuras se van a usar para representar adecuadamente lo que se quiere lograr? ¿Cómo van interaccionar entre sí las diferentes partes del código? Estas son el tipo de cosas que deben pensar bien los encargados de construir sistemas grandes de software, y se requieren habilidades y experiencia considerables para hacerlo correctamente.

Pero, ¿cómo proceder si uno apenas se inicia en el tema? ¿Qué se necesita para crear el tipo de programas que hagan lo que se desea? Pues el primer paso en este sentido consiste en tratar de pensar en términos computacionales.

Puede tratarse de algo en lo que se hayan estado usando las computadoras por mucho tiempo. O bien, algo que es concebible solo como resultado de la existencia de Wolfram Language. Sea lo que sea, hay que tratar de pensar en alguna función de Wolfram Language para resolverlo.

¿Qué se le debe dar a esa función para que opere? ¿Qué tipo de salida debe generar? ¿Qué nombre habría que darle a la función? No hay que comenzar pensando en la escritura del código, sino solo en lo que dicha función debe realizar. Y, solo después de haber reflexionado bien al respecto, habrá que comenzar a escribir el código.

Conviene buscar en este libro y en el sitio web de Wolfram Language ejemplos similares a lo que se quiere hacer. Con un poco de suerte se encontrará todo lo que se requiere. Aunque tal vez hay alguna parte que no está suficientemente clara para lograrlo. En tal caso, puede ser provechoso el imaginarse cómo se le explicaría el problema a alguien que tuviera una capacidad técnica infinita. A veces, con solo eso se puede identificar al menos algunas cuestiones específicas que, entonces, pueden comenzar a formularse en Wolfram Language.

Una de las características atractivas de Wolfram Language es la facilidad con que siempre se pueden hacer experimentos. Puede intentarse sin mucho esfuerzo cosas diversas y ver si alguna funciona. Vale la pena ser lo más sistemático posible en este tipo de exploraciones, y estar todo el tiempo consciente de que en Wolfram Language es menos importante la escritura de código que la comprensión cabal de lo que se quiere obtener, en términos computacionales.

Es por demás satisfactorio comenzar con una idea y convertirla en un programa que funcione. Además, ser capaz de hacerlo es algo muy valioso. Con Wolfram Language hay grandes oportunidades para construir programas que rebasan cualquier cosa que pudiera haberse hecho anteriormente, y así lograr progresos en muchas áreas. Sin duda, con lo que se ha aprendido en este libro se está ya en la posición de participar en eso.

Respuestas a los ejercicios

Nota: La mayor parte de los ejercicios admiten varias posibles respuestas correctas; lo que se presenta a continuación es simplemente una muestra de las respuestas que son correctas.

1 | Inicio: aritmética elemental

1.1 `1 + 2 + 3`
1.2 `1 + 2 + 3 + 4 + 5`
1.3 `1 * 2 * 3 * 4 * 5`
1.4 `5^2`
1.5 `3^4`
1.6 `10^12`
1.7 `3^(7 * 8)`
1.8 `(4 − 2) * (3 + 4)`
1.9 `29 000 * 73`

2 | Se introducen las funciones

2.1 `Plus[7, 6, 5]`
2.2 `Times[2, Plus[3, 4]]`
2.3 `Max[6 * 8, 5 * 9]`
2.4 `RandomInteger[1000]`
2.5 `10 + RandomInteger[10]`

3 | Un primer vistazo a las listas

3.1 `Range[4]`
3.2 `Range[100]`
3.3 `Reverse[Range[4]]`
3.4 `Reverse[Range[50]]`
3.5 `Join[Range[4], Reverse[Range[4]]]`
3.6 `ListPlot[Join[Range[100], Reverse[Range[99]]]]`
3.7 `Range[RandomInteger[10]]`
3.8 `Range[10]`
3.9 `Range[5]`
3.10 `Join[Range[10], Range[10], Range[5]]`
3.11 `Join[Range[20], Reverse[Range[20]]]`

4 | Visualización de listas

4.1 `BarChart[{1, 1, 2, 3, 5}]`
4.2 `PieChart[Range[10]]`
4.3 `BarChart[Reverse[Range[20]]]`
4.4 `Column[Range[5]]`
4.5 `NumberLinePlot[{1, 4, 9, 16, 25}]`
4.6 `PieChart[Table[1, 10]]`
4.7 `Column[{PieChart[{1}], PieChart[{1, 1}], PieChart[{1, 1, 1}]}]`

5 | Operaciones con listas

5.1 `Reverse[Range[10]^2]`
5.2 `Total[Range[10]^2]`
5.3 `ListPlot[Range[10]^2]`
5.4 `Sort[Join[Range[4], Range[4]]]`
5.5 `9 + Range[11]`
5.6 `Sort[Join[Range[5]^2, Range[5]^3]]`
5.7 `Length[IntegerDigits[2^128]]`
5.8 `First[IntegerDigits[2^32]]`
5.9 `Take[IntegerDigits[2^100], 10]`
5.10 `Max[IntegerDigits[2^20]]`
5.11 `Count[IntegerDigits[2^1000], 0]`
5.12 `Part[Sort[IntegerDigits[2^20]], 2]`
5.13 `ListLinePlot[IntegerDigits[2^128]]`
5.14 `Take[Drop[Range[100], 10], 10]`

6 | Construcción de tablas

6.1 `Table[1000, 5]`
6.2 `Table[n^3, {n, 10, 20}]`
6.3 `NumberLinePlot[Table[n^2, {n, 20}]]`
6.4 `Range[2, 20, 2]`
6.5 `Table[n, {n, 10}]`
6.6 `BarChart[Table[n^2, {n, 10}]]`
6.7 `Table[IntegerDigits[n^2], {n, 10}]`
6.8 `ListLinePlot[Table[Length[IntegerDigits[n^2]], {n, 100}]]`
6.9 `Table[First[IntegerDigits[n^2]], {n, 20}]`
6.10 `ListLinePlot[Table[First[IntegerDigits[n^2]], {n, 100}]]`

7 | Colores y estilos

7.1 `{Red, Yellow, Green}`
7.2 `Column[{Red, Yellow, Green}]`
7.3 `ColorNegate[Orange]`
7.4 `Table[Hue[h], {h, 0, 1, 0.02}]`
7.5 `Table[RGBColor[1, g, 1], {g, 0, 1, 0.05}]`
7.6 `Blend[{Pink, Yellow}]`
7.7 `Table[Blend[{Yellow, Hue[x]}], {x, 0, 1, .05}]`
7.8 `Table[Style[n, Hue[n]], {n, 0, 1, .1}]`
7.9 `Style[Purple, 100]`
7.10 `Table[Style[Red, x], {x, 10, 100, 10}]`
7.11 `Style[999, Red, 100]`
7.12 `Table[Style[n^2, n^2], {n, 10}]`
7.13 `Table[Part[{Red, Yellow, Green}, RandomInteger[2] + 1], 100]`
7.14 `Table[Style[Part[IntegerDigits[2^1000], n], 3 * Part[IntegerDigits[2^1000], n]], {n, 50}]`

8 | Objetos gráficos elementales

8.1 `Graphics[RegularPolygon[3]]`
8.2 `Graphics[Style[Circle[], Red]]`
8.3 `Graphics[Style[RegularPolygon[8], Red]]`
8.4 `Table[Graphics[Style[Disk[], Hue[h]]], {h, 0, 1, 0.1}]`

8.5 Column[{Graphics[Style[RegularPolygon[3], Red]],
     Graphics[Style[RegularPolygon[3], Green]]}]

8.6 Table[Graphics[Style[RegularPolygon[n], Pink]], {n, 5, 10}]

8.7 Graphics3D[Style[Cylinder[ ], Purple]]

8.8 Graphics[Reverse[Table[Style[RegularPolygon[n],
     RandomColor[ ]], {n, 3, 8}]]]

9 | Manipulación interactiva

9.1 Manipulate[Range[n], {n, 0, 100}]

9.2 Manipulate[ListPlot[Range[n], {n, 5, 50, 1}]

9.3 Manipulate[Column[Table[x, n]], {n, 1, 10, 1}]

9.4 Manipulate[Graphics[Style[Disk[ ], Hue[h]]], {h, 0, 1}]

9.5 Manipulate[Graphics[
     Style[Disk[ ], RGBColor[red, green, blue]]],
     {red, 0, 1}, {green, 0, 1}, {blue, 0, 1}]

9.6 Manipulate[IntegerDigits[n], {n, 1000, 9999, 1}]

9.7 Manipulate[Table[Hue[h], {h, 0, 1, 1 / n}], {n, 5, 50, 1}]

9.8 Manipulate[Table[Graphics[Style[RegularPolygon[6],
     Hue[h]]], n], {n, 1, 10, 1}, {h, 0, 1}]

9.9 Manipulate[Graphics[Style[RegularPolygon[n], color]],
     {n, 5, 20, 1}, {color, {Red, Yellow, Blue}}]

9.10 Manipulate[PieChart[Table[1, n]], {n, 1, 10, 1}]

9.11 Manipulate[BarChart[IntegerDigits[n]], {n, 100, 999, 1}]

9.12 Manipulate[Table[RandomColor[ ], n], {n, 1, 50, 1}]

9.13 Manipulate[Column[Table[a^m, {m, n}]],
     {n, 1, 10, 1}, {a, 1, 25, 1}]

9.14 Manipulate[NumberLinePlot[
     Table[x^n, {x, 10}]], {n, 0, 5}]

9.15 Manipulate[Graphics3D[Style[Sphere[ ],
     RGBColor[n, 1 – n, 0]]], {n, 0, 1}]

10 | Imágenes

10.1 ColorNegate[EdgeDetect[🖼]]

10.2 Manipulate[Blur[🖼 , r], {r, 0, 20}]

10.3 Table[EdgeDetect[Blur[🖼 , n]], {n, 10}]

10.4 ImageCollage[{ 🖼 , Blur[🖼],
     EdgeDetect[🖼], Binarize[🖼]}]

10.5 ImageAdd[Binarize[🖼], 🖼]

10.6 Manipulate[EdgeDetect[Blur[🖼 , r]], {r, 0, 20}]

10.7 EdgeDetect[Graphics3D[Sphere[ ]]]

10.8 Manipulate[Blur[Graphics[Style[RegularPolygon[5],
     Purple]], r], {r, 0, 20}]

10.9 ImageCollage[Table[Graphics[Style[Disk[ ],
     RandomColor[ ]]], 9]]

10.10 ImageCollage[Table[Graphics3D[Style[
      Sphere[ ], Hue[h]]], {h, 0, 1, 0.2}]]

10.11 Table[Blur[Graphics[Disk[ ]], n], {n, 0, 30, 5}]

10.12 ImageAdd[Graphics[Disk[ ]], 🖼]

10.13 ImageAdd[Graphics[Style[
      RegularPolygon[8], Red]], 🖼]

10.14 ImageAdd[🖼 , ColorNegate[EdgeDetect[🖼]]]

11 | Cadenas de caracteres y texto

11.1 StringJoin["Hello", "Hello"]

11.2 ToUpperCase[StringJoin[Alphabet[ ]]]

11.3 StringReverse[StringJoin[Alphabet[ ]]]

11.4 StringJoin[Table["AGCT", 100]]

11.5 StringTake[StringJoin[Alphabet[ ]], 6]

11.6 Column[Table[StringTake["this is about strings", n],
     {n, StringLength["this is about strings"]}]]

11.7 BarChart[StringLength[TextWords["A long time ago,
     in a galaxy far, far away"]]]

11.8 StringLength[WikipediaData["computer"]]

11.9 Length[TextWords[WikipediaData["computer"]]]

11.10 First[TextSentences[WikipediaData["strings"]]]

11.11 StringJoin[StringTake[TextSentences[
      WikipediaData["computers"]], 1]]

11.12 Max[StringLength[WordList[ ]]]

11.13 Count[StringTake[WordList[ ], 1], "q"]

11.14 ListLinePlot[Take[StringLength[WordList[ ]], 1000]]

11.15 WordCloud[Characters[StringJoin[WordList[ ]]]]

11.16 WordCloud[StringTake[StringReverse[WordList[ ]], 1]]

11.17 RomanNumeral[1959]

11.18 Max[StringLength[RomanNumeral[Range[2020]]]]

11.19 WordCloud[Table[StringTake[
      RomanNumeral[n], 1], {n, 100}]]

11.20 Length[Alphabet["Russian"]]

11.21 ToUpperCase[Alphabet["Greek"]]

11.22 BarChart[LetterNumber[Characters["wolfram"]]]

11.23 StringJoin[FromLetterNumber[Table[
      RandomInteger[25] + 1, 1000]]]

11.24 Table[StringJoin[FromLetterNumber[
      Table[RandomInteger[25] + 1, 5]]], 100]

11.25 Transliterate["wolfram", "Greek"]

11.26 Transliterate[Alphabet["Arabic"]]

11.27 ColorNegate[Rasterize[Style["A", 200]]]

11.28 Manipulate[Style[FromLetterNumber[n], 100],
      {n, 1, Length[Alphabet[ ]], 1}]

11.29 Manipulate[ColorNegate[EdgeDetect[
      Rasterize[Style[c, 100]]]], {c, Alphabet[ ]}]

11.30 Manipulate[Blur[Rasterize[Style["A", 200]], r], {r, 0, 50}]

12 | Sonido

12.1 Sound[{SoundNote[0], SoundNote[4], SoundNote[7]}]

12.2 Sound[SoundNote["A", 2, "Cello"]]

12.3 Sound[Table[SoundNote[n, 0.05], {n, 0, 48}]]

12.4 Sound[Reverse[Table[SoundNote[n], {n, 0, 12}]]]

12.5 Sound[Table[SoundNote[12 ∗ n], {n, 0, 4}]]

12.6 Sound[Table[SoundNote[
     RandomInteger[12], .2, "Trumpet"], 10]]

12.7 Sound[Table[SoundNote[RandomInteger[12],
     RandomInteger[10] / 10], 10]]

12.8 Sound[Table[SoundNote[Part[IntegerDigits[2^31],
     n], .1], {n, Length[IntegerDigits[2^31]]}]]

12.9 Sound[Table[SoundNote[Part[Characters["CABBAGE"],
     n], .2, "Guitar"], {n, 1, 7}]]

12.10 Sound[Table[SoundNote[Part[
      LetterNumber[Characters["wolfram"]],
      n], .1], {n, StringLength["wolfram"]}]]

13 | Arreglos, o listas de listas

13.1 Grid[Table[i * j, {i, 12}, {j, 12}]]

13.2 Grid[Table[RomanNumeral[i * j], {i, 5}, {j, 5}]]

13.3 Grid[Table[RandomColor[], 10, 10]]

13.4 Grid[Table[Style[RandomInteger[10], RandomColor[]], 10, 10]]

13.5 Grid[Table[StringJoin[FromLetterNumber[{i, j}]], {i, 26}, {j, 26}]]

13.6 Grid[{{PieChart[{1, 4, 3, 5, 2}], NumberLinePlot[{1, 4, 3, 5, 2}]}, {ListLinePlot[{1, 4, 3, 5, 2}], BarChart[{1, 4, 3, 5, 2}]}}]

13.7 ArrayPlot[Table[Hue[i * j], {i, 0, 1, .05}, {j, 0, 1, .05}]]

13.8 ArrayPlot[Table[Hue[x / y], {x, 50}, {y, 50}]]

13.9 ArrayPlot[Table[StringLength[RomanNumeral[i * j]], {i, 100}, {j, 100}]]

14 | Coordenadas y gráficos

14.1 Graphics[Table[Circle[{0, 0}, r], {r, 5}]]

14.2 Graphics[Table[Style[Circle[{0, 0}, r], RandomColor[]], {r, 10}]]

14.3 Graphics[Table[Circle[{x, y}], {x, 10}, {y, 10}]]

14.4 Graphics[Table[Point[{x, y}], {x, 10}, {y, 10}]]

14.5 Manipulate[Graphics[Table[Circle[{0, 0}, r], {r, n}]], {n, 1, 20, 1}]

14.6 Graphics3D[Table[Style[Sphere[Table[RandomInteger[10], 3]], RandomColor[]], 50]]

14.7 Graphics3D[Table[Style[Sphere[{x, y, z}, 1 / 2], RGBColor[{x / 10, y / 10, z / 10}]], {x, 10}, {y, 10}, {z, 10}]]

14.8 Manipulate[Graphics[Table[Circle[{a x, 0}, x], {x, 10}]], {a, −2, 2}]

14.9 Graphics[Table[RegularPolygon[{x, y}, 1 / 2, 6], {x, 5}, {y, 5}]]

14.10 Graphics3D[Line[Table[RandomInteger[50], 50, 3]]]

16 | Datos del mundo real

Nota: =[ ] representa la entrada de lenguaje natural

16.1 =[flag of switzerland]

16.2 =[elephant]["Image"]

16.3 EntityValue[=[planets], "Mass"]

16.4 BarChart[EntityValue[=[planets], "Mass"]]

16.5 ImageCollage[EntityValue[=[planets], "Image"]]

16.6 EdgeDetect[=[China]["Flag"]]

16.7 =[Empire State Building]["Height"]

16.8 =[Empire State Building]["Height"] / =[Great Pyramid]["Height"]

16.9 =[mount everest]["Elevation"] / =[empire state building]["Height"]

16.10 DominantColors[=[starry night]["Image"]]

16.11 DominantColors[ImageCollage[EntityValue[=[countries in Europe], "FlagImage"]]]

16.12 PieChart[=[countries in Europe]["GDP"]]

16.13 ImageAdd[=[koala]["Image"], =[australia]["Flag"]]

17 | Unidades

Nota: =[ ] representa la entrada de lenguaje natural

17.1 UnitConvert[=[4.5 lbs], "Kilograms"]

17.2 UnitConvert[=[60.25 mph], =[km / hr]]

17.3 UnitConvert[=[height of the Eiffel tower], "Miles"]

17.4 =[height of mount Everest] / =[height of the Eiffel tower]

17.5 =[mass of earth] / =[mass of moon]

17.6 CurrencyConvert[=[2500 Japanese yen], =[us dollars]]

17.7 UnitConvert[=[35 ounces + 1 / 4 ton + 45 lbs + 9 stone], =[kilograms]]

17.8 UnitConvert[=[planets]["DistanceFromEarth"], "LightMinutes"]

17.9 Rotate["hello", 180 °]

17.10 Table[Rotate[Style["A", 100], n Degree], {n, 0, 360, 30}]

17.11 Manipulate[Rotate[=[cat]["Image"], θ], {θ, 0 °, 180 °}]

17.12 Graphics[Line[AnglePath[Table[n Degree, {n, 0, 180}]]]]

17.13 Manipulate[Graphics[Line[AnglePath[Table[x, 100]]]], {x, 0, 360 °}]

17.14 Graphics[Line[AnglePath[30 ° * IntegerDigits[2^10 000]]]]

18 | Geocomputación

Nota: =[ ] representa la entrada de lenguaje natural

18.1 GeoDistance[=[new york], =[london]]

18.2 GeoDistance[=[new york], =[london]] / GeoDistance[=[new york], =[san francisco]]

18.3 UnitConvert[GeoDistance[=[sydney], =[moscow]], =[km]]

18.4 GeoGraphics[=[united states]]

18.5 GeoListPlot[{=[brazil], =[russia], =[india], =[china]}]

18.6 GeoGraphics[GeoPath[{=[new york], =[beijing]}]]

18.7 GeoGraphics[GeoDisk[=[Great Pyramid], =[10 miles]]]

18.8 GeoGraphics[GeoDisk[=[new york], GeoDistance[=[new york city], =[san francisco]]]]

18.9 GeoNearest["Country", GeoPosition["NorthPole"], 5]

18.10 EntityValue[GeoNearest["Country", GeoPosition[{45, 0}], 3], "Flag"]

18.11 GeoListPlot[GeoNearest["Volcano", =[rome], 25]]

18.12 GeoPosition[=[new york]][[1, 1]] − GeoPosition[=[los angeles]][[1, 1]]

19 | Fechas y horas

Nota: =[ ] representa la entrada de lenguaje natural

19.1 Now − =[january 1, 1900]

19.2 DayName[=[january 1, 2000]]

19.3 Today − =[100 000 days]

19.4 LocalTime[=[delhi]]

19.5 Sunset[Here, Today] − Sunrise[Here, Today]

19.6 MoonPhase[Now, "Icon"]

19.7 Table[MoonPhase[Today + n =[days]], {n, 10}]

19.8 Table[MoonPhase[Today + n =[days], "Icon"], {n, 10}]

19.9   Sunrise[=[new york city], Today] – Sunrise[
       =[london], Today]

19.10 AirTemperatureData[= [eiffel tower],
       =[noon yesterday]]

19.11 DateListPlot[AirTemperatureData[= [eiffel tower],
       {Now – = [1 week], Now}]]

19.12 AirTemperatureData[= [los angeles]] –
       AirTemperatureData[= [new york]]

19.13 DateListPlot[WordFrequencyData["groovy",
       "TimeSeries"]]

20 | Opciones

Nota: =[ ] representa la entrada de lenguaje natural

20.1   ListPlot[Range[10], PlotTheme → "Web"]

20.2   ListPlot[Range[10], Filling → Axis]

20.3   ListPlot[Range[10], Background → Yellow]

20.4   GeoListPlot[= [australia], GeoRange → All]

20.5   GeoListPlot[= [madagascar],
       GeoRange → = [indian ocean]]

20.6   GeoGraphics[= [south america],
       GeoBackground → "ReliefMap"]

20.7   GeoListPlot[{ = [france], = [finland], = [greece]},
       GeoRange → = [Europe], GeoLabels → Automatic]

20.8   Grid[Table[Style[i ∗ j, White], {i, 12}, {j, 12}],
       Background → Black]

20.9   Table[Graphics[Disk[],
       ImageSize → RandomInteger[40]], 100]

20.10 Table[Graphics[RegularPolygon[5], ImageSize → 30,
       AspectRatio → n], {n, 1, 10}]

20.11 Manipulate[Graphics[Circle[ ], ImageSize → s],
       {s, 5, 500}]

20.12 Grid[Table[RandomColor[ ], 10, 10], Frame → All]

20.13 ListLinePlot[Table[StringLength[
       RomanNumeral[n]], {n, 100}], PlotRange → Max[
       Table[StringLength[RomanNumeral[n]], {n, 1000}]]]

21 | Grafos y redes

21.1   Graph[{1 → 2, 2 → 3, 3 → 1}]

21.2   Graph[Flatten[Table[i → j, {i, 4}, {j, 4}]]]

21.3   Table[UndirectedGraph[Flatten[
       Table[i → j, {i, n}, {j, n}]]], {n, 2, 10}]

21.4   Flatten[Table[{1, 2}, 3]]

21.5   ListLinePlot[Flatten[Table[IntegerDigits[n], {n, 100}]]]

21.6   Graph[Table[i → i + 1, {i, 50}]]

21.7   Graph[Flatten[Table[i → Max[i, j], {i, 4}, {j, 4}]]]

21.8   Graph[Flatten[Table[i → j – i, {i, 5}, {j, 5}]]]

21.9   Graph[Table[i → RandomInteger[{1, 100}], {i, 100}]]

21.10 Graph[Flatten[Table[{i → RandomInteger[{1, 100}],
       i → RandomInteger[{1, 100}]}, {i, 100}]]]

21.11 Grid[Table[FindShortestPath[
       Graph[{1 → 2, 2 → 3, 3 → 4, 4 → 1, 3 → 1, 2 → 2}],
       i, j], {i, 4}, {j, 4}]]

22 | Aprendizaje automático

Nota: =[ ] representa la entrada de lenguaje natural

22.1   LanguageIdentify["ajatella"]

22.2   ImageIdentify[= [image of a tiger]]

22.3   Table[ImageIdentify[
       Blur[= [image of a tiger], r]], {r, 5}]

22.4   Classify["Sentiment", "I'm so happy to be here"]

22.5   Nearest[WordList[], "happy", 10]

22.6   Nearest[RandomInteger[1000, 20], 100, 3]

22.7   Nearest[Table[RandomColor[], 10], Red, 5]

22.8   First[Nearest[Table[n^2, {n, 100}], 2000]]

22.9   Nearest[= [european flags], = [flag of brazil], 3]

22.10 NearestNeighborGraph[Table[Hue[h], {h, 0, 1, .05}],
       2, VertexLabels → All]

22.11 NearestNeighborGraph[Table[
       RandomInteger[100], 40], 2, VertexLabels → All]

22.12 FindClusters[= [flags of Asia]]

22.13 NearestNeighborGraph[Table[Rasterize[Style[
       FromLetterNumber[n], 20]], {n, 26}], 2,
       VertexLabels → All]

22.14 Table[TextRecognize[Blur[Rasterize[
       Style["hello", 50]], n]], {n, 10}]

22.15 Dendrogram[Table[Rasterize[
       FromLetterNumber[n]], {n, 10}]]

22.16 FeatureSpacePlot[Table[Rasterize[
       ToUpperCase[FromLetterNumber[n]]], {n, 26}]]

23 | Más sobre números

23.1   N[Sqrt[2], 500]

23.2   RandomReal[1, 10]

23.3   ListPlot[Table[RandomReal[1, 2], 200]]

23.4   Graphics[Line[AnglePath[RandomReal[2 Pi, 1000]]]]

23.5   Table[Mod[n^2, 10], {n, 0, 30}]

23.6   ListLinePlot[Table[Mod[n^n, 10], {n, 100}]]

23.7   Table[Round[Pi^n], {n, 10}]

23.8   Graph[Table[n → Mod[n^2, 100], {n, 0, 99}]]

23.9   Graphics[Table[Style[Circle[RandomReal[10, 2],
       RandomReal[2]], RandomColor[]], 50]]

23.10 ListPlot[Table[Prime[n] / (n Log[n]), {n, 2, 1000}]]

23.11 ListLinePlot[Table[Prime[n + 1] – Prime[n], {n, 100}]]

23.12 Sound[Table[SoundNote["C", RandomReal[0.5]], 20]]

23.13 ArrayPlot[Table[Mod[i, j], {i, 50}, {j, 50}]]

23.14 Table[ArrayPlot[Table[
       Mod[x^y, n], {x, 50}, {y, 50}]], {n, 2, 10}]

24 | Más formas de visualización

Nota: =[ ] representa la entrada de lenguaje natural

24.1   ListLinePlot[Table[n^p, {p, 2, 4}, {n, 10}]]

24.2   ListLinePlot[Table[Prime[n], {n, 20}], Filling → Axis,
       Mesh → True, MeshStyle → Red]

24.3   ListPlot3D[GeoElevationData[GeoDisk[= [mount fuji] ,
       = [20 miles]]]]

24.4   ReliefPlot[GeoElevationData[GeoDisk[= [mount fuji] ,
       = [100 miles]]]]

24.5   ListPlot3D[Table[Mod[i, j], {i, 100}, {j, 100}]]

24.6   Histogram[Table[Prime[n + 1] – Prime[n], {n, 10 000}]]

24.7   Histogram[Table[First[IntegerDigits[n^2]], {n, 10 000}]]

24.8   Histogram[Table[StringLength[
       RomanNumeral[n]], {n, 1000}]]

24.9   Histogram[StringLength[TextSentences[
       WikipediaData["computers"]]]]

24.10 Table[Histogram[Table[Total[
       RandomReal[100, n]], 10 000]], {n, 5}]

24.11 ListPlot3D[1 – ImageData[Binarize[
       Rasterize[Style["W", 200]]]]]

25 | Maneras de aplicar funciones

Nota: =[ ] representa la entrada de lenguaje natural

25.1 f /@ Range[5]

25.2 f /@ g /@ Range[10]

25.3 x // d // c // b // a

25.4 Framed /@ Alphabet[]

25.5 ColorNegate /@ EntityValue[= [planets], "Image"]

25.6 GeoGraphics /@ EntityList[= [countries in g5]]

25.7 ImageCollage[Binarize /@ = [flags of europe]]

25.8 Column /@ DominantColors /@ EntityValue[
  = [planets], "Image"]

25.9 Total[LetterNumber /@ Characters["wolfram"]]

26 | Funciones puras anónimas

Nota: =[ ] representa la entrada de lenguaje natural

26.1 #^2 & /@ Range[20]

26.2 Blend[{#, Red}] & /@ {Yellow, Green, Blue}

26.3 Framed[Column[{ToUpperCase[#], #}]] & /@ Alphabet[ ]

26.4 Framed[Style[#, RandomColor[]],
  Background → RandomColor[]] & /@ Alphabet[ ]

26.5 Grid[{#, EntityValue[#, "Flag"]} & /@ EntityList[
  = [G5 countries]], Frame → All]

26.6 WordCloud[WikipediaData[#]] & /@
  {"apple", "peach", "pear"}

26.7 Histogram[StringLength[TextWords[WikipediaData[#]]
  ] & /@ {"apple", "peach", "pear"}

26.8 GeoListPlot[{#}, GeoRange → = [central america]] & /@
  EntityList[= [central america]]

27 | Aplicación repetida de funciones

27.1 NestList[Blur, Rasterize[Style["X", 30]], 10]

27.2 NestList[Framed[#,
  Background → RandomColor[]] &, x, 10]

27.3 NestList[Rotate[Framed[#],
  RandomReal[{0, 360 °}]] &, Style["A", 50], 5]

27.4 ListLinePlot[NestList[4 # (1 – #) &, 0.2, 100]]

27.5 Nest[1 + 1 / # &, 1, 30] // N

27.6 NestList[3 * # &, 1, 10]

27.7 NestList[(# + 2 / #) / 2 &, 1.0, 5] – Sqrt[2]

27.8 Graphics[Line[NestList[# + RandomReal[{-1, 1}, 2] &,
  {0, 0}, 1000]]]

27.9 ArrayPlot[NestList[Mod[
  Join[{0}, #] + Join[#, {0}], 2] &, {1}, 50]]

27.10 NestGraph[{# + 1, 2 #} &, 0, 10]

27.11 NestGraph[#["BorderingCountries"] &, = [US], 4,
  VertexLabels → All]

28 | Pruebas y condicionales

28.1 123^321 > 456^123

28.2 Select[Range[100], Total[IntegerDigits[#]] < 5 &]

28.3 If[PrimeQ[#], Style[#, Red], #] & /@ Range[20]

28.4 Select[WordList[], StringTake[#, 1] == StringTake[
  StringReverse[#], 1] == "p" &]

28.5 Select[Array[Prime, 100], Last[IntegerDigits[#]] < 3 &]

28.6 Select[RomanNumeral[Range[100]], ! MemberQ[
  Characters[#], "I"] &]

28.7 Select[RomanNumeral[Range[1000]],
  # == StringReverse[#] &]

28.8 Select[Table[IntegerName[n], {n, 100}], First[
  Characters[#]] == Last[Characters[#]] &]

28.9 Select[TextWords[WikipediaData["words"]],
  StringLength[#] > 15 &]

28.10 NestList[If[EvenQ[#], # / 2, 3 # + 1] &, 1000, 200]

28.11 WordCloud[Select[TextWords[
  WikipediaData["computers"]],
  StringLength[#] == 5 &]]

28.12 Select[WordList[ ], StringLength[#] ≥ 3
  && # ≠ StringReverse[#] && StringTake[#, 3] ==
  StringTake[StringReverse[#], 3] &]

28.13 Select[Select[WordList[], StringLength[#] == 10 &],
  Total[LetterNumber /@ Characters[#]] == 100 &]

29 | Más sobre las funciones puras

29.1 Array[Prime, 100]

29.2 Array[Prime[# + 1] – Prime[#] &, 99]

29.3 Grid[Array[Plus, {10, 10}]]

29.4 FoldList[Times, 1, Range[10]]

29.5 FoldList[Times, 1, Array[Prime, 10]]

29.6 FoldList[ImageAdd, Table[Graphics[Style[
  RegularPolygon[n], Opacity[.2]]], {n, 3, 8}]]

30 | Reorganización de listas

Nota: =[ ] representa la entrada de lenguaje natural

30.1 Thread[Alphabet[ ] → Range[Length[Alphabet[ ]]]]

30.2 Grid[Partition[Alphabet[ ], 6]]

30.3 Grid[Partition[IntegerDigits[2^1000], 50], Frame → All]

30.4 Grid[Partition[Characters[StringTake[
  WikipediaData["computers"], 400]], 20],
  Frame → All]

30.5 ListLinePlot[Flatten[IntegerDigits /@ Range[0, 200]]]

30.6 ArrayPlot /@ NestList[ArrayFlatten[{{#, #, #},
  {#, 0, #}, {#, #, #}}] &, {{1}}, 4]

30.7 Select[Flatten[Table[{x, y, Sqrt[x^2 + y^2]},
  {x, 20}, {y, 20}], 1], IntegerQ[Last[#]] &]

30.8 Table[Max[Length /@ Split[IntegerDigits[2^n]]],
  {n, 100}]

30.9 GatherBy[Array[IntegerName, 100],
  StringTake[#, 1] &]

30.10 SortBy[Take[WordList[ ], 50], StringTake[
  StringReverse[#], 1] &]

30.11 SortBy[Table[n^2, {n, 20}], First[IntegerDigits[#]] &]

30.12 SortBy[Range[20], StringLength[IntegerName[#]] &]

30.13 GatherBy[RandomSample[WordList[ ], 20],
  StringLength]

30.14 Complement[Alphabet["Ukrainian"],
  Alphabet["Russian"]]

30.15 Intersection[Range[100]^2, Range[100]^3]

30.16 Intersection[EntityList[= [NATO]], EntityList[= [G8]]]

30.17 Grid[Transpose[Permutations[Range[4]]]]

30.18 Union[StringJoin /@ Permutations[
  Characters["hello"]]]

30.19 ArrayPlot[Tuples[{0, 1}, 5]]

30.20 Table[StringJoin[RandomChoice[Alphabet[ ], 5]], 10]

30.21 Tuples[{1, 2}, 3]

31 | Partes de listas

31.1 Take[IntegerDigits[2^1000], –5]

31.2 Alphabet[][[10 ;; 20]]

31.3 Part[Alphabet[], Range[2, Length[Alphabet[]], 2]]

31.4 ListLinePlot[Table[IntegerDigits[12^n][[–2]],
     {n, 100}]]

31.5 TakeSmallest[Join[Table[n^2, {n, 20}],
     Table[n^3, {n, 20}]], 10]

31.6 Flatten[Position[TextWords[
     WikipediaData["computers"]], "software"]]

31.7 Histogram[Flatten[Position[Characters[#], "e"] & /@
     WordList[]]]

31.8 ReplacePart[Range[100]^3,
     Thread[Table[n^2, {n, 10}] → Red]]

31.9 If[First[IntegerDigits[#]] < 5, Nothing, #] & /@
     Array[Prime, 100]

31.10 Grid[NestList[ReplacePart[#, RandomInteger[
      {1, Length[#]}] → Nothing] &, Range[10], 9]]

31.11 TakeLargestBy[WordList[], StringLength, 10]

31.12 TakeLargestBy[Array[IntegerName, 100],
      StringLength, 5]

31.13 TakeLargestBy[Array[IntegerName, 100],
      Count[Characters[#], "e"] &, 5]

32 | Patrones

32.1 Cases[IntegerDigits[Range[1000]], {1, _, 9}]

32.2 Cases[IntegerDigits[Range[1000]], {x_, x_, x_}]

32.3 Cases[IntegerDigits[Range[1000]^2], {9, _, 0 | 1}]

32.4 IntegerDigits[Range[100]] /. {0 → Gray, 9 → Orange}

32.5 IntegerDigits[2^1000] /. 0 → Red

32.6 Characters["The Wolfram Language"] /.
     "a" | "e" | "i" | "o" | "u" → Nothing

32.7 Cases[IntegerDigits[2^1000], 0 | 1]

32.8 Cases[IntegerDigits[Range[100, 999]], {x_, _, x_}]

33 | Expresiones y su estructura

33.1 Head[ListPlot[Range[5]]]

33.2 Times @@ Range[100]

33.3 f @@@ Tuples[{a, b}, 2]

33.4 TreeForm /@ NestList[#^# &, x, 4]

33.5 Union[Cases[Flatten[Table[i^2 / (j^2 + 1),
     {i, 20}, {j, 20}]], _Integer]]

33.6 Graph[Rule @@@ Partition[Table[Mod[n^2 + n, 100],
     {n, 100}], 2, 1]]

33.7 Graph[Rule @@@ Partition[TextWords[WikipediaData[
     "computers"], 200], 2, 1], VertexLabels → All]

33.8 f @@@ {{1, 2}, {7, 2}, {5, 4}}

34 | Asociaciones

34.1 Values[KeySort[Counts[IntegerDigits[3^100]]]]

34.2 BarChart[KeySort[Counts[IntegerDigits[2^1000]]],
     ChartLabels → Automatic]

34.3 BarChart[Counts[StringTake[WordList[], 1]],
     ChartLabels → Automatic]

34.4 TakeLargest[Counts[StringTake[WordList[], 1]], 5]

34.5 #q / #u &@LetterCounts[
     WikipediaData["computers"]] // N

34.6 Keys[TakeLargest[Counts[TextWords[ExampleData[
     {"Text", "AliceInWonderland"}]]], 10]]

35 | Comprensión del lenguaje natural

Nota: =[ ] representa la entrada de lenguaje natural

35.1 Interpreter["Location"]["eiffel tower"]

35.2 Interpreter["University"]["U of T"]

35.3 Interpreter["Chemical"][{"C2H4", "C2H6", "C3H8"}]

35.4 Interpreter["Date"]["20140108"]

35.5 Cases[Interpreter["University"][StringJoin["U of ",
     #] & /@ ToUpperCase[Alphabet[]]], _Entity]

35.6 Cases[Interpreter["Movie"][CommonName /@
     =[us state capitals]], _Entity]

35.7 Cases[Interpreter["City"][StringJoin /@
     Permutations[{"l", "i", "m", "a"}]], _Entity]

35.8 WordCloud[TextCases[WikipediaData["gunpowder"],
     "Country"]]

35.9 TextCases["She sells seashells by the sea shore.",
     "Noun"]

35.10 Length[TextCases[StringTake[WikipediaData[
      "computers"], 1000], #]] & /@
      {"Noun", "Verb", "Adjective"}

35.11 TextStructure[First[TextSentences[
      WikipediaData["computers"]]]]

35.12 Keys[TakeLargest[Counts[TextCases[
      ExampleData[{"Text", "AliceInWonderland"}],
      "Noun"]], 10]]

35.13 CommunityGraphPlot[First[TextStructure[
      First[TextSentences[WikipediaData["language"]]],
      "ConstituentGraphs"]]]

35.14 Length[WordList[#]] & /@
      {"Noun", "Verb", "Adjective", "Adverb"}

35.15 Flatten[Table[WordTranslation[IntegerName[n],
      "French"], {n, 2, 10}]]

36 | Construcción de sitios web y aplicaciones

36.1 CloudDeploy[GeoGraphics[]]

36.2 CloudDeploy[Delayed[GeoGraphics[]]]

36.3 CloudDeploy[Delayed[Style[
     RandomInteger[1000], 100]]]

36.4 CloudDeploy[FormFunction[{"x" → "Number"},
     #x^#x &]]

36.5 CloudDeploy[FormFunction[{"x" → "Number",
     "y" → "Number"}, #x^#y &]]

36.6 CloudDeploy[FormFunction[{"topic" → "String"},
     WordCloud[WikipediaData[#topic]] &]

36.7 CloudDeploy[FormPage[{"string" → "String"},
     Style[StringReverse[#string], 50] &]]

36.8 CloudDeploy[FormPage[{"n" → "Integer"}, Graphics[
     Style[RegularPolygon[#n], RandomColor[]]] &]]

36.9 CloudDeploy[FormPage[{"location" → "Location",
     "n" → "Integer"}, GeoListPlot[
     GeoNearest["Volcano", #location, #n]] &]]

37 | Composición y visualización

Nota: =[ ] representa la entrada de lenguaje natural

37.1 Style[#, Background → If[EvenQ[#], Yellow,
     LightGray]] & /@ Range[100]

37.2 If[PrimeQ[#], Framed[#], #] & /@ Range[100]

37.3 If[PrimeQ[#], Labeled[Framed[#], Style[Mod[#, 4],
     LightGray]], #] & /@ Range[100]

37.4 GraphicsGrid[Table[Graphics[Style[Disk[],
     RandomColor[]]], 3, 6]]

37.5 `PieChart[Labeled[#["GDP"], #] & /@ EntityList[ = [G5 countries]]]`

37.6 `PieChart[Legended[#["Population"], #] & /@ EntityList[ = [G5 countries]]]`

37.7 `GraphicsGrid[Partition[Table[PieChart[Counts[ IntegerDigits[2^n]]], {n, 25}], 5]]`

37.8 `GraphicsRow[WordCloud[DeleteStopwords[ WikipediaData[#]]] & /@ EntityList[ = [G5 countries]]]`

38 | Asignación de nombres a cosas

Nota: =[ ] representa la entrada de lenguaje natural

38.1 `Module[{x = Range[10]}, x^2 + x]`

38.2 `Module[{x = RandomInteger[100, 10]}, Column[{ x, Sort[x], Max[x], Total[x] }]]`

38.3 `Module[{g = = [picture of a giraffe]}, ImageCollage[ {g, Blur[g], EdgeDetect[g], ColorNegate[g]}]]`

38.4 `Module[{r = Range[10]}, ListLinePlot[ Join[r, Reverse[r], r, Reverse[r]]]]`

38.5 `Module[{x = Range[10]}, {x + 1, x − 1, Reverse[x]}]`

38.6 `NestList[Mod[17 # + 2, 11] &, 10, 20]`

38.7 `Table[StringJoin[Module[{v = Characters["aeiou"], c}, c = Complement[Alphabet[], v]; RandomChoice /@ {c, v, c, v, c}]], 10]`

39 | Valores inmediatos y diferidos

39.1 `{x, x + 1, x + 2, x^2} /. x → RandomInteger[100]`

39.2 `{x, x + 1, x + 2, x^2} /. x :→ RandomInteger[100]`

40 | Funciones definidas por el usuario

Nota: En los siguientes ejercicios se definen funciones. Hay que tener presente el uso de **Clear** para eliminar las definiciones cuando se haya terminado de hacer cada ejercicio.

40.1 `f[x_] := x^2`

40.2 `poly[n_Integer] := Graphics[Style[ RegularPolygon[n], Orange]]`

40.3 `f[{a_, b_}] := {b, a}`

40.4 `f[x_, y_] := (x ∗ y) / (x + y)`

40.5 `f[{a_, b_}] := {a + b, a − b, a / b}`

40.6 `evenodd[n_Integer] := If[EvenQ[n], Black, White]; evenodd[0] = Red`

40.7 `f[1, x_, y_] := x + y; f[2, x_, y_] := x ∗ y; f[3, x_, y_] := x^y`

40.8 `f[0] = f[1] = 1; f[n_Integer] := f[n − 1] + f[n − 2]`

40.9 `animal[s_String] := Interpreter["Animal"][s]["Image"]`

40.10 `nearwords[s_String, n_Integer] := Nearest[ WordList[], s, n]`

41 | Más información sobre los patrones

41.1 `Cases[Table[IntegerDigits[n^2], {n, 100}], {_, _, x_, x_, _}]`

41.2 `StringJoin /@ Cases[Array[ Characters[RomanNumeral[#]] &, 100], {_, "L", _, "I", _, "X", _}]`

41.3 `f[x : {_Integer ..}] := x == Reverse[x]`

41.4 `Cases[Partition[TextWords[ WikipediaData["alliteration"]], 2, 1], {a_, b_} /; StringTake[a, 1] == StringTake[b, 1]]`

41.5 `Grid[FixedPointList[(# /. {x_, b_, a_, y_} /; b > a → {x, a, b, y}) &, {4, 5, 1, 3, 2}]]`

41.6 `ArrayPlot[Transpose[FixedPointList[ (# /. {x_, b_, a_, y_} /; b > a → {x, a, b, y}) &, RandomSample[Range[50]]]]]`

41.7 `FixedPointList[(# + 2 / #) / 2 &, 1.0]`

41.8 `FixedPointList[# /. {a_, b_} /; b ≠ 0 → {b, Mod[a, b]} &, {12 345, 54 321}]`

41.9 `FixedPointList[# /. {s[x_][y_][z_] → x[z][y[z]], k[x_][y_] → x} &, s[s][k][s[s[s]][s]]]`

41.10 `IntegerDigits[100!] /. {x_, _, 0 ..} → {x}`

41.11 `Length /@ NestList[# /. {{1, _, x_} → {x, 0, 1}, {0, _, x_} → {x, 1, 0, 0}} &, {1, 0}, 200]`

41.12 `ListLinePlot[Length /@ NestList[# /. { {0, _, x_} → {x, 2, 1}, {1, _, x_} → {x, 0}, {2, _, x_} → {x, 0, 2, 1, 2}} &, {0, 0}, 200]]`

42 | Cadenas de caracteres y plantillas

Nota: =[ ] representa la entrada de lenguaje natural

42.1 `StringReplace["1 2 3 4", " " → "---"]`

42.2 `Sort[StringCases[WikipediaData["computers"], DigitCharacter ~~ DigitCharacter ~~ DigitCharacter ~~ DigitCharacter]]`

42.3 `StringCases[WikipediaData["computers"], Shortest["===" ~~ x__ ~~ "==="] → x]`

42.4 `Grid[Table[StringTemplate["`1` + `2` = `3`"][i, j, i + j], {i, 9}, {j, 9}]]`

42.5 `Select[Table[IntegerName[n], {n, 50}], StringMatchQ[#, ___ ~~ "i" ~~ ___ ~~ "e" ~~ ___] &]`

42.6 `StringReplace[ First[TextSentences[WikipediaData["computers"]]], x : (Whitespace ~~ LetterCharacter ~~ LetterCharacter ~~ Whitespace) :→ ToUpperCase[x]]`

42.7 `BarChart[KeySort[Counts[StringTake[ TextString /@ EntityList[ = [countries]], 1]]], ChartLabels → Automatic]`

42.8 `Table[StringTemplate["`1`^`2` = `3`"][i, j, i^j], {i, 5}, {j, 5}] // Grid`

44 | Importar y exportar

Nota: =[ ] representa la entrada de lenguaje natural

44.1 `Import["http://google.com", "Images"]`

44.2 `ImageCollage[Graphics[Style[Disk[], #]] & /@ (Union @@ DominantColors /@ Import["http://google.com", "Images"])]`

44.3 `WordCloud[Import["http://bbc.co.uk"]]`

44.4 `ImageCollage[Import["http://www.nps.gov", "Images"]]`

44.5 `Select[Import["https://en.wikipedia.org/wiki/Ostrich", "Images"], ImageInstanceQ[#, = [bird]] &]`

44.6 `WordCloud[TextCases[Import["http://www.nato.int/"], "Country"]]`

44.7 `Length[Import["https://en.wikipedia.org/", "Hyperlinks"]]`

44.8 `SendMail[GeoGraphics[Here]]`

44.9 `SendMail[MoonPhase[Now, "Icon"]]`

45 | Conjuntos de datos

Nota: En los siguientes ejercicios se utiliza el conjunto de datos **planets=CloudGet["http://wolfr.am/7FxLgPm5"]**.

45.1 `WordCloud[Normal[planets[All, "Moons", Length]]]`

45.2 `BarChart[planets[All, "Moons", Length], ChartLabels → Automatic]`

45.3 planets[SortBy[Length[#Moons] &], "Mass"]

45.4 planets[All, "Moons", Max, "Mass"]

45.5 planets[All, "Moons", Total, "Mass"][Sort]

45.6 planets[All, "Moons", Median, "Mass"]

45.7 planets[All, "Moons", Select[#Mass >
       = [0.0001 earth mass] &] /* Keys]

45.8 WordCloud[Association[# → StringLength[
           WikipediaData[#]] & /@ EntityList[
           = [central america]]]]

45.9 ResourceData["Fireballs and Bolides"][Max,
       "Altitude"]

45.10 ResourceData["Fireballs and Bolides"][
        TakeLargest[5], "Altitude"]

45.11 Histogram[Differences[Normal[ResourceData[
            "Fireballs and Bolides"][All, "PeakBrightness"]]]]

45.12 GeoListPlot[ResourceData["Fireballs and Bolides"][
          1 ;; 10, "NearestCity"], GeoLabels → True]

45.13 GeoListPlot[ResourceData["Fireballs and Bolides"][
          TakeLargestBy[#Altitude &, 10], "NearestCity"],
          GeoLabels → True]

46 | Cómo escribir código de buena calidad

46.1 Total[Table[i * (i + 1), {i, 1000}]]

46.2 Nest[1 / (1 + #) &, x, 10]

46.3 Flatten[Array[List, {10, 10}]]

46.4 ListLinePlot[Table[First[Timing[n^n]], {n, 10 000}]]

46.5 ListLinePlot[Table[First[Timing[Sort[
         RandomSample[Range[n]]]]], {n, 200}]]

47 | Depuración de código

47.1 Counts[If[StringLength[#] > 1, StringTake[#, 2],
         Nothing] & /@ WordList[ ]]

47.2 First[Last[Reap[Fold[10 Sow[#1] + #2 &,
         {1, 2, 3, 4, 5}]]]]

47.3 Last[Reap[Nest[If[EvenQ[#], Sow[#] / 2, 3 # + 1] &,
         1000, 20]]] // First

Índice

$FontFamilies, 118
$GeoLocation, 101
$ImportFormats, 286
$InterpreterTypes, 228
$Permissions, 238
$ProcessorCount, 321

Abortar evaluación, 314
Abreviar URL (**URLShorten**), 230
Abreviaturas
 de unidades, 92
Abs, 140
AbsoluteTiming, 308, 321
Accesibilidad
 para personas con visión
disminuida, 244
Acceso
 a despliegues en la nube, 229
Acceso de control
 para objetos en la nube, 276
Accumulate, 185
Acento invertido (`), 142, 270
 cómo escribirlo, 271
Acomodamiento de círculos, 67
Acordes
 musicales, 57
Actualización automática
 página web con, 231
Acumular
 con **FoldList**, 183
 en databin, 274
Adición (**Plus**), 1
Adición
 de listas, 15
AdjacencyGraph, 125
AdjacencyMatrix, 125
Adjetivos, 226
Agrupamiento
 ver con multi-clic, 156
Agrupar elementos (**Gather**), 190
AI (inteligencia artificial), 127
AirTemperatureData, 105
AiryAi, 316
Alcance
 de gráficos (**PlotRange**), 112
Alfabeto
 proximidad visual en, 133
Alfabeto árabe, 54
Alfabeto cirílico, 51
Alfabeto griego, 53, 54
Alfabeto ruso, 51
Alfabetos extranjeros, 51
Alfabetos internacionales, 51
Álgebra, 316
Álgebra por computadora, 316
Algoritmo
 del máximo común divisor, 264

Algoritmos
 incorporados, 318
 para clasificación, 262
 para música, 56
Alineación
 de secuencias, 272
All (como valor de una opción), 113
Alpha (Wolfram|Alpha), vii
Alphabet, 50, 191, 218
Alternación
 en expresiones regulares, 271
Alternativas
 en patrones (|), 204
 en patrones para cadenas de
 caracteres (|), 268
Alto/ancho para gráficas, 115
Alumnos
 datos de, 293
Ambientes
 para Wolfram Language, xiv
Ambigüedad, 82, 228
AmbiguityFunction, 228
Ámbito
 de variables, 246
Amigos
 red de, 281
Amplitud
 de mapa, 101
Análisis de cúmulos, 130
Análisis de sentimientos, 127
Análisis numérico, 142
Anatomía
 como ejemplo de datos, 85
And (**&&**), 175
Android
 despliegue en la red, 231
AnglePath, 91
AngularGauge, 148
Ángulos
 unidades para ángulos, 90
Anidación
 de funciones, 163
Animación, 185, 244
 en **Manipulate**, 39
Animal-vegetal-mineral
 y **ImageIdentify**, 135
Animales
 aplicación en la web sobre, 232
 intérprete para, 224
Anotaciones
 en gráfico, 241
 para código, 308
Añadir a databin (**DatabinAdd**), 274
API
 construcción de, 238
 llamados a, 238
API instantáneas, 238

API para web, 238
APIFunction, 238, 319
APIs
 construcción de, 319
 externas, 281, 286
 instantáneos, 319
Aplicaciones
 creación, 229
 creación para dispositivos
 móviles, 231
 en Wolfram Cloud, 231
Aplicaciones basadas en
 formularios, 231
Aplicaciones de funciones, 151
Aplicaciones para móviles
 creación de, 238
App
 en Wolfram Cloud, 231
Append, 249, 303
AppendTo, 249
Apply, 216
Aprendizaje automático, 127
Aprendizaje automático Bayes
 ingenuo, 136
Aprendizaje automático con bosques
 aleatorios, 136
Aprendizaje automático no
 supervisado, 136
Aprendizaje automático
 supervisado, 136
Aproximación decimal, 137
Aproximación numérica, 137
Aproximadas
 funciones, 317
Árbol
 como grafo (**KaryTree**), 125
 en **NestGraph**, 168
Árbol de la vida
 Dendrogram, 136
Árboles
 como expresiones, 216
Árboles evolucionarios
 Dendrograma, 136
Árboles filogenéticos
 Dendrograma, 136
Archivos
 borrar, 286
 búsqueda de texto en, 272
 extensiones de, 286
 importar de, 280
 locales, 275
 nombres de, 276
 ruta de, 275
Archivos locales
 importar de, 280
Archivos locales anónimos, 275
Arco iris (listas de colores), 26

ArcTan, 142
Arduino, 287
Area, 317
Argumentos
    de funciones, 181, 212
Aristas
    de grafo, 124
Aritmética, 1
    con fechas, 103
    con imágenes, 46
    con unidades, 89
    en listas, 15
    módulo, 140
Aritmética del reloj (**Mod**), 140
Arquitectura
    de sistemas, 324
Array, 181
ArrayFlatten, 189, 195
ArrayPlot, 60, 319
Arreglo de píxeles, 61
Arreglos
    de arreglos, 189
    listas como, 10
    multidimensionales, 59
Arreglos asociativos (asociaciones), 220
Arreglos irregulares, 63
Arroba (@), 151
Arrow (primitivas gráficas), 73
ASCII (**ToCharacterCode**), 54
Asignación
    de nombres, 245
    diferida, 251
    inmediata, 251
Asignación inmediata (=), 245
Asignaciones múltiples, 249
Asíncronas
    operaciones, 287
AskFunction, 238
Asociaciones, 217
    combinar, 297
    de asociaciones, 289
    en conjuntos de datos, 289
    visualización de, 244
    y plantillas para cadenas de caracteres, 269
Asociatividad, 265
Aspecto
    de gráficas (**AspectRatio**), 115
AspectRatio, 115
Association, 218
AssociationMap, 221
Asterisco (*)
    en expresiones regulares, 271
    en la multiplicación, 2
Asunto
    para correo electrónico, 283
Átomos
    en comparación con UUIDs, 276
    en expresiones, 210
Atributos
    de funciones, 265

Audio, 55
Audio, 58
AudioCapture, 57
AudioPitchShift, 57
AudioPlot, 57
Áurea
    razón, 309
Automatic
    para opciones, 112
Automóvil
    instrucciones para, 101
Automóviles
    historial de frecuencias de palabras, 106
AutoRefreshed, 238
Autorización
    de servicios externos, 286
Avestruz
    como ejemplo de importación de imágenes, 286
Axes, 73
Ayuda
    sobre funciones, 78

Background, 112
    para **Framed**, 239
    para **Grid**, 116
Ball, 316
Banderas
    de países, 79
BarChart, 11, 82, 294
    para asociaciones, 219
    versus **Histogram**, 148
BarChart3D, 148
BarcodeImage, 135
BarcodeRecognize, 135
BarLegend, 244
Barra diagonal arroba (/@), 152, 156
Barra diagonal punto (/.), 204
Barra diagonal punto y coma (/;), 261
Barra diagonal repetida (//), 156
Barra vertical, 206
Barras
    etiquetas al usar, 244
Base de conocimientos, 79
Base de conocimientos Wolfram, 79, 279
Base en la nube, 276
Bases
    números en otras, 18, 142
Bases de datos, 301
    importar, 280
Bases de Gröbner, ix
BBC
    nube de palabras del sitio web de, 286
Beep, 58
BesselJ, 142
Binarize, 43
Binomial, 316
Binomiales
    coeficientes, 167, 316

Bioinformática, 272
    formación de cúmulos en, 136
Bitcoin, 93
Bitmaps, 51
Black, 25
Blanco y negro (**Binarize**), 43
Blanco y negro
    gráficos en, 244
Blank (_), 203
Blend, 25, 164
Blindaje
    de ejecución del código, 314
Block
    comparado con **Module**, 249
Bloqueadas
    funciones, 258
Bloques
    particionar en, 187
Blue, 25
Blur, 41, 157
    reconocimiento de texto y, 129
Bold, 29
Booleana
    computación, 318
Booleanas
    minimización de funciones, 318
    simplificación de funciones, 318
BooleanCountingFunction, 318
BooleanMinimize, 318
Booleanos, 178
BooleanTable, 318
Bordes
    de gráficos (**EdgeForm**), 73
Bosquejar (**EdgeDetect**), 43
Botones de radio, 37
    en formularios, 238
Boxed, 73
BoxWhiskerChart, 148
BubbleChart, 148
Bucle
    errores en variables de, 314
Bucles
    en grafos, 119
    for, 308
    infinitos, 253, 314
Burbuja
    ordenamiento de, 265
BusinessDayQ, 178
Búsqueda
    en archivos de texto, 272
    en la web, 46, 281
    imagen, 136
Búsqueda en la web
    vs. Wolfram Knowledgebase, 87
ButterflyGraph, 125
ByteCount, 216

C
    lenguaje, 308
C++, xi, 308
CA (autómatas celulares), 319

Cacheado
    de contenido de objetos en
        la nube, 277
    en definición de funciones, 309
Cada elemento
    aplicar a (/@), 152
Cadenas
    fechas como, 108
Cadenas de caracteres, 47
    a listas de letras (**Characters**), 48
    a partir de expresiones, 269
    comillas en (**InputForm**), 48
    exportar de (**ExportString**), 287
    importar de (**ImportString**), 287
    interpretación en lenguaje
        natural de, 223
    juntar (**StringJoin**), 47
    patrones para, 267
    superposiciones en
        coincidencias de, 271
    versus símbolos, 54
Cadenas de funciones, 151
Cafeína, 85
Cajas rosadas
    errores en gráficos, 311
Calavera, 85
Cálculo, 316
Calendarios históricos, 108
Calidad
    aseguramiento, 314
Calificaciones
    datos de, 293
Calle
    mapas, 100
Calles
    direcciones, 224
Callout, 240
Cámara
    en aplicaciones, 235
    foto de la, 41
    no disponible, 46
Cambio de línea
    dividir en (**StringSplit**), 279
Cambios de línea, 269
    separar en los (**StringSplit**), 268
Caminata aleatoria, 165
Camino
    en un grafo, 120
Camino más corto
    en un grafo, 120
Campos
    de formularios, 233
    en conjuntos de datos, 293
Campos de entrada
    en **Manipulate**, 39
Campos de formulario
    restricciones en los valores, 237
Campos inteligentes, 234
Campos numéricos calculados, 234
Canales
    marco de trabajo, 287

Capitales
    de estados, 227
    de Europa, 318
Caracteres
    en patrones para cadenas, 267
Caracteres internacionales, 54
Cartografía, 95
Casa Blanca
    ubicación de, 223
Cases, 203, 213
    en comparación con **Select**, 203
    forma de operador de, 214
Casillas
    en **Manipulate**, 39
Casillas de verificación
    en formularios, 238
Casos (**Cases**), 203
Casos
    de entidades (**EntityInstance**), 87
Casos atípicos, 112
Catenate, 297
CDF en la nube, 233
Ceiling, 142
CellularAutomaton, 309, 319
Centímetros, 89
Cerebro
    como inspiración para
        ImageIdentify, 135
ChannelListen, 287
Characters, 48, 175, 187, 198, 215
ChartLabels, 219
ChiSquareDistribution, 142
ChromaticityPlot, 29
ChromaticityPlot3D, 29
Circle, 31, 158
    con coordenadas, 66
    tamaño de, 115
Ciudades
    como entidades, 95
    distancia entre, 95
    más próximas, 99
Clases de entidades, 81
Clasificación
    algoritmo para, 262
ClassifierFunction, 135
Classify, 127, 280
Clave-valor (mapas), 220
Clave-valor (asociaciones), 220
Clear, 246, 256
Cliente
    datos de, 293
Clima
    datos del, 105
ClockGauge, 230
CloudDeploy, 229, 319
CloudExport, 283
CloudExpression, 277
CloudGet, 273, 293
CloudPut, 273
CloudSave, 273

Coches
    historial de frecuencias de
        palabras, 106
Codificación run-length (**Split**), 190
Código
    abreviado en extremo, 305, 309
    anotaciones en, 308
    cambios al azar en, 314
    de buena calidad, 303
    depuración de, 311
    eficiencia del, 306
    generación de (**EmbedCode**), 238
    optimización de, 308
    revisión de, 323
Código para carácter
    (**ToCharacterCode**), 54
Códigos de divisas, 93
Códigos para caracteres, 54
Códigos QR, 135
Coeficientes binomiales, 167
Coincide
    para patrones (**Cases**), 203
Coincide con
    el más corto, 262
    el más largo, 262
Coincidencias
    en patrones para cadenas de
        caracteres, 268
Coincidencias con
    todas las posibles, 265
Coletilla (aplicación de la función
        como), 151
Colindantes
    grafo de países, 169
Colisiones
    de UUIDs, 273
Collage (**ImageCollage**), 42
Colocación
    de etiquetas, 244
Color complementario (**ColorNegate**), 25
ColorDistance, 135
Colores, 25
    aleatorios (**RandomColor**), 26
    de texto (**Style**), 26
    dominantes (**DominantColors**), 43
    en gráficos (**Style**), 32
    escoger **Manipulate**, 39
    fondo (**Background**), 112
    HTML, 29
    más cercanos, 131
    más próximos, 128
    mezclar (**Blend**), 25
    modelos de, 28
    nombres de, 28, 29
Colores de luz emitida, 28
Colores de luz reflejada, 28
Colores de pigmentos, 28
Colores de pintura, 28
Colores hex, 29
Colores HTML, 29
Colores por su nombre, 29
Colores primarios, 28

Colores puros, 28
Colores rojo-verde-azul (**RGBColor**), 25
Colores secundarios, 28
ColorFunction, 118
ColorNegate, 25, 151, 158, 163
  para imágenes, 41
Column, 12, 242
Columnas
  en arreglos, 198
  en conjuntos de datos, 289
Combinaciones (**Tuples**), 192
Combinadores, 264
Combinar
  asociaciones (**Association**), 297
  cadenas de caracteres (**StringJoin**), 47
  colores (**Blend**), 25
  gráficos (**Show**), 148
  listas (**Join**), 8
Comentarios
  en código, 308
Comienzo de lista (**First**), 16
Comilla invertida (` `), 142
Comillas
  para indicar cadenas, 47
Comillas visibles (**InputForm**), 48
CommunityGraphPlot, 123
Compile, 308
Complejidad
  de programas simples, 319
  en programas simples, 309
Complement, 191
Complemento de conjuntos
  (**Complement**), 191
Composición
  de datos tabulares, 242
  de gráficos, 239
  operadores de, 298
  por la derecha, 298
  por la izquierda, 298
Composición de imágenes (**ImageAdd**), 44
CompoundElement, 238
Comprobación de primalidad
  (**PrimeQ**), 174
Comprobar
  importancia de, 311
Comprobar identidad (===), 178
Comprobar igualdad (**Equal**), 173
Comprobar lo mismo (===), 178
Computación en la red (**Delayed**), 230
Computación matemática, 316
Computación sobre demanda, 230
Computacional
  pensamiento, 324
Cómputos largos
  monitoreo de, 313
Comunes
  palabras en nube de palabras, 297
Comunidad
  Wolfram, xvii
Comunidades
  en grafos, 123
Concatenar
  Catenate, 297
  Join, 8
  StringJoin, 47
Condicionales, 173
Condiciones
  a patrones (/;), 261
Cone, 32

Conectividad (internet)
  necesaria para datos, 87
  para **Interpreter**, 228
  para unidades, 92
Conectividad con internet
  para datos, 87
  para mapas, 101
Conexiones
  en grafos, 119
Confusión
  de letras, 129
Conjuntos de caracteres, 51
Conmutatividad, 265
ConnectedGraphQ, 178
Constitutiva
  gráfico, 225
Construcciones con ámbito de alcance
  patrones como, 207
Consultas
  en conjuntos de datos, 291
Contextos, 309
ContourLabels, 148
ContourPlot3D, 315
Control (de evaluación), 320
Control+=, 79, 223
  para fechas, 103
  para unidades, 89
Controles
  UI, 37
ControllerInformation, 39
Conversiones
  entre unidades, 89
ConvexHullMesh, 317
Coordenadas, 65
  sobre la superficie terrestre, 98
Corbatín, 73
Corchetes, 4
  para funciones, 3
Corchetes ([...])
  paréntesis cuadrados, 3
Coreano
  traducción al, 226
Corporativa
  información, 289
Correo
  enviar, 283
Cos, 142
Count, 16
CountryData, 87
Counts, 217, 321
CPU
  tiempo de, 308
Creación de funciones, 255
CreateCloudExpression, 277
CreateDatabin, 274
Criptodivisas, 93
Criptografía, 320
Cruzamiento
  de aristas de grafos, 125
Cuadernos, xiii, 323
  como formularios, 237
  como IDE, 308
  en la nube, 277
Cuadernos Wolfram, xiii, 323
Cuadrados
  de números (**Power**), 1
  generados mediante **Array**, 181
  tabla de, 20, 303
Cubo de colores, 72

Cuboid, 73
Cúmulos (**FindClusters**), 130
CurrentDate, 109
CurrentImage, 41
Currificación, 216
Curso
  con este libro, xvii
Cursos
  uso del libro en, xiv
Curvas de contorno (**MeshFunctions**), 148
Cylinder, 32

Daltonismo, 244
Darwin
  Charles, 282
Data Drop
  Wolfram, 273
DatabaseLink, 302
DatabinAdd, 274
Databins (en Wolfram Data Drop), 274
Dataset, 289
DateListPlot, 105, 274
DateString, 108
DateValue, 108
DateWithinQ, 109
Datos
  importación, 279
  mundo real, 79
Datos de elevación (para la Tierra), 146
Datos del mundo real, 79
DayName, 104
DayRange, 103
DDMMYY (formato de fecha), 109
Definiciones
  de funciones, 255
  de palabras (**WordDefinition**), 228
  traer de la nube (**CloudGet**), 273
Degree, 90
Degrees-minutes-seconds, 101
Delayed, 230
  como análogo de :=, 252
DeleteDuplicates, 195
DeleteFile, 286
DeleteMissing, 87
Delimitadores
  separar cadenas en los, 268
Democracia
  frecuencia de la palabra, 106
Demostraciones Wolfram
  Proyecto, xvii
  Wolfram, 39
Dendrogram, 131
Denominación
  de funciones, 305
  de los campos en conjuntos de
    datos, 293
  de objetos, 245
  principios para, 248
Depuración, 311
  interactiva, 314
Desambiguación, 82, 228
Desaparecer (**Nothing**), 199
Desarrollo decimal (**IntegerDigits**), 16
Desarrollos en base (**IntegerDigits**),
  18, 142
Desenredar (**Flatten**), 188
Desenvoltura
  en Wolfram Language, 303

Desestructuración
    de argumentos de función, 259
Deslizadores
    en formularios, 238
    en la web, 230
    Manipulate, 35
Desplazamiento
    en particiones, 187
Desplegar (**CloudDeploy**), 229
DeviceReadTimeSeries, 287
Día de la semana (**DayName**), 104
Diagonal invertida
    para poner comillas, 54
Diagonales invertidas
    en números, 142
Diagrama
    de barras (**BarChart**), 11
Diagrama de columnas (**BarChart**), 11
Diagramación
    oración, 225
Dibujar
    EdgeDetect, 43
Dibujar líneas (**EdgeDetect**), 43
Dibujo
    de grafos, 120
Diccionario
    definiciones (**WordDefinition**), 228
    lista (**WordList**), 49
Diccionarios (asociaciones), 220
Diferencial
    ecuación, 317
Diferida
    asignación (:=), 251
Diferidas
    reglas (:→), 252
Difuminar (**Blur**), 41
DigitCharacter, 268
Dígitos
    de enteros (**IntegerDigits**), 16
    ejemplos de estilos de
        codificación, 304
    incorporación de, 184
    número de, 138
Dígitos binarios (**IntegerDigits**), 18
Dígitos manuscritos, 128
Dinámica
    delimitación, 249
    programación, 309
    visualización, 244
Dinero
    cálculos con, 90
Dirección de internet
    para localización geográfica, 101
Dirección en la web
    en Wolfram Cloud, 230
Directorio
    de archivos, 286
Disco rellenado (**Disk**), 31
Disk, 31
    área de, 317
Disposición
    de datos tabulares, 59
    de grafos, 120
Dispositivos
    marco para, 287
Dispositivos conectados
    información de, 273
Distancia
    entre ciudades, 95

Dividir cadenas de caracteres
    (**StringSplit**), 268
Divisas
    intérprete de, 223
    unidades de, 90
Divisas extranjeras, 90
División (**Divide**), 1
    por cero, 2
DMS
    para ubicaciones geográficas, 101
Do, 249
Doble arroba (@@), 216
Doble guion bajo (__), 204
Doble signo de igual (==), 178
Documentación
    de Wolfram Language, xvii, 75
DocumentNotebook, 320
Documentos
    generación de, 320
    simbólicos, 320
Dólares
    como unidad, 90
    intérprete para, 223
DominantColors, 43
Dos puntos (:)
    en patrones, 262
Dos puntos-igual (:=), 251
Dos puntos-mayor (:>), 252
Dotted, 145
Drop, 17
DumpSave, 277
Duplicados
    eliminar (**Union**), 190

Echo, 313
Eclipse IDE, 308
Ecuaciones
    estructura de (==), 178
    solución de (**Solve**), 316
Edad del universo
    en comparación con UUIDs, 276
EdgeDetect, 43, 51, 151, 163, 235
EdgeForm, 73
EdgeWeight, 124
EditDistance, 135
Efectos de sonido, 57
Efectos laterales, 162
Efectos secundarios, 249
Eficiencia
    del código, 306
Eiffel Tower, 96
Ejercicios
    versión en línea de los, xvii
Elementos
    comprobación para (**MemberQ**), 176
    de listas (**Part**), 16
Elementos comunes (**Intersection**), 191
Elementos más grandes
    (**TakeLargest**), 199
Elementos más pequeños
    (**TakeSmallest**), 199
Elevación al cuadrado
    anidada, 164
Elevar a potencias (**Power**), 1
    definición de, 2
Eliminar
    elementos de listas, 199
EllipticK (integral elíptica), 142
Email
    enviar, 283

EmbedCode, 237, 319
EmitSound, 57
Emparejar corchetes ([...]), 4
En línea
    versión de este libro, xvii
Encabezados
    asociar valores con, 259
Encabezados compuestos, 213
Encadenamiento
    de consultas a conjuntos de datos, 291
Encrypt, 320
EndOfLine, 271
EndOfString, 271
Enteros
    aleatorios, 3
    factorización, 318
    grandes, 2
    nombres en inglés (**IntegerName**), 50
Enteros aleatorios
    enteros, 3
Entidades, 79
    armar las propias de cada quien, 301
    búsqueda de, 178
    crear nuevas, 87
    en texto (**TextCases**), 224
    especificadas implícitamente, 178
    tipos de, 83
Entidades implícitas, 178
EntityInstance, 87
EntityList, 81
EntityProperties, 83
EntityStore, 87, 301
EntityValue, 80
Entrada
    campos de, 232
    etiquetas (**In**), 253
    terminación, xiii
Entrada de micrófono, 57
Entrada en color rojo, 4
Entrada en formato libre, xiii, 79, 223
Entrada en lenguaje natural, xiii, 223
Entrada en rojo, 311
Entrenamiento
    de redes neuronales, 136
    en aprendizaje automático, 128
Enviar correo (**SendMail**), 283
Envoltura y contracción, 317
Equipos
    para Wolfram Language, xiv
Erf, 142
Errores, 305, 311
    en entrada, 311
    input, 4
Errores de redondeo, 142
Errores de sintaxis, 311
Escape en cadenas, 54
Escribir código
    de buena calidad, 303
Escritorio
    sensor en el, 274
Esfumar (**Nothing**), 199
Espacio de características, 131
Espacios
    en la multiplicación, 2
    en patrones para cadenas de
        caracteres, 268
Espacios de color, 28, 29
Espacios de colores
    cercanía en, 131
    de **FeatureSpacePlot**, 132

Español
    palabras en, 54
Especificación del iterador, 24
Esperar la evaluación, 251
Espiral
    con **AnglePath**, 91
Esponja de Menger, 194
Esquinas
    de polígonos, 69
Esquinas redondeadas, 244
Estaciones de radio
    número en países, 80
Estado oculto, 249
Estados Unidos
    mapa de, 95
Estilos
    en formularios, 237
Estructurada
    información, 289
Etiquetas
    colocación de, 244
    de entrada (**In**), 253
    de grafos, 119
    en mapas, 115
    para campos de formulario, 237
    para curvas de contorno, 148
    para expresiones cualesquiera, 239
    para gráficos de barras, 219
    sistema de, 264
Etiquetas laterales
    en gráficos (**Legended**), 241
Euclides
    algoritmo de, 264
EulerPhi, 142
Europa
    trayectoria más corta de las
        capitales, 318
Europeas
    fechas, 109
    unidades, 92
Euros
    intérprete para, 223
Evaluación
    controlada, 320
    en Wolfram Language, 211, 253
EvenQ, 174
Everest
    monte, 146
Excel
    formato, 283
Except, 265
Exp, 142
Experimentos
    con Wolfram Language, 324
Exponencial
    tiempo, 307
Export, 283
ExportString, 287
Expresiones
    simbólicas, 209
    tamaño de, 216
Expresiones compuestas (;), 247
Expresiones idiomáticas, 306
Expresiones lambda, 162
Extensos
    programas, 323
Externas
    claves, 301
    conexión a bases de datos, 302

Externos
    información de dispositivos, 273
    programas, 287, 320
Facebook
    grafo de amigos sociales, 281
Factor, 316
Factorial
    definir una función, 256
    función nativa (!), 256
FactorInteger, 142, 318
False, 173
Faltantes de entradas
    en conjuntos de datos, 293
Faltó uno, 314
Fase de la luna (**MoonPhase**), 104
FeatureExtraction, 136
FeatureNearest, 136
FeatureSpacePlot, 131
Fechas, 103
    formatos de, 103
Fibonacci, 142, 309
    como ejemplo de codificación, 305
Filas
    en arreglos, 198
    en conjuntos de datos, 289
FileTemplate, 272
FilledCurve, 73
Filling, 112
Filtrar una lista (**Select**), 174
Final de lista (**Last**), 16
FindClusters, 130
FindGeoLocation, 101
FindShortestPath, 120
FindShortestTour, 318
First, 16
    aplicado incorrectamente, 311
FirstPosition, 201
FixedPointList, 263
Flat
    como atributo de función, 265
Flatten, 120, 188, 198
Flecha (→), 111
Floor, 142
Fold, 185, 303
FoldList, 182
Fondo negro, 244
FontFamily, 29, 116
For, 249, 303, 308
Forma canónica
    para entidades, 83
Forma de postfijo (//), 151
Forma de prefijo (@), 151
Forma interna (**FullForm**), 210
Formas 3D, 70, 73
Formas de onda
    para sonido, 58
Formato de dump binario
    (**DumpSave**), 277
Formato XLS
    exportar en, 283
Formatos
    importar, 286
    para desplegar en la red, 237
FormFunction, 232
FormObject, 237
FormPage, 235
FormTheme, 237

Formularios
    aplicaciones basadas en, 231
    en varias páginas, 238
    expandibles, 238
Formularios complejos
    AskFunction, 238
Formularios en varias páginas, 238
Formularios expandibles, 238
Formularios para la web, 234
Foro (Wolfram Community), xvii
Fotos
    CurrentImage, 41
    en aplicaciones, 235
Fracciones
    exactas, 137
Fractales, 166, 189
Frame, 116, 243
Framed, 152, 158, 163, 165, 183, 239
    esquinas redondeadas en, 244
Frases
    estructura de, 225
    listas de (**TextSentences**), 48
Frecuencia
    de letras, 219
FromCharacterCode, 54
FromDigits, 18, 185, 304, 306
FromDMS, 101
FromLetterNumber, 51
Fuji
    monte, 148
FullForm, 210
Función factorial
    nativa (!), 142
Función función (**Function**), 162
Función sucesora, 164
Funcional
    programación, 249
Funciones
    aplicación repetida de funciones, 163
    atributos de, 265
    cómo se leen en voz alta, 4
    composición de, 298
    definidas por el usuario, 255
    en comparación con las de
        matemáticas, 5
    graficación de, 315
    guardar en la nube, 273
    incorporadas, 3
    maneras de aplicar, 151
    nativas, 75
    plantillas para, 78
    puras, 157
    puras versus definiciones de funciones
        denominadas, 259
    traducción de los nombres de, 78
Funciones anónimas, 157
Funciones de interrogación, 174
Funciones de orden superior, 185
Funciones matemáticas, 142
    visualización de, 315
Funciones nativas, 75
Funciones puras, 157, 181
    anidación de, 163
    como encabezados compuestos, 213
    con variables explícitas, 162
    en forma de flecha, 162
    y paréntesis, 162
Funciones Q, 174, 178
Funtores, 185

Índice

G5, 244
GalleryView, 238
Gamepads
    para **Manipulate**, 39
Gamma (función gamma), 142
Ganymede, 298
Gather, 190
GatherBy, 190
Gatos
    comprobaciones para fotos de, 176
GCD, 142
Genómica, 272
    como ejemplo de una cadena, 53
GeoBackground, 114
GeoBubbleChart, 101
Geocomputación, 95
GeoDisk, 97
GeoDistance, 95, 176
GeoElevationData, 146
    resolución de, 149
GeoGraphics, 229
    alcances en, 113
geoIP, 101
GeoLabels, 114
GeoListPlot, 95
    alcances en, 113
Geometría, 317
    como ejemplo de un tópico, 76
    computacional, 317
    exportación de, 284
    fractal, 170
    importar, 280
    impresión en 3D, 284
    transformaciones en, 73
GeoModel, 101
GeoNearest, 98
GeoPath, 97
GeoPosition, 98
GeoProjection, 100, 229
GeoRange, 101, 113
GeoRegionValuePlot, 101
Get, 275
GIF, 237, 286
GIS (geocomputación), 95
Globales
    valores, 246
    variables, 246
Gobierno
    sistemas de, 106
Grabación
    de sonido, 57
Grados decimales, 101
Grados-minutos-segundos, 101
Gráfico
    circular (**PieChart**), 11
    de arreglo (**ArrayPlot**), 60
Gráfico de flujos (**ListStreamPlot**), 148
Gráfico de frecuencias (**Histogram**), 145
Gráfico de sectores (**PieChart**), 11
Gráfico invertida, 244
Gráfico vectorial (**ListStreamPlot**), 148
Gráfico circular (**PieChart**), 11
Gráfico de árbol
    Dendrogram, 131
Gráfico de contornos, 146
Gráfico de jerarquía
    Dendrogram, 131
Gráfico de pastel (**PieChart**), 11
Gráfico Log (**ListLogPlot**), 140

Gráficos
    3D, 32, 146
    alcance de (**PlotRange**), 112
    colores en (**Style**), 32
    combinar (**Show**), 148
    de colores, 29
    de datos (**ListPlot**), 7
    de listas (**ListPlot**), 7
    iluminación en, 33
    interactivos, 36
    objetos en, 31
    poner etiquetas en, 240
    primitivas, 68
    redimensionar, 244
Gráficos 3D, 70, 146
    caja alrededor de (**Boxed**), 73
Gráficos de tortuga (**AnglePath**), 93
Gráficos en 3D, 32
    en la nube, 238
Gráficos en tres dimensiones, 146
Gráficos transparentes (**Opacity**), 71
Gráficos tridimensionales, 32, 70
    en la nube, 238
Grafo aleatorio, 122
Grafo bidireccional
    (**UndirectedGraph**), 121
Grafo completo, 121
    CompleteGraph, 125
Grafo conexo, 135
Grafo dirigido (**Graph**), 121
Grafo no conexo, 135
Grafo social en Facebook, 124
Grafos
    aleatorios (**RandomGraph**), 125
    anidados, 168
    construcción a partir de listas, 215
    de vecinos más próximos, 131
    sociales, 281
Gramatical
    estructura **TextStructure**, 225
GrammarRules, 228, 271
Gran Pirámide, 84
Granularidad
    de fechas, 109
Graph, 119
    usar **Thread** para construir, 187
Graphics
    no es listable, 154
GraphicsColumn, 243
GraphicsGrid, 243
GraphicsRow, 243
GraphLayout, 120
Gray
    código como ejemplo de un
        programa, 312
GrayLevel, 28
GreaterEqual (≥), 178
GreaterThan, 178
Green, 25
Grid, 59, 159, 181, 187, 242
    anidada, 166
    opciones para, 116
Grupo de edad
    objetivo, xiv
Guardar
    en binario, 277
    en la nube (**CloudSave**), 273
Guardar en la nube (**CloudPut**), 273
Guepardo (cheetah)
    identificación de la imagen de un, 127

GUI
    construcción de, 315
Guion-bajo (_), 203

Hash (#), 185
Hash (mapas), 220
Hash (asociaciones), 220
Haskell Curry, 216
Head, 212
Here, 99
Hexadecimal
    en UUIDs, 276
Hexágono (**RegularPolygon**), 31
Hexecontaedro rómbico, 85
HIDs
    para **Manipulate**, 39
Hipervínculos
    en el sitio web del autor, 280
    importar, 279
    red de, 119
Histogram, 145
Historia
    vista en términos de frecuencias de
        palabras, 106
Hojas
    en expresiones, 211
Hojas de cálculo
    como fuente para conjuntos de
        datos, 301
    datos de, 283
    importar, 280
Hold, 253, 320
Hora
    como unidad, 89
Hora actual, 103
Horas, 103
Hot pink, 223
HTML
    exportación de fragmentos, 237
    importar de la web, 286
    plantillas (**XMLTemplate**), 272
Hue, 26, 153
Humedad
    dato del sensor en el escritorio, 275
HypercubeGraph, 125
Hyperlink, 238

i (raíz cuadrada de −1), 142
Íconos
    para aplicaciones para móviles, 238
IconRules, 238
ID de usuario, 276
IDE
    para Wolfram Language, 308
Identificadores únicos, 237
Identificadores universales únicos, 237
Idiomáticas
    expresiones y código, 306
IDs abreviados, 276
If, 173
    en definición de funciones, 256
Iluminación
    en gráficos 3D, 33
    simulada en gráficos 3D, 33
Image3D, 63, 185
ImageAdd, 44, 184
ImageCollage, 42
ImageData, 61
ImageIdentify, 127

imageidentify.com, 135
ImageInstanceQ, 176
Imagen fantasma (**ColorNegate**), 41
Imágenes, 41
   aritmética con, 46
   búsqueda en la web, 281
   combinar (**ImageCollage**), 42
   como arreglos de números, 61
   comprobaciones para objetos en, 176
   de entidades, 82
   en formularios, 235
   importar de sitios web, 279
   obtener de datos, 63
   proximidad de, 128
   suma de (**ImageAdd**), 44
Imágenes de países
   (**GeoRegionValuePlot**), 101
ImageSize, 115, 244
Implementación
   de Wolfram Language, xiv
Import, 279
ImportString, 287
Impresión
   en 3D, 284
In, 253
Incógnitas
   símbolos como, 216
Increment (++), 249, 303, 308
Incrementos
   en listas, 21
Incrustación
   de grafos, 120
Indexadas simbólicamente (listas), 220
Indexadas simbólicamente
   (asociaciones), 220
Índices
   en listas (**Part**), 16
   en tablas, 19
   obtenidos mediante **Position**, 198
Infinito, 2
Infinitos
   bucles, 253
Infix
   notación para **Function**, 162
Información (**?**), 258
Información jerárquica, 293
Inglés
   alfabeto, 191
   como lenguaje de entrada, 79
   computación con el, 48
   longitud de las palabras en, 145
   palabras en (**WordList**), 49
   versus Wolfram Language, 306
Inmediata
   asignación (=), 251
Inmersión
   para aprender un lenguaje, viii
InputForm, 48
   para cantidades, 89
   para entidades, 83
Insertar
   en cadenas de caracteres
      (**StringRiffle**), 269
Inset (primitivas gráficas), 73
Instrucciones para el conductor, 101
Instrumentos
   musicales, 56
IntegerDigits, 16, 142, 159, 306
IntegerName, 50

IntegerQ, 174
IntegerReverse, 306
Integrate, 316
Inteligencia artificial (Artificial
   intelligence), 127
Interactividad, 35
   de gráficos en la nube, 238
   en gráficos 3D, 32
   en la nube, 39
Intercalado
   para listas (**Riffle**), 191
Intercalar
   en cadenas de caracteres
      (**StringRiffle**), 269
Intercambio de valores, 249
Interfaz de usuario
   construcción de, 315
   simbólica, 315
Intermedios
   capturar resultados, 313
InterpolatingFunction, 317
Interpretaciones
   múltiples, 82
Interpreter, 223
Intérpretes
   para formularios en la web, 234
Intersección de conjuntos
   (**Intersection**), 191
Intersection, 191
Intervalos de clase
   en histograma, 148
Invertir
   una cadena de caracteres
      (**StringReverse**), 47
Invertir el orden (**Reverse**), 8
Invertir el orden (**StringReverse**), 47
iOS
   despliegue en la red, 231
Italic, 29
Iteración, 165
   en tablas (**Table**), 19
   versus recursión, 170

Java, xi
   generación de código para, 319
JavaScript, xi
   importar de la web, 286
Jerárquica
   información, 293, 302
Join, 8, 167, 249
JoinAcross, 221
Joined, 115
Joysticks
   para **Manipulate**, 39
JPEG, 237
Juntar bases de datos (**JoinAcross**), 221

KaryTree, 125
KeyDrop, 221
KeyMap, 221
Keys
   en asociaciones, 217, 218
KeySelect, 221
KeySort, 217
KeyTake, 218
Kilogramos, 90
Koala
   como ejemplo de entidad, 84

LABColor, 28
Labeled, 239
Laboratorio de programación
   Wolfram, xvii
Laboratorio de programación
   Wolfram, xiii, xiv
LanguageIdentify, 127, 279
Last, 16
Latín, viii
Latitud, 98
LeafCount, 216
Legended, 241
Legibilidad
   del código, 305
Lenguaje
   diseño del, 303
   transliteración, 226
Lenguaje fundamentado en conocimientos, xi
Lenguaje humano
   aprendiendo por comparación con, viii
   entrada en, 79, 223
   identificación de, 127
Lenguaje natural
   comprensión, 223
   e identificación de lenguajes, 127
Lenguajes
   palabras en, 54
   subtítulos de código en otros, xiii
Lenguajes de programación
   otros, xi, xiv
Lenguas
   traducción entre, 226
Lenguas extranjeras
   nombres de funciones en, 78
   WordTranslation, 226
Less, 178
Letra inicial (**StringTake**), 47
Letras
   en cadenas de caracteres (**Characters**), 48
   no en inglés, 54
   proximidad visual de, 133
LetterCharacter, 268
LetterCounts, 218
LetterNumber, 51, 175
LetterQ, 175, 190
Léxica
   delimitación, 249
Ley de Benford, 148
Leyendas
   colocación de las, 244
lhs (lado izquierdo), 207
Libras
   como unidad de peso, 90
Libros
   frecuencias de palabras en, 106
LightGray, 239
LightYellow, 239
Line, 68
Líneas
   en **GeoListPlot**, 115
LineLegend, 244
Lingüística, 226
   comparativa, 226
   evolucionaria, 136
Linux, xiv
Lista nula, 18
Lista vacía, 18
Listabilidad, 15, 156
   y asociaciones, 221

Listability, 154
ListAnimate, 185, 244
Listas
    aritmética en, 15
    asociaciones, 218
    como funciones, 10
    como tablas (**Table**), 19
    de longitud cero, 18
    de reglas, 187, 218
    desechar sublistas (**Drop**), 17
    elección aleatoria de
        (**RandomChoice**), 165, 192
    en conjuntos de datos, 293
    estructura interna de, 209
    filtrado (**Select**), 174
    juntar (**Join**), 8
    longitud de (**Length**), 15
    operaciones con, 15
    partes de, 16, 197
    pertenencia a (**MemberQ**), 176
    primera ojeada, 7
    secuencias en, 271
    simbólicas, 10
    tomar sublistas (**Take**), 17
    visualización de, 11
ListLinePlot, 11, 50, 65
    con múltiples conjuntos de datos, 145
    opciones para, 111
ListLogPlot, 140
ListPlay, 58
ListPlot, 7, 65
    análogo para series cronológicas, 105
    etiquetado, 240
ListPlot3D, 146
ListStepPlot, 148
ListStreamPlot, 148
Llaves
    para listas, 10
LocalCache, 277
Locales
    archivos, 275
    valores, 246
    variables, 246
    variables en módulos, 247
Localizados
    nombres, 249
LocalObject, 275
LocalTime, 105
Log
    importar archivos de, 280
Log, 297
Log10, 139
Logaritmo
    en base 10 (**Log10**), 139
    natural (**Log**), 139
Logaritmo natural, 139
Lógica
    computación en, 318
Lógica matemática, 162, 216
Logo
    y **AnglePath**, 93
Logo de Wolfram
    impresión en 3D, 284
    red de, 85
Londres
    como ejemplo de zona horaria, 105
Longest, 262
Longitud, 98
    de cadenas de caracteres
        (**StringLength**), 47

    de expresiones generales (**Length**), 214
    de listas (**Length**), 15, 153
Los Ángeles, 95
Louvre, 96
Luces de tráfico
    como un ejemplo de color, 27
Luna
    fase de la (**MoonPhase**), 104
    mapas de la, 101
Lunas
    como ejemplo de **Dataset**, 293
Luz
    dato del sensor en el escritorio, 275

Macintosh, xiv
Magnitud (**Abs**), 140
Malla
    colocar, 317
Manipulate, 35
    desplegar en la web, 230
    generar en la nube, 233
Map (**/@**), 155
Mapa de alturas, 146
Mapas
    amplitud de (**GeoRange**), 101
    geográficos, 95
Mapas de ciudades
    (**GeoBubbleChart**), 101
Mapas de relieve, 114, 147
Mapeos
    en matemáticas, 162
Máquinas de vectores de soporte, 136
Marketing
    gráfica con el tema, 111
Marte
    mapas de, 101
Más cercano (**Nearest**), 128
MatchQ, 203
Matemática
    notación, 316
Matemáticas
    comparación con el aprendizaje de, viii
    libros de texto de, 316
    noción de función en, 5
    noción de mapeo en, 156
    prerrequisitos, xiv
    prerrequisitos de, ix
    simbólicas, 316
    tipografía, 316
Mathematica, vii
Matiz
    de gris (**GrayLevel**), 28
Matrices
    listas de listas como, 63
Matrices de bloques (**ArrayFlatten**), 189
Max, 3
    en **Dataset**, 291
Máximo (**Max**), 3
Mayor que (**>**), 173
Mayúscula (**ToUpperCase**), 47
Mayúsculas
    en funciones, 4
    para funciones, 3
Mayúsculas+return, xiii
MBOX, 286
MemberQ, 176
Memoización
    en definición de funciones, 309
Memoria
    y números grandes, 2

MemoryConstrained, 314
Mensajes
    del código, 311
    enviar correo, 283
Menú de autocompletar, xiii, 77
Menú desplegable, 37
Menús
    en formularios, 238
    en **Manipulate**, 37, 39
Menús emergentes
    en formularios, 238
Mercurio (Mercury)
    como ejemplo de desambiguación, 82
Merge
    para asociaciones, 221, 297
Mes
    a partir de la fecha, 108
Mesh, 145
MeshFunctions, 148
MeshStyle, 145
Método de Newton, 170
Métodos
    generalización simbólica de, 259
Mezclar colores (**Blend**), 25
Middle C (nota), 55
MIDI, 57
Min, 4
Minimize, 316
Minus (**Subtract**), 4
Missing, 87, 221
ML (aprendizaje automático), 127
MMDDYY (formato de fecha), 109
Mod, 140
Modularidad
    en código de buena calidad, 305
Module, 246
    comparado con **With**, 311
Módulo (**Mod**), 140
Molécula
    como ejemplo de entidad, 85
Monarquía
    frecuencia de la palabra, 106
Monitor, 313
Monte Everest, 146
Monte Fuji, 148
MOOC
    de este libro, xvii
MoonPhase, 104
Mosaico (**ImageCollage**), 42
Mosaico de fotos (**ImageCollage**), 42
Most, 18
Mostrar (**Echo**), 313
MovieData, 87
Muestreo de sonido, 58
Multi-clic
    para ver el agrupamiento, 156
Multiplicación (**Times**), 1
Multiprocesador
    sistema con, 321
Música, 55

N, 137, 152, 308
Nativas
    redefinir funciones, 258
NATO, 194
    sitio web de, 286
Navegadores
    CurrentImage en, 46
NDSolve, 317

Nearest, 128, 169
NearestFunction, 171
NearestNeighborGraph, 131, 171
Nest, 163, 312
NestGraph, 168
NestList, 163, 189, 263, 268
  versus **FoldList**, 182
NetChain, 136
NetGraph, 136
NetModel, 136
NetTrain, 136
New Kind of Science, 309, 319
New York City, 95, 96, 223
  como entidad, 83
Newton
  método de, 170, 264
NextDate, 109
NKS (A New Kind of Science), 309
NLP (procesamiento de lenguaje natural), 224
NLU (natural language understanding), 223
Nocturnas
  temperaturas, 106
Nodos
  de grafo, 124
Nombres
  asignación de, 245
  representables como imagen en inglés, 135
Nombres representables como imagen, 135
Normal
  en **Dataset**, 292
  para asociaciones, 218
NormalDistribution, 142
NoSQL
  bases de datos, 301
Not (**!**), 175
Nota
  musical (**SoundNote**), 55
Notación científica, 138
Notación matemática, 316
Notas bemoles (♭), 57
Notas sostenidas (#), 57
NotebookTemplate, 272
Nothing, 199
Now, 103, 230
Nube
  desplegar en la, 229
  interactividad en la, 39, 233
  Manipulate en la, 39, 233
  ubicación física de la, 238
  Wolfram Knowledgebase en, 87
Nube de etiquetas (**WordCloud**), 49
Nueva York, 95, 96, 223
  como ejemplo de zona horaria, 105
Nueva York (ciudad)
  como entidad, 83
NumberLinePlot, 12, 297
NumberQ, 178
NumberString, 271
Numeración de líneas
  en sesiones, 248
Numérica, 142
Numéricos
  cálculos, 316
Número de ocurrencias (**Count**), 16
Número semántico
  como interpretación, 234

Números
  a partir de sus dígitos (**FromDigits**), 18
  aleatorios, 3, 138
  aritmética con, 1
  comprobaciones sobre, 174
  con una distribución Gaussiana (**RandomReal**), 142
  de las letras (**LetterNumber**), 51
  dígitos de, 16
  en otras bases, 18, 142
  grandes, 2, 137
  lista de, 7
  precisión de, 142
  procesamiento intensivo de, 316
  secuencia de, 7
  secuencias aleatorias de, 22, 139
  semilla (**SeedRandom**), 39
  tamaño máximo de, 2
Números aleatorios
  como coordenadas, 65
  continuos, 138
  cuadrícula de, 60
  enteros, 22
Números aproximados, 137
Números complejos, 142
Números con precisión flotante, 142
Números con una distribución Gaussiana (**RandomReal**), 142
Números de parte negativos, 197
Números enteros
  aleatorios, 3
Números grandes, 2
Números normalmente distribuidos (**RandomReal**), 142
Números pseudoaleatorios, 3
Números reales, 138

O
  Booleano (**||**), 318
  en patrones (**|**), 204
OAuth, 287
Objetos en la nube, 273
  cacheado de, 277
Objetos sólidos, 71
Obscuro
  código, 305
OCR (reconocimiento óptico de caracteres), 129
Octágono (**RegularPolygon**), 31
Octava, 55
Ocurrencias (**Count**), 16
OddQ, 174
ODE, 317
Ojos
  y color, 28
ONU
  sitio web de, 279
OOP (programación orientada a objetos), 258
Opacity, 71
Opciones, 111
  autocompletar, 118
  establecimiento global de, 118
  funciones puras para establecer opciones, 118
Operaciones
  en el sistema, 320
  orden de las, 2
Operaciones booleanas, 175

Operaciones lógicas, 175
Operaciones matemáticas, 1
Operador
  forma de, 291
  formas de, 213, 216
Operadores
  en matemáticas, 216
Oportunidades
  con la programación, 324
Optimización
  de código, 308
  numérica, 316
Optimización no lineal, 316
Options (lista de opciones), 118
Or
  Booleano (**||**), 175
Oración
  diagramación, 225
Oraciones
  longitudes de, 148
Orange, 25
Orden de las operaciones, 2
Orderless
  como atributo de función, 265
OrderlessPatternSequence, 265
Origin of Species
  texto de, 282
Oscuro
  código, 309
OTAN, 194
Out, 253
Overlaps, 271

Página de función
  en la documentación, 77
Página de guía
  en la documentación, 76
Página de inicio
  de Wolfram Language, xvii
Países
  como entidades, 79
  elegir nombres de, 225
  mapas de, 95
  más próximos, 98
Países colindantes, 81
Pájaros
  como búsqueda de imágenes en la web, 281
Palabras
  frecuencias de palabras en la historia, 106
  grafo de las más cercanas, 169
  más cercanas, 128, 169
  más próximas, 135
Palabras comunes
  en inglés (**WordList**), 49
  en nube de palabras, 49
  longitudes de, 145
Palabras en un texto (**TextWords**), 48
Palabras para los enteros (**IntegerName**), 50
Palabras vacías
  eliminación de, 54
PalindromeQ, 178
Palíndromos
  en inglés, 175
Pantalla en tiempo real
  en la web, 231
Paquetes, 309, 323
Para cada (**/@**), 152
Paralelo
  computación en, 321

Parallelogram
   como un ejemplo de función, 77
ParallelTable, 321
Paréntesis
   en operaciones lógicas, 178
   y formas funcionales, 156
Paréntesis ((...)), 2
Paréntesis rizados
   para listas, 10
Pares (**Tuples**), 192
Paris, 96
Parques de diversiones
   como entidades, 83
Parsing (**TextStructure**), 225
Part, 16, 197
Parte positiva (**Abs**), 140
Partes
   de conjuntos de datos, 289
   de expresiones generales, 212
   sustitución (**ReplacePart**), 199
   y asociaciones, 221
Partición irregular, 195
Partition, 187, 215
Pascal
   triángulo de, 167, 170
   triángulo módulo 2, 170
Pasos
   depuración por, 314
   en listas, 21
   en programación procedimental, 247
Patrón de Sierpinski, 189, 194
Patrones, 203, 261
   condiciones a (**/;**), 261
   denominados, 205
   para cadenas de caracteres, 267
   programación basada en, 247
   y definiciones de funciones, 255
Patrones denominados, 205, 262
PatternSequence, 265
Pausa
   en sonido, 57
PDF, 237, 283
Películas
   títulos, 227
Pensamiento computacional, ix
Pentágono (**RegularPolygon**), 31
Percepción de color, 28
PerformanceGoal, 308
Permanencia
   de nombres, 246
Permissions, 229, 276
   en la nube, 238
Permutations, 191
Persistencia
   de nombres, 246
Persistentes
   expresiones en la nube, 277
PersistentValue, 277
Personajes notables
   clasificador de, 280
Peso
   como ejemplo de cantidad, 90
Pi (π), 138
Piano, 55
Pictograma (**BarChart**), 11
PieChart, 11, 81, 153
   anotación en, 241
   con etiquetas, 240
   en **Dataset**, 290

Pies (unidad), 89
Pink
   hot, 223
Pirámide
   Gran, 84
Pirámide de Giza, 84
Placed, 244
PlanarGraph, 125
Planetas, 81
   como ejemplo de **Dataset**, 293
   gráfico de los tamaños de, 140
Plantillas
   para cadenas de caracteres, 269
   para funciones nativas, 78
Plantillas para cadenas de
   caracteres, 269
Plataformas
   para Wolfram Language, xiv
PLI (Programmable Linguistic
   Interface), 228
Plot
   para funciones, 315
PlotRange, 112
PlotStyle, 145
PlotTheme, 111, 241
Plus, 1, 210
   como una función, 3
PNG, 237
   importar, 280
Point, 68
Poliedro
   red de, 85
Polígono
   regular (**RegularPolygon**), 31
Polígonos doblados, 73
Polinomios
   factorización de, 316
Pólvora, 227
Polygon, 68
PolyhedronData, 73
Poner en la nube (**CloudPut**), 273
Poner mayúscula (**ToUpperCase**), 47
Posición en el alfabeto inglés
   (**LetterNumber**), 51
Posición en GPS, 101
Posición geográfica (**GeoPosition**), 98
Posiciones (coordenadas), 67
Posiciones de aeronaves, 86
Position, 198
Post etiquetas
   sistema de, 264
Potencias de 10
   en un mapa, 98
Potencias de 2, 164
Potencias de números (**Power**), 1
   definición de, 2
Precedencia
   de las operaciones aritméticas, 2
   de operaciones lógicas, 178
Precios de acciones, 86
Precios del mercado, 86
Precisión
   de números, 138, 142
Precisión arbitraria, 138
Precisión de máquina, 142
Presentación en tiempo real, 35
Presión
   dato del sensor en el escritorio, 275
   del sensor en el escritorio, 274

Prime, 139, 154, 240, 321
PrimePi, 142
PrimeQ, 142, 174, 313, 321
Principio de lista (**First**), 16
Print (**Echo**), 313
Printout3D, 284
Probabilidades
   de colisiones entre UUID, 237
   en identificación de imágenes, 130
   en **ImageIdentify**, 135
Problema 3n+1, 177
Problema de Collatz, 177
Procedimental
   programación, 247
Procesamiento de señales, 57
Programación funcional, 162, 184, 185
   no hay asignaciones en, 247
Programación orientada a objetos, 258
Programación por procedimientos
   en comparación con la programación
      funcional, 185
Programador
   ser un, 323
Programadores
   introducción rápida para, vii
Programas externos, 283
Programas grandes, xi, 309
Programming Lab
   Wolfram, xiv
Pronunciación
   de funciones, 4
Property, 124
Propiedades
   de entidades, 79
Prosa
   en comparación con código, 303
Prototipado rápido (impresión en 3D), 284
Proximidad visual, 133
Proxy
   para **SendMail**, 287
Proyecciones
   en mapas, 98, 100
Proyecto de demostraciones Wolfram, 39
Pruebas, 173
   de programas muy extensos, 323
   en campos de formulario, 237
   entorno nativo para, 314
ps (proceso externo), 320
Pub-sub, 287
Publicación
   página web, 229
Publicación-suscripción
   sistemas de, 287
Punto y coma (**;**)
   al final de una línea, 245
Puntos
   en gráficos, 65
   en grafo, 124
Puntos decimales
   y números aproximados, 137
Purple, 25
Put, 275
Python, xi

QA (aseguramiento de la calidad), 314
Quadtree, 166
Quantity, 89
Químicas
   intérprete para sustancias, 224

Radianes, 90
Radio
　de círculo, 67
Raíz cuadrada (**Sqrt**), 139
　anidada, 164
RandomChoice, 165, 192
RandomColor, 26, 251
RandomEntity, 87
RandomGraph, 125
RandomInteger, 3
　secuencias a partir de, 22
RandomReal, 138, 252, 317
RandomSample, 192
RandomWord, 54
Range, 7
　análogo para fechas, 103
　con incrementos, 21
　con números negativos, 24
　listabilidad de, 156
Ranuras
　en funciones puras (#), 157, 181
　en plantillas para cadenas de caracteres, 269
Rapidez
　del código, 306
Raspberry Pi, xiv
Rasterize, 51, 129
　datos de, 61
Rastreador web, 170, 280
Razón áurea, 164
RealDigits, 142
Reap, 313
Recomputación
　en el algoritmo de Fibonacci, 307
　evitar, 308
Recomputar, 253
Reconocimiento
　de código de barras, 135
　de imágenes (**ImageIdentify**), 127
　de texto (**TextRecognize**), 129
Reconocimiento de objetos
　　(**ImageIdentify**), 127
Reconocimiento óptico de caracteres, 129
Recuadro amarillo
　para entidades, 79
Recursión, 165
　infinita, 253
　versus iteración, 170
Recursiva
　definición, 256, 304
Red, 25, 97, 145
Red de amigos, 124
Red de poliedro, 85
Red libre de escala, 125
Redes, 119
Redes neuronales, 135
　construcción de, 136
Redes sociales, 119
Redimensionar gráficos, 244
Redondear hacia abajo (**Floor**), 142
Redondear hacia arriba (**Ceiling**), 142
Reducción de dimensión, 136
Registros
　en conjuntos de datos, 293
Regla 30 (autómata celular), 309, 319
Regla de par-impar, 73
Reglas
　diferidas (:→), 252
　listas de, 218
　y asociaciones, 218

Regresión logística, 136
RegularExpression, 271
RegularPolygon, 31
　y coordenadas, 68
Relacionales
　asociaciones, 221
　bases de datos, 221, 301
ReleaseHold, 320
ReliefPlot, 147
Reloj
　en la web, 231
Renglones
　terminación de la entrada, xiii
RepeatedTiming, 308
RepeatingElement, 238
Repetición
　de funciones, 163
Repeticiones
　en patrones (..), 262
　en patrones para cadenas de caracteres, 268
Repetir
　elementos de una lista (**Table**), 19
ReplaceAll, 207
ReplaceList, 207, 265
ReplacePart, 198
Replicar
　elementos de una lista (**Table**), 19
Repositorio
　Wolfram Data, 282
Reptar
　en una red (**NestGraph**), 169
Resolución
　de imágenes, 61
ResourceData, 282
Respuesta
　última (**%**), 245
Rest, 18
RESTful API, 238
Restricciones
　en campos de formulario, 237
Restricted, 237
Resultado
　último (**%**), 245
Resultado previo (**%**), 245
Resultados
　no evaluados, 311
Resultados intermedios
　imprimir, 313
Retales
　de color, 29
Reverse, 8, 154, 306
RGBColor, 25
rhs (lado derecho), 207
Riffle, 191
Romanización (transliteración), 51, 226
RomanNumeral, 50, 199
Rómbico
　hexecontaedro, 284
Rosadas
　cajas, 311
Rotación
　de gráficos 3D, 32
Rotate, 73, 90, 158
Round, 140
RoundingRadius, 244
Row
　para presentación, 242
Rublos
　intérprete para, 223

Rueda de colores, 28
Rule (→), 111, 215
　cómo se usa en opciones, 118
　en **Graph**, 124
　en sustituciones, 205
RuleDelayed (:→), 253
RulePlot, 319
RunProcess, 287, 320

Salida
　etiquetas (**Out**), 248, 253
　supresión de, 245
Salida apilada (**Column**), 12
Salida de voz, 58
Salida hablada (**Speak**), 58
Salida muy larga
　supresión de, 245
Salida tabular (**Grid**), 59
Salida vertical (**Column**), 12
San Francisco, 176
Saturación
　de color, 28
Save, 275
Scale, 73
Scratch
　y **AnglePath**, 93
Sculpteo (servicio de impresión en 3D), 285
Secuencia de Champernowne, 194
Secuencia de números (**Range**), 7
Secuencias
　de operaciones (;), 247
　de partes, 197
　en listas, 271
Secuencias de elementos idénticos
　　(**Split**), 190
SeedRandom, 39
Seleccionar elementos (**Select**), 174
Select, 174
　en comparación con **Cases**, 203
　en conjuntos de datos, 291
　forma de operador de, 213, 291
Selector, 37
Selectores de color
　en formularios, 238
Semanas
　y cálculos respecto de tiempo, 103
Semántica, 223
　como interpretación de expresión, 228
SemanticImport, 301
Semitonos, 55
SendMail, 283
　servidor para, 287
Sensores
　conexión directa a, 287
　información de, 273
Sentimiento negativo, 127
Sentimiento positivo, 127
Separar cadenas de caracteres
　　(**StringSplit**), 268
SequenceAlignment, 272
SequenceCases, 271
Series cronológicas, 105
ServiceConnect, 286
Servicios externos, 281
　acceso a, 281
Servidor de correo
　para **SendMail**, 287
Sesiones
　persistencia a lo largo de, 277
　resultados en, 245

Set (=), 253
Set de entrenamiento
    para aprendizaje de máquina, 136
Set de entrenamiento MNIST, 136
SetDelayed (:=), 253
SetOptions, 118
Shortest, 267, 271
SIG (sistemas de información
    geográfica), 95
Siglos
    frecuencias de palabras en, 106
Sigma (**Sum**), 316
Signaturas de datos
    para archivos de datos, 277
Significado
    de palabras, 228
Signo de multiplicación (×), 2
Silencio
    musical, 57
Simbólica
    generalización de bases de datos, 301
    generalización de tipos, 259
    representación de infinito, 2
Simbólicas
    imágenes como, 46
    listas como ejemplo, 10
Símbolicas
    expresiones, 209
Simbólico
    mezcla de tipos en listas, 13
Simbólicos
    lenguajes, 10, 13, 87, 216
    resultados, 311
Símbolos, 210
Similitud
    en el espacio de características,
        132, 133
Simples
    programas, 319
Simplicidad
    en el código de calidad, 305
Simulaciones de aeronaves
    (**AnglePath3D**), 93
Simulaciones de naves espaciales
    (**AnglePath3D**), 93
Sin, 142, 315
Sintaxis
    errores de, 311
Sistema operativo Windows, xiv
Sistemas de calendario, 108
Sistemas de escritura
    conversión entre, 51
Sistemas operativos
    para usar Wolfram Language, xiv
Sitio web de la ONU, 279
Sitios web
    creación de, 229, 323
    embeber en (**EmbedCode**), 237
SK
    combinadores, 264
Slider, 315
Slot (#), 185
SmoothHistogram, 148
Sobre demanda
    cómputo, 251
Sobre la traducción al español, xix
Sobreponer gráficos (**Show**), 148
Sobró uno
    errores de, 314

SocialMediaData, 281
Software
    arquitectura de, 323
    ingeniería de, 308
Soltura
    en Wolfram Language, viii
Solve, 316
Sonido, 55
    importar, 280
Sonificación, 55
Sort, 15, 190
    de caracteres, 48
    en asociaciones, 217
    tiempo de, 308
SortBy, 190
    forma de operador de, 292
SoundNote, 55
Sow, 313
SparseArray, 63
Speak, 58
Spectrogram, 57
Sphere, 32
    y coordenadas, 70
Spikey
    impresión en 3D, 284
    red de, 85
Split, 190
Spreadsheets
    como fuente para conjuntos de
        datos, 301
SQL
    bases de datos, 301
    conexión a bases de datos, 302
Sqrt (raíz cuadrada), 139
Starry Night (pintura), 84
StartOfLine, 271
StartOfString, 271
Stephen Wolfram
    como ejemplo de **CurrentImage**, 41
    como ejemplo de entidad, 84
    importar del sitio web de, 280
    libro A New Kind of Science, 309
    página de inicio, xvii
    reconocimiento automático de, 280
stephenwolfram.com, 280
STL
    archivo, 284
StringCases, 267
StringContainsQ, 178
StringJoin, 47, 269
StringLength, 47, 145, 158
StringMatchQ, 268
StringReplace, 267
StringReverse, 47, 175
StringRiffle, 269
StringSplit, 268, 279
StringTake, 47
StringTemplate, 270
Structs (asociaciones), 220
Style, 51, 97, 158
    en generación de documentos, 320
    en gráficos, 241
    opciones en, 116
    para etiquetas, 239
Sub
    para **Part**, 201
Subíndice (**Part**), 16
Subíndice de arreglo (**Part**), 16
Subir
    a la nube, 286

Sublistas
    crear, 187
    operaciones con, 271
Subsets, 192
Subtítulos de código, xiii
Subtítulos en español, xiii
Subtítulos para código, 78
Subvalores, 259
Sueco
    alfabeto, 191
Sugerencias, xiii
Suiza (Switzerland)
    como ejemplo, 81
Suiza
    grafo de países colindantes, 169
Sum, 316
Suma de elementos (**Total**), 15
Sunrise, 104
Sunset, 104
Suposiciones
    en la depuración, 312
Suprimir la salida, 245
Sustantivos, 224
    número de, 228
Sustituciones, 204
    en cadenas de caracteres
        (**StringReplace**), 267
Sustracción (**Subtract**), 1, 4
SVG, 237
SystemOpen, 286

Tabla de multiplicar, 60, 181
Table, 19, 303
    en versiones anteriores, 24
    para listas de listas, 59
    versus **Array**, 181
    y /@, 162
Tablero
    actualizado automáticamente, 238
    crear en la web, 231
Tabular
    información, 289
Take, 17, 197
    análogo para claves (**KeyTake**), 218
TakeLargest, 199
TakeSmallest, 199
Tamaño
    de expresiones, 216
    de gráficos (**ImageSize**), 115
    de números grandes, 2
    del texto, 27
Tamaño de fuente (**Style**), 27
Tamaño en píxeles
    de gráficos (**ImageSize**), 115
Tamaño en puntos
    del texto, 27
Teléfono
    ubicación de, 99
Tema
    de formularios (**FormTheme**), 237
    de gráficos (**PlotTheme**), 111
Temperatura
    AirTemperatureData, 105
    dato del sensor en el escritorio, 275
Teorema central de límite, 148
Teoremas
    acerca de Wolfram Language, 10
Terminación de la entrada, xiii
Ternas (**Tuples**), 192

Ternas pitagóricas, 194
Terremotos, 86
TestReport, 314
Tetrahedron, 73
Text (primitivas gráficas), 73
TextCases, 224
Texto
    color del (**Style**), 26
    computación con, 47
    estructura de, 225
    legible por humanos, 271
    rotación de (**Rotate**), 90
TextRecognize, 129
TextSearch, 272
TextSentences, 48
TextString, 269, 271
TextWords, 48
Thick, 97
Thread, 187
TI
    organizaciones de, 289
Tiempo
    de reloj (**AbsoluteTiming**), 308
Tiempo de ejecución
    para definición recursiva, 306
    para el ordenamiento de burbuja, 265
Tilde tilde (~~), 271
TimeConstrained, 314
Times, 1, 181
    como una función, 3
TimeSeries, 108
Timing, 306, 308
Tinte, 28
Tiny
    en **ImageSize**, 115
Tipo de letra Chalkboard, 116
Tipografía, 316
Tipos
    asignación dinámica, 259
    asignación estática, 259
    en Wolfram Language, 258
ToCharacterCode, 54
Today, 104
Tokio, 97
Tokyo, 97
Tomorrow, 103
Tonalidad
    de color (**Hue**), 28
Tono
    de notas musicales, 56
Tooltip, 241
Topografía, 146
Torre Eiffel, 83
Tortugas voladoras (**AnglePath3D**), 93
ToString, 271
Total, 15, 246, 304
    en asociaciones, 217
    en **Dataset**, 290
ToUpperCase, 47
TraditionalForm, 316, 318
Traducción
    de nombres de funciones, 78
    de palabras (**WordTranslation**), 226
Traer de la nube (**CloudGet**), 273
Tramo
    en listas, 197

Transiciones
    gráfico de transiciones, 215
Translate, 73
Transliterar, 226
Transparencia (**Opacity**), 71
Transpose, 187, 195, 263
TravelDirections, 101
TravelDistance, 101
TravelTime, 101
Trayectoria
    con ángulos (**AnglePath**), 91
    del viajante, 318
Trayectoria angular (**AnglePath**), 91
Trayectoria de círculo máximo, 97, 115
Trayectoria geodésica, 97
Trayectoria sobre la superficie terrestre, 97
TreeForm, 211
Triángulo (**RegularPolygon**), 33
Triángulo de Pascal, 167, 170
    módulo dos, 170
Tridimensional
    impresión, 284
Triple arroba (@@@), 216
Triple guion-bajo (___), 261
Triple signo de igual (===), 178
True, 173
TSP (problema del viajante), 318
Tuberías, 287
Tuitear un programa, xvii
Tuples, 192
Turco
    alfabeto, 191
Tweet-a-Program, xvii

Ubicación (**Here**), 99
Ubicación
    intérprete para, 223
Ubicación actual (**Here**), 99
UI
    construcción de, 315
Último resultado (%), 245
UndirectedGraph, 121
Unequal (≠), 178
Unicode, 54
Unidades
    abreviaturas de, 92
    de medida, 89
Unidades Imperial, 92
Unidades SI, 92
Unidades US, 92
Union, 190, 195
Unión de conjuntos (**Union**), 190
Unir puntos, 69
Unitarias
    pruebas, 314
UnitConvert, 89
    para fechas, 103
United States
    como entidad, 79
    mapa de, 95
Universidades
    intérprete para, 224
Universo computacional, 319
Unprotect, 258
UpdateInterval, 231

UpTo, 195
URL abreviado (**URLShorten**), 230
URLShorten, 230, 276
URLSubmit, 287
Uso de Wolfram Language
    ambientes para, xiv
Usuario
    definición de funciones por el, 255
UUID, 237, 273
UUIDs
    formato de, 276
    número de, 276

Va a (**Rule**), 118
Validación
    de campos de formulario, 237
Valor absoluto (**Abs**), 140
Valor de la posición (**IntegerDigits**), 16
Valor más pequeño (**Min**), 4
Valores ascendentes, 258, 259
Valores descendentes, 259
Valores localizados, 249
Valores por defecto
    en patrones, 265
Values
    en asociaciones, 218
    para un databin, 274
Van Gogh
    pintura como ejemplo, 84
Variables
    definición de, 245
    determinar el ámbito de, 246
    en tablas, 19
    nombres de, 21, 24
    persistentes, 277
Variables algebraicas
    símbolos como, 216
Vecino
    más próximo (**Nearest**), 128
Vectores
    listas como, 63
Vectores de características, 136
Veinte preguntas
    y **ImageIdentify**, 135
Verbos, 225
Verdad
    tabla de, 318
VerificationTest, 314, 323
Versión
    control de, 323
    de Wolfram Language, xv, 309
Versiones internacionales
    subtítulos para código en, 78
VertexLabels, 119, 168
VertexStyle, 124
VerticalGauge, 148
Vértices
    de grafos, 119
Viajante
    problema del, 318
Vinculaciones
    para API (**EmbedCode**), 238
Vínculos
    creación de, 238
    grafos de, 280

Vínculos con imagen
    creación de, 238
Vínculos web
    creación de, 238
Violín, 56
Visión
    color, 28, 135
Visión disminuida, 244
Visualización, 145
    anotación en, 240
    de funciones, 315
    de listas, 11
    en la depuración, 312
Visualización de listas, 11
Volcanes, 99
Voxels (**Image3D**), 63
Web
    búsqueda en la, 281
    gráficos con temas para, 111
    interactividad en la, 39
    Manipulate en la, 39
    red, 119
Webcam
    imagen de la, 41
WebImageSearch, 46, 281
White House
    ubicación de, 223
Whitespace, 268, 271
Wikipedia
    importar imágenes de, 280
WikipediaData, 158, 218, 225
    imágenes tomadas de, 46
    texto de, 49
With, 311

wolfr.am, 230
Wolfram
    cuadernos como IDE, 308
Wolfram Cloud, 229
    aplicación en, 238
    guardar en, 273
    y **SendMail**, 287
Wolfram Community, xvii
Wolfram Connector, 286
Wolfram Data Drop, 273
Wolfram Data Repository, 282
Wolfram Demonstrations Project, xvii, 39
Wolfram Knowledgebase, 279
Wolfram Language
    alcances de, 75
    metadatos sobre
        (**WolframLanguageData**), 78
    naturaleza de, xi
    página de inicio, xvii
    tiempo necesario para su
        aprendizaje, 78
    usos de, xi
    versión de, xv
Wolfram Notebooks
    en la nube, 277
Wolfram Programming Lab, xiv, xvii
Wolfram Research, xvii
Wolfram U, xvii
Wolfram Workbench, 308
Wolfram|Alpha, vii
    base de conocimientos para, 79
    como ejemplo de programa muy
        extenso, 323
    comparación con, xi

construcción de una página web
    como, 235
datos vs. Wolfram Language, 86
interpretación de cadenas de
    caracteres tipo, 228
WolframLanguageData, 78
WordBoundary, 271
WordCloud, 49, 225
    opciones para, 116
    ponderaciones en, 297
WordDefinition, 228
WordFrequencyData, 106
WordList, 49, 128, 145, 175
WordOrientation, 116
WordTranslation, 226
XLS
    importar, 280
XML, 216
XMLTemplate, 272
XYZColor, 28
Y (**&&**), 318
Yellow, 25
Yesterday, 103
Zeta (Función zeta de Riemann), 142
Zonas horarias, 105

Lightning Source UK Ltd.
Milton Keynes UK
UKHW050627091221
395342UK00003B/70